职业教育“十三五”系列教材

数控技术类专业融媒体教材系列

CHEXIAO JIAGONG JISHU YU JINENG

车削加工技术与技能

伊水涌 编著

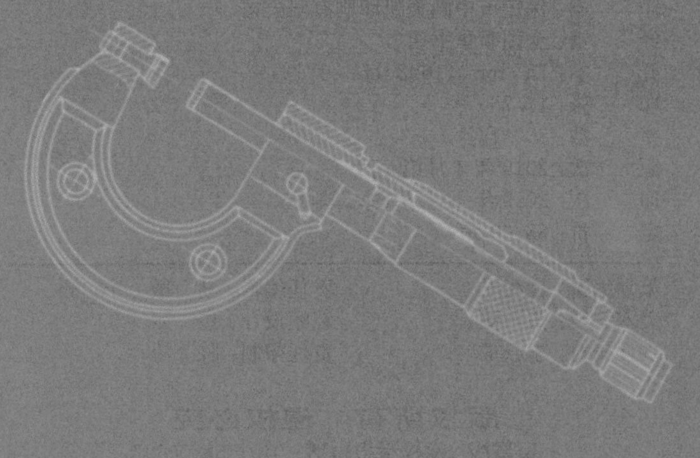

北京师范大学出版集团
BEIJING NORMAL UNIVERSITY PUBLISHING GROUP
北京师范大学出版社

图书在版编目(CIP)数据

车削加工技术与技能 / 伊水涌编著. —北京：北京师范大学出版社，2019.4

（职业教育“十三五”系列教材）

ISBN 978-7-303-23342-7

Ⅰ. ①车… Ⅱ. ①伊… Ⅲ. ①车削－中等专业学校－教材 Ⅳ. ①TG51

中国版本图书馆 CIP 数据核字(2018)第 008287 号

营销中心电话　010-58802181　58805532
北师大出版社职业教育分社网　http://zjfs.bnup.com
电子信箱　zhijiao@bnupg.com

出版发行：北京师范大学出版社　www.bnup.com
北京市海淀区新街口外大街 19 号
邮政编码：100875

印　　刷：保定市中画美凯印刷有限公司
经　　销：全国新华书店
开　　本：787 mm×1092 mm　1/16
印　　张：17.75
字　　数：330 千字
版　　次：2019 年 4 月第 1 版
印　　次：2019 年 4 月第 1 次印刷
定　　价：38.00 元

策划编辑：庞海龙　　责任编辑：马力敏　李　迅
美术编辑：焦　丽　　装帧设计：焦　丽
责任校对：李云虎　　责任印制：陈　涛

版权所有　侵权必究

反盗版、侵权举报电话：010－58800697
北京读者服务部电话：010－58808104
外埠邮购电话：010－58808083
本书如有印装质量问题，请与印制管理部联系调换。
印制管理部电话：010－58808284

序一

当前，在工业4.0国家战略指导下，德国在工业制造上的全球领军地位进一步得到夯实，而“双元制”职业教育是造就德国战后经济腾飞的秘密武器。通过不断互相借鉴学习，中德两国在产业、教育等方面的合作已步入深水区，两国职业教育更需要不断积累素材、分享经验。本系列教材的出版基本实现了这一目标，它在保持原汁原味的德国教学特色的基础上，结合中国实际情况进行了创新，层次清晰、中心突出、案例丰富、内容实用、方便教学，有力地展示了德国职业教育的精华。

本书编者辗转于德累斯顿工业大学、德累斯顿职业技术学校、德国手工业协会(HWK)培训中心和德国工商业联合会(IHK)培训中心，系统地接受了我方老师和专业培训师的指导，并亲身实践了整个学习领域的教学过程，对我们的教学模式有了深入的了解，积累了丰富的实际教学经验。

因此，本系列教材将满足中国读者对德国“双元制”教学模式实际操作过程的好奇心，对有志了解德国职业教育教学模式的工科类学生、教师和探索多工种联合作业的人士最为适用。

法兰克·苏塔纳

2017年8月7日

序二

课程始终是人才培养的核心，是学校的核心竞争力。而课程开发则是教师的基本功。课程开发的关键，并非内容，而是结构。从存储知识的结构—学科知识系统化，到应用知识的结构—工作过程系统化，是近几年来课程开发的一个重大突破。

当前，应用型、职业型院校对工作过程系统化的课程开发给予了高度重视。

伊水涌老师长期从事数控技术应用课程及教学改革研究，对基于知识应用型的课程不仅充分关注，而且付诸实践。伊老师多次赴德学习“双元制”职业教育的教育思想和教学方法，并负责中德合作办学项目，教学经验丰富，教学效果显著。近年来，由他领衔的团队在课程改革中，立足于应用型知识结构的搭建，并在此基础上开发了本套系列教材。

这套系列教材关于课程体系的构建所遵循的基本思路是，先确定职场或应用领域里的典型工作任务(整体内容)，再对典型工作任务归纳出行动领域(工作领域)，最后将行动领域转换为由多个学习领域建立的课程体系。

对每门课程来说，所开发的相应的教材，都遵循工作过程系统化课程开发的三个步骤：第一，确定该课程所对应的典型工作过程，梳理并列出这一工作过程的具体步骤；第二，选择一个参照系，对这一客观存在的典型工作过程进行教学化处理；第三，根据参照系确定三个以上的具体工作过程并进行比较，并按照平行、递进和包容的原则设计学习单元(学习情境)。

还需要指出，在系统化搭建应用性知识结构的同时，编辑团队还非常注意对抽象教学内容进行具象化处理，精心设计了大量内容载体，使其隐含解构后的学科知识。结合数控技术的应用，这些具体化的“载体”贯穿内容始终，由单一零件加工到整体装配全过程，培养了学生制造“产品”的理念，达到了职业教育课程内容追求工作过程完整性的这一要求。

本系列教材的出版是德国学习领域课程中国化的有效实践。相信通过实际应用，本教材会得到进一步完善，并会对其他专业的课程开发产生一定的影响，从而带领国内更多同人相互交流和认真切磋，达到学以致用的目的。

2017 年 8 月 5 日

前言

为服务“中国制造2025”战略，适应我国社会经济发展对高素质、高技能劳动者的需求，强化职业教育特色，引进并吸收德国“双元制”先进教学理念和优质教育资源，经过几年的中德职业教育实践，结合国内职业教育实际情况，我们依据德国IHK、HWK鉴定标准和数控技术应用专业的岗位职业要求，组织编写了本系列教材。

本系列教材具有三点创新之处：首先，从单一工种入门到综合技能实训，从传统加工入手到数控技术应用，教材中呈现了由单一零件加工到完成整体装配，实现了功能运动的生产全过程，瞄准了职业教育强化工作过程的系统性改革方向；其次，本系列教材之间既相互联系又相对独立，可与国内现有课程体系有效衔接，体现了以实际应用的教学目标为导向；最后，每本教材都引入“学习情境”并贯穿全书，力求突出实用性和可操作性，使抽象的教学内容具象化，满足了实际教学的要求。具体课时安排见下表。

序号	教材名称	建议课时	安排学期	备注
1	数控应用数学	60	第1学期	
2	钳工技术与技能	80	第1学期	建议搭班进行小班化教学
3	焊工技术与技能	80	第1学期	
4	车削加工技术与技能	240	第2学期	建议搭班进行小班化教学
5	铣削加工技术与技能	240	第2学期	
6	AutoCAD机械制图	80	第3学期	
7	机械加工综合技术	240	第3学期	车铣钳复合实训
8	数控车床加工技术与技能	120	第4学期	建议搭班进行小班化教学
9	数控铣床加工技术与技能	120	第4学期	
10	数控加工综合技术	240	第5学期	含有自动编程内容
合计		1500		

《车削加工技术与技能》一书，围绕千斤顶这一具体化的“载体”展开，共分为八个项目：认识车削加工、车刀与外径千分尺的使用、绞杠的加工、螺旋杆的加工、顶垫的加工、底座的加工、螺套的加工和装配。全书理论联系实际，实训步骤过程详细，图文并茂，浅显易懂，可读性强，对其他专业技能教学也具有借鉴作用。本书既可作为中、高职和技工院校车工技能教学用书，也可作为车工岗位培训教材。

本书具有如下特点。

1. 坚持理论知识"必需、够用"。技能实训内容以"载体"为主线的原则，注重前、后课程的有效衔接。

2. 注重建构学习者未来职业岗位所需的能力，包括专业能力、方法能力和社会能力。

3. 科学制订教学效果评价体系。每个检测内容的任务评价采用10分制，并分为主观和客观两个部分。主观部分根据实际情况分为10分、9分、7分、5分、3分、0分六档；客观部分根据检测情况分为10分、0分两档。任务评价还引入了产品只有合格品和废品的概念，提高质量意识。同时，按照客观部分占85％、主观部分占15％核算得分率，评定等级。

4. 以信息化教学促进学习效率的提高。可通过扫描二维码查看相关教学资源，在线自主学习相关技能操作，以突破教学难点。

本书由伊水涌编著，任晓君、张志参与部分编写工作。全书由伊水涌统稿，毛江峰主审。

在本书的编写过程中，得到了同行及有关专家的热情帮助、指导和鼓励，在此一并表示由衷的感谢。

由于编者水平有限，书中难免有疏漏之处，望不吝赐教，以利提高。

编　者

目录

绪 论

一、 车削在机械制造业中的地位

机器是由各种零件装配而成的，而零件的加工制造一般离不开金属切削加工，车削是最重要的金属切削加工方法之一，是金属切削加工中使用最广、生产历史最久的一种工艺，在机械制造业中占有举足轻重的地位。

车削就是在车床上利用工件的旋转运动和刀具的直线运动(或曲线运动)来改变毛坯的形状和尺寸，将毛坯加工成符合图样要求的工件。

通常情况下，在机械制造企业中，车床占机床总数的 30%～50%。

二、 车削的基本内容

车工的职业定义是指操作车床的人，即进行车削加工的人员。在机械加工中，往往需要车、钳、铣、刨、磨等各工种共同配合，车工是其中的主要工种之一，主要用于加工各种零件上的回转表面。所用的设备是车床，所用的刀具是车刀，此外还有钻头、铰刀、丝锥和板牙等孔加工刀具和螺纹加工刀具。车削加工的范围很广，其基本内容见表 0-0-1。

表 0-0-1 车削加工的基本内容

车削内容	图示	车削内容	图示
车外圆	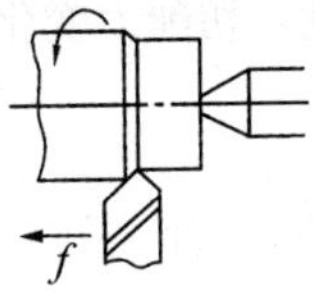 f	车端面	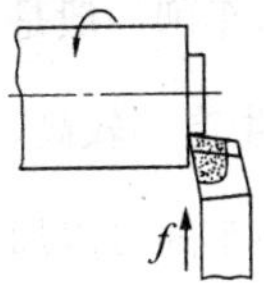 f
车槽和切断	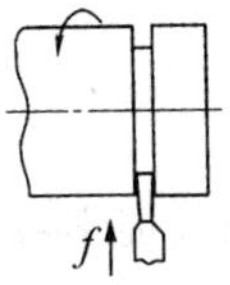 f	钻中心孔	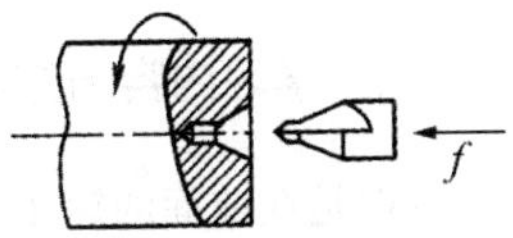 f

续表

车削内容	图示	车削内容	图示
钻孔	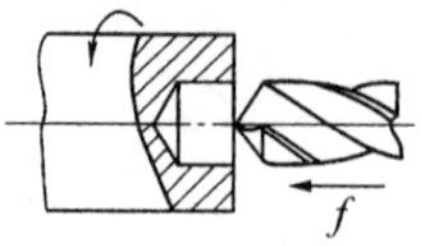	车内孔	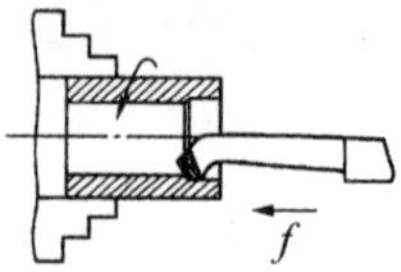
铰内孔	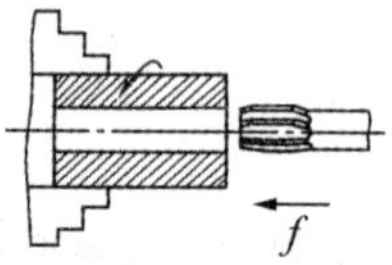	车各种螺纹	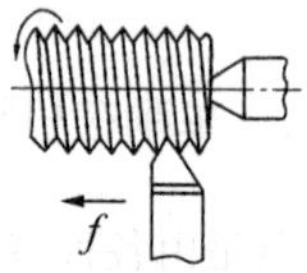
车圆锥	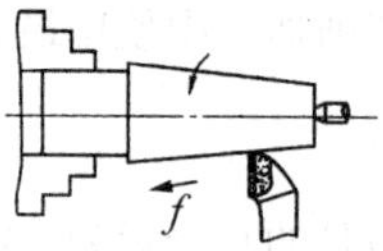	车成形面	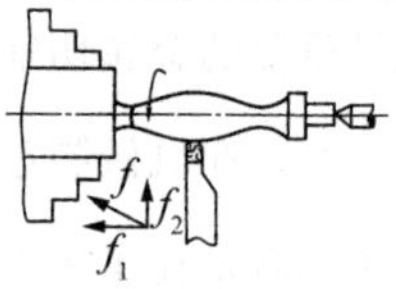
滚花	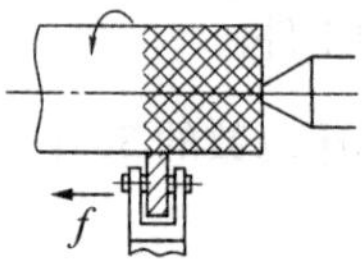	盘绕弹簧	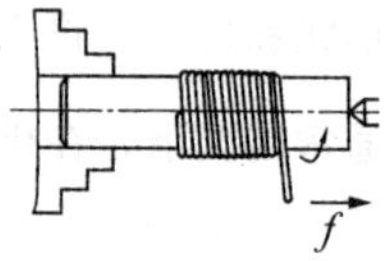

如果在车床上装上一些附件和夹具，还可进行镗削、磨削、研磨和抛光等。

三、 车削的特点

与机械制造业中的钻削、铣削、刨削和磨削等加工方法相比较，车削具有以下特点。

(1)适应性强，应用广泛，适用于车削不同材料、不同精度要求的工件。

(2)所用刀具的结构相对简单，制造、刃磨和装夹都比较方便。

(3)车削一般是等截面连续性地进行的，因此，切削力变化较小，车削过程相对平稳，生产率较高。

(4)车削可以加工出尺寸精度和表面质量较高的工件。

四、 学习内容与方法

本课是在前面的钳工技术与技能、焊工技术与技能学习完成后开设的一门实训课，同样遵循理论与实践相结合的学习方法，突出了技能训练的实用性、规范性与整体性。在每个任务中均安排与“学习活动”紧密联系的“实践活动”，这种理论与实践完全同步紧密结合的教学方式，有利于学生用理论指导实践，并通过实践加深对理论的理解和掌握，对培养学生就业的岗位能力有非常积极的作用。

千斤顶装配图如图 0-0-1 所示，千斤顶 3D 图如图 0-0-2 所示(如无特殊说明，本书图片中所用单位皆为 mm)。

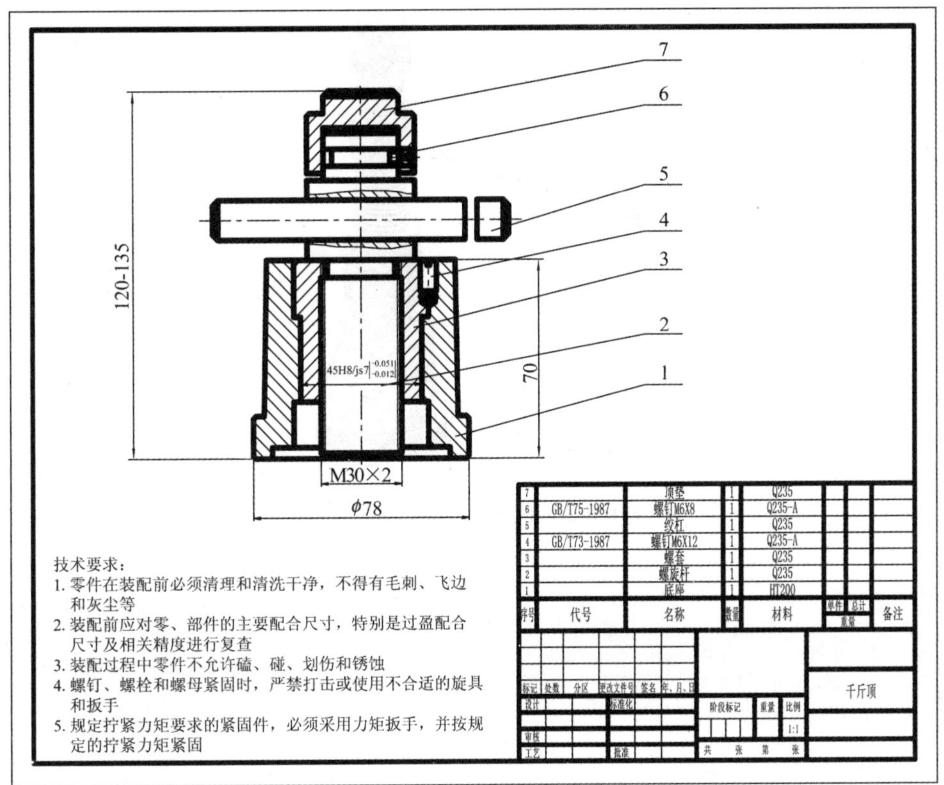

图 **0-0-1** 千斤顶装配图

本课程的学习采用由单一零件加工到最后实现整体装配成型这一生产全过程，培养学生工作过程的全局观念，同时达到以下具体要求。

(1)了解常用车床的结构、性能，掌握常用车床的调整方法。

(2)了解车工常用工具和量具的结构，熟练掌握其使用方法。掌握常用刀具的选用方法，能合理地选择切削用量和切削液。

(3)能合理地选择工件的定位基准，掌握中等复杂工件的装夹方法，掌握常用车床夹具的结构原理。能独立制订中等复杂工件的车削工艺，并能根据实际情况采用先进工艺。

(4)能对工件进行质量分析，并提出预防质量问题的措施。

(5)掌握安全生产知识，做到文明生产。

(6)了解本专业的新工艺、新技术以及提高产品质量和劳动生产率的方法。能查阅与车工专业有关的技术资料。

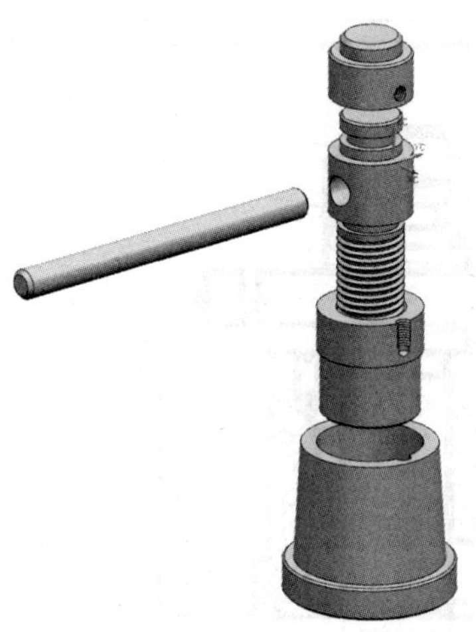

图 **0-0-2** 千斤顶 **3D** 图

项目一
认识车削加工

项目导航

本项目主要介绍CA6140型车床结构、车床工作时的相关内容、零件的装夹与找正方法、车床的润滑与维护保养及安全文明生产要求。

学习要点

1. 了解车床的规格、结构、性能。
2. 理解切削用量三要素的含义。
3. 掌握安全文明生产的基本内容。
4. 掌握车床的基本操控方法。
5. 零件的装夹与装夹方法。
6. 掌握车床的润滑与维护保养方法。

任务一 认识车工

任务目标

1. 认识CA6140型车床。
2. 学会“两穿两戴”和工、量、刃具的整理。
3. 牢记安全文明生产常识。

学习活动

一、车床知识介绍

车床有卧式车床、立式车床、回轮车床、转塔车床、自动车床以及数控车床等各种不同类型，其中卧式车床是各类车床中使用最广泛的一种，约占车床类机床总台数的 60%，其特点是适应性强，适用于一般零件的中、小批生产。CA6140 型车床又是最常见的国产卧式车床，其外形结构如图 1-1-1 所示。

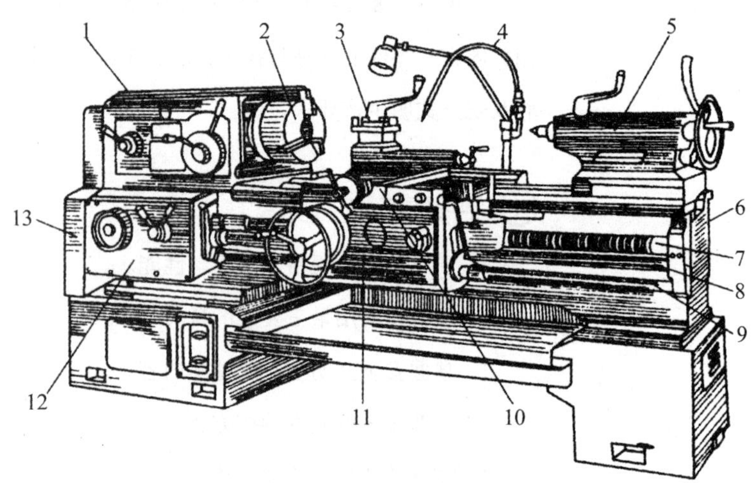

1—主轴箱　2—卡盘　3—刀架　4—切削液管　5—尾座　6—床身　7—丝杆
8—光杆　9—操纵杆　10—床鞍　11—溜板箱　12—进给箱　13—交换齿轮箱

图 **1-1-1**　**CA6140** 型卧式车床

1. 车床的型号

车床型号中的字母与数字的含义如下。

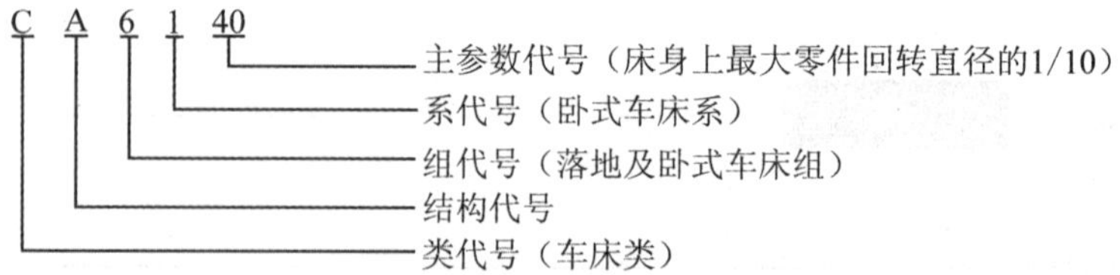

2. 车床的各组成部分及其作用

CA6140 型卧式车床的各组成部分及其作用见表 1-1-1。

表 1-1-1 CA6140 型卧式车床的各组成部分及其作用

序号	名称	主要作用
1	主轴箱（床头箱）	支承主轴部件，把动力和运动传递给主轴，使主轴通过卡盘等夹具带动工件旋转得到主运动，以实现车削
2	进给箱	将运动传至光杆或丝杆，以调整机动进给量和被加工螺纹的螺距
3	溜板箱	将光(丝)杆传来的旋转运动变为车刀的纵向或横向的直线移动（车削螺纹）
4	交换齿轮箱	将主轴的旋转运动传递给进给箱，调节箱外手柄可实现不同螺距的车削
5	床身	连接各主要部件并保证各部件之间保持正确的相对位置
6	光杆	将进给运动传给溜板箱，实现纵向或横向的自动进给
7	丝杆	将进给运动传给溜板箱，完成螺纹车削
8	刀架	安装在溜板上，夹持车刀，可做纵向、横向或斜向的进给运动
9	尾座	尾座套筒内若安装顶尖，可支承工件；若安装钻头等孔加工刀具，可进行孔加工
10	冷却装置	将切削液加压后喷射到切削区域，降低切削温度、冲走切屑，润滑加工表面，以提高刀具使用寿命和工件的表面质量

3. 车床各部分传动系统

为了完成车削加工，车床的主运动和进给运动必须相互配合。卧式车床的传动系统如图 1-1-2 所示。主运动是通过电动机(1)驱动 V 带传动(2)和交换齿轮箱(3)传给主轴箱(4)。通过变速齿轮(5)变速，使主轴有不同的转速，再经卡盘(6)(或夹具)带动工件一起做旋转运动。

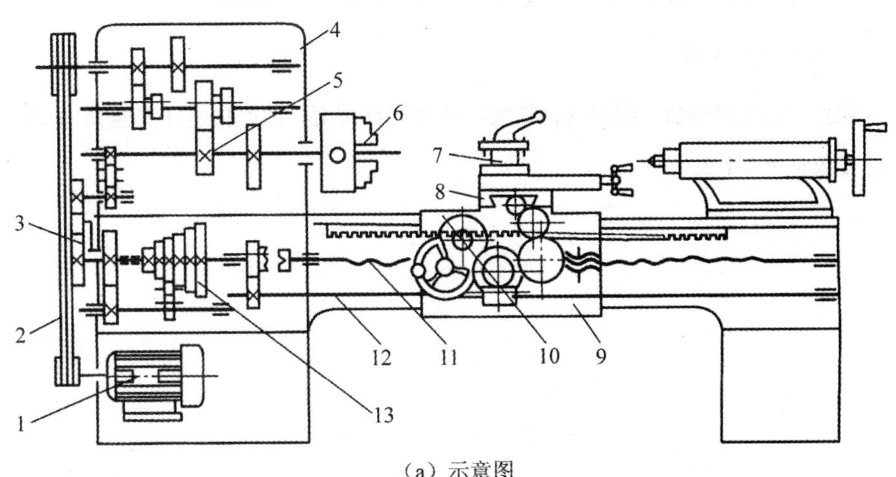

(a) 示意图

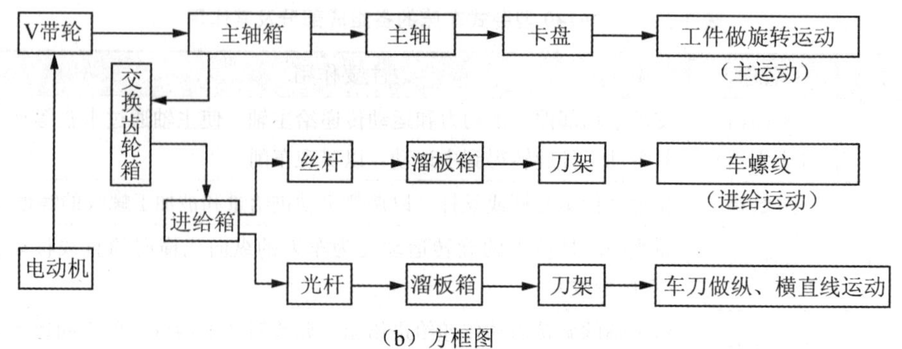

（b）方框图

1—电动机 2—V带传动 3—交换齿轮箱 4—主轴箱 5—变速齿轮 6—卡盘 7—刀架 8—中滑板 9—溜板箱 10—床鞍 11—丝杆 12—光杆 13—进给箱

图 **1-1-2** 卧式车床的传动系统

进给运动则由主轴箱(4)把旋转运动输出到交换齿轮箱(3)，再通过进给箱(13)变速后由丝杆(11)或光杆(12)带动溜板箱(9)、床鞍(10)、中滑板(8)和刀架(7)沿机床导轨做直线运动，从而控制车刀的运动轨迹完成各种车削。

二、 安全生产规则与文明生产规则

坚持安全文明生产是保障生产人员和设备的安全，防止工伤和设备事故的根本保证，同时也是工厂科学管理中一种十分重要的手段。它直接影响到人身安全、产品质量和生产效率，影响设备和工、夹、量具的使用寿命和操作工人技术水平的发挥。安全文明生产的一些具体要求，是在长期生产活动中的实践经验和血的教训的总结，要求操作者在学习操作技能的同时，必须培养安全文明生产的习惯。

1. 安全生产规则

操作时必须提高执行纪律的自觉性，遵守规章制度，并严格遵守安全技术要求。具体要求见表 1-1-2。

表 1-1-2　安全生产规则

项目	内容	图示说明
穿戴	符合“两穿两戴”要求，即穿工作服、工作鞋，戴工作帽、工作镜。要求两袖口扎紧、下摆紧，长发必须塞入工作帽内，并经常保持整洁，夏季禁止穿裙子、短裤和凉鞋上机操作	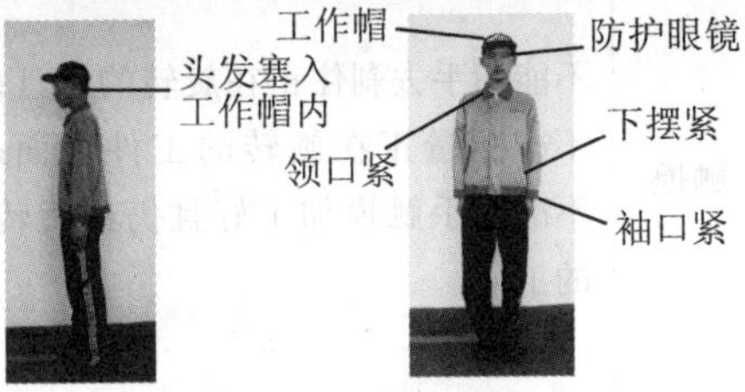 工作帽　防护眼镜　头发塞入工作帽内　下摆紧　领口紧　袖口紧
姿势	操作时必须精力集中，头向右倾斜，手和身体其他部位不能靠近正在旋转的部件(如工件、卡盘、带轮、传动带、齿轮等)，切不可倚靠在车床上操作，也不可戴手套操作，机床开动时不得离开机床，不得在车间内奔跑或喊叫	 保持精力集中
装夹	卡盘、工件、车刀装夹牢固，否则会飞出伤人；装夹好工件后，卡盘扳手必须随即从卡盘上取下	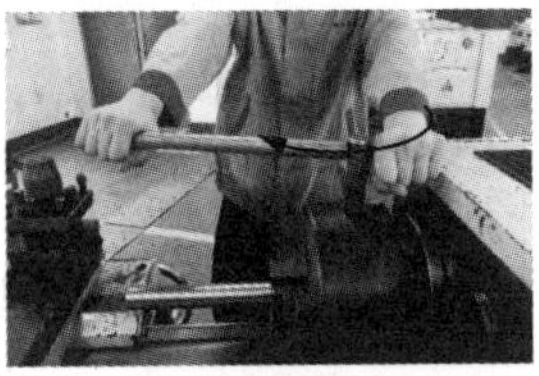 (a)装夹工件  (b)随手卸下卡盘扳手(正确)  (c)忘记卸下卡盘扳手(错误)  (d)装夹刀具

续表

项目	内容	图示说明
触摸	不能用手去刹住正在旋转的卡盘；不准测量正在旋转的工件表面；不准用手触摸加工好且仍在旋转的工件	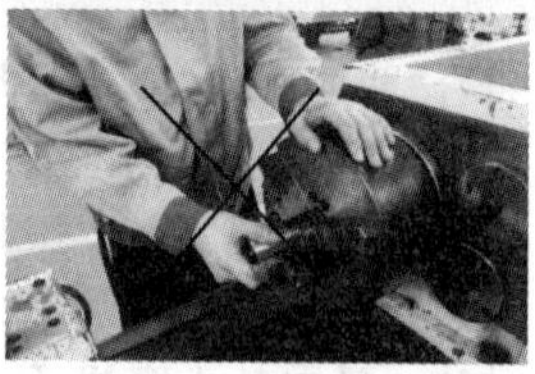 用手去刹住正在旋转的卡盘(错误)
清洁	用专用的铁钩清理切屑，绝不允许用手直接清理，也不准用游标卡尺等量具代替铁钩清理	 (a)用手清理切屑(错误) 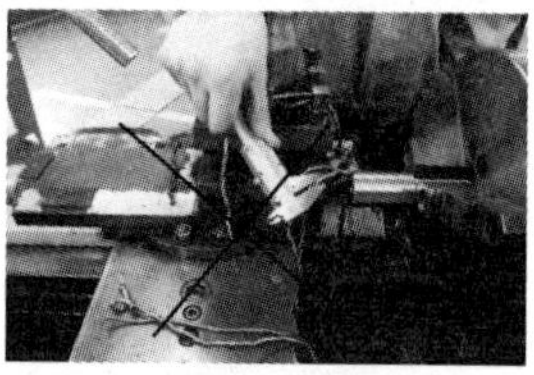 (b)用量具清理切屑(错误)  (c)用专用铁钩清理切屑(正确)
停机	凡装卸工件、更换刀具、测量加工表面及变换转速前必须先停止主轴旋转；工作结束后关掉机床总电源；不能随意装拆机械设备和电气设备；遇故障应停机并及时报告	 正转 停转 反转

2. 文明生产规则

文明生产规则具体见表 1-1-3。

表 1-1-3 文明生产规则

项目	内容	图示说明
“三看一听”	一看：防护设施是否完好 二看：手柄位置是否正确 三看：润滑部位是否达到润滑要求 一听：车床空运转是否正常 要求：上班前向机床各油孔注油，并使主轴低速空转 1 min～2 min，让润滑油散布到各润滑点	 (a)看防护设施、润滑部位情况  (b)看变速手柄位置  (c)听机床空运转情况
摆放	合理摆放工、夹、量、刃具，轻拿轻放，用后上油，保持清洁，确保精度 图样、工艺卡片安放位置应便于阅读，并注意保持清洁和完整 工、量、刃具要按现代化工厂对定置管理的要求，做到分类定置和分格存放；做到重的放下面，轻的放上面，不常用的放里面，常用的放在随手取用方便处；每班工作结束应整理清点一次 主轴箱盖上不应放置任何物品 精加工零件应轻拿轻放，用工位器具存放，使加工面隔开，以防止相互磕碰而损伤表面；精加工表面完工后，应适当涂油以防锈蚀	 合理摆放工、夹、量、刃具

续表

项目	内容	图示说明
刃磨	磨损的车刀要及时刃磨，否则会降低工件的加工质量和生产效率，同时车削时会增加车床负荷，甚至导致车床损坏	磨损的刃尖 刃磨
清洁	工作完毕后，将所用过的物件擦净归位，清理机床、刷出切屑、擦净机床各部位的油污；按规定加注润滑油；最后把机床周围打扫干净；将床鞍摇至床尾一端，各转动手柄放到空档位置，关闭电源	(a)清洁工作要做到细致 (b)认真检查床鞍手柄是否处于正确位置
禁忌	在卡盘、床身导轨上敲击或检查工件；在床面上放置工具或工件；一台机床多人同时操作	(a)不能在卡盘上敲击工件 (b)床面上不准放置工具等杂物 (c)一台机床不允许多人同时操作

三、垃圾分类

在金属加工制造企业中，所使用的材料除大量无害材料，如钢、铝和大部分塑料等之外，还有一系列有害健康并会加重环境污染的材料，如工程材料中的铅和镉，以及辅助材料中的清洗剂、冷却润滑剂和淬火盐。

垃圾和废弃物应进行分类存放，如图 1-1-3 所示，把可以重复使用的物品重新回到加工过程，无再利用价值的垃圾必须运送到垃圾填埋场。另外，有害健康并会加重环境污染的物质不能直接进入我们的环境。

图 1-1-3　金属垃圾分类汇集

实践活动

一、实践条件

实践条件见表 1-1-4。

表 1-1-4　实践条件

类别	名称
设备	CA6140 型卧式车床或同类型的车床
量具	各种类型量具若干
工具	各种类型工具若干
刀具	各种类型刀具若干
其他	安全防护用品

二、 实践步骤

步骤 1：安全教育，按“两穿两戴”要求，正确完成工作服、工作帽、工作鞋、工作镜的穿戴。

步骤 2：进入实训场地，按“7S”规范要求，整理工具箱。

步骤 3：按“7S”规范要求，整理工、量、刃具。

扫一扫：观看“7S”规范的学习视频。

三、 注意事项

(1)初学者对车间内感到好奇的物品，可能存在危险性。学生应做到教师没有讲的内容不要擅作主张自己去“研究”。

(2)按照各自的工位位置完成任务，不要随意串岗和走动。

(3)关于安全规则和文明生产的教育可通过观看“7S”规范的学习视频来加深印象。

(4)下车间实训之前，可以事先通过参观历届同学的实习工件和生产产品或者参观学校或工厂的设施增加了解。

专业对话

1. 谈一谈对学习车工工作的认识和想法。

2. 谈一谈遵守实习工场规章制度的重要意义。

任务评价

考核标准见表 1-1-5。

表 1-1-5　考核标准

<table>
<tr><th>序号</th><th>检测内容</th><th>检测项目</th><th>分值</th><th>要求</th><th>自测结果</th><th>得分</th><th>教师检测结果</th><th>得分</th></tr>
<tr><td>1</td><td rowspan="4">主观评分 B(安全文明生产)</td><td>正确穿戴工作服</td><td>10</td><td rowspan="4">穿戴整齐、紧扣、紧扎</td><td></td><td></td><td></td><td></td></tr>
<tr><td>2</td><td>正确穿戴工作帽</td><td>10</td><td></td><td></td><td></td><td></td></tr>
<tr><td>3</td><td>正确穿戴工作鞋</td><td>10</td><td></td><td></td><td></td><td></td></tr>
<tr><td>4</td><td>正确穿戴工作镜</td><td>10</td><td></td><td></td><td></td><td></td></tr>
</table>

续表

<table>
<tr><th>序号</th><th>检测内容</th><th>检测项目</th><th>分值</th><th>要求</th><th>自测结果</th><th>得分</th><th>教师检测结果</th><th>得分</th></tr>
<tr><td>5</td><td rowspan="2">主观评分B（安全文明生产）</td><td>工具箱的整理</td><td>10</td><td>分类定置和分格存放</td><td></td><td></td><td></td><td></td></tr>
<tr><td>6</td><td>工、量、刃具的整理</td><td>10</td><td>按拿、取方便的原则，分类摆放有序</td><td></td><td></td><td></td><td></td></tr>
<tr><td>7</td><td colspan="2">主观B总分</td><td colspan="2">60</td><td colspan="2">主观B实际得分</td><td colspan="2"></td></tr>
<tr><td>8</td><td colspan="2">总体得分率</td><td colspan="2"></td><td colspan="2">评定等级</td><td colspan="2"></td></tr>
<tr><td>评分说明</td><td colspan="8">1. 主观评分B分值为10分、9分、7分、5分、3分、0分
2. 总体得分率：(B实际得分/B总分)×100%
3. 评定等级：根据总体得分率评定，具体为≥92%=1，≥81%=2，≥67%=3，≥50%=4，≥30%=5，<30%=6</td></tr>
</table>

拓展活动

一、选择题

1. 立式车床结构上，主要特点是主轴(　　)布置，工作台台面(　　)布置。

A. 垂直、水平　　B. 水平、垂直　　C. 垂直、垂直　　D. 水平、水平

2. 普通车床型号中的主要参数是用(　　)来表示的。

A. 中心高的$\frac{1}{10}$　　B. 加工最大棒料直径

C. 最大车削直径的$\frac{1}{10}$　　D. 床身上最大工件回转直径

3. 主轴的正转、反转是由(　　)机构控制的。

A. 主运动　　B. 变速　　C. 变向　　D. 操纵

4. CA6140型卧式车床的主轴正转有(　　)级转速。

A. 21　　B. 24　　C. 12　　D. 30

5. CA6140型卧式车床使用扩大螺距传动路线车螺纹时，车出螺纹导程是正常传动路线车出导程的(　　)。

A. 32倍和8倍　　B. 16倍和4倍

C. 32倍和4倍　　D. 16倍和2倍

6. 互锁机构的作用是防止(　　)而损坏机床。

A. 纵向、横向进给同时接通　　B. 丝杆传动和机动进给同时接通

C. 光杆、丝杆同时转动　　D. 主轴正转、反转同时接通

7. 立式车床适用于加工(　　)零件。

A. 大型轴类　　B. 形状复杂　　C. 大型盘类　　D. 小型规则

8. 变换(　　)箱外的手柄，可以使光杆得到各种不同的转速。

A. 主轴箱　　B. 溜板箱　　C. 进给箱　　D. 交换齿轮箱

9. (　　)的作用是把主轴的旋转运动传送给进给箱。

A. 主轴箱　　B. 溜板箱　　C. 交换齿轮箱　　D. 进给箱

二、判断题

(　　)1. 车床工作时，主轴要变速，必须先停车。

(　　)2. 在操作时，车工严禁戴手套。

任务二 车床的手柄操纵练习

任务目标

1. 理解切削用量的概念。

2. 熟悉车床各手柄的操控方法。

3. 掌握三滑板的进、退刀方向。

4. 学会正确调整切削用量的方法。

学习活动

一、 车削的特点

车削是以工件旋转为主运动，车刀纵向移动或横向移动为进给运动的一种切削加工方法，车外圆时的各种运动的情况如图 1-2-1 所示。进给运动可分为纵向进给运动和横向进给运动，如图 1-2-2 所示。

车削加工工件的尺寸公差等级一般为 IT9～IT7 级，其表面粗糙度值在 *Ra* 3.2 和 *Ra* 1.6 之间。

车刀车削工件时，工件上形成了三个不断变化的表面，如图 1-2-3 所示。

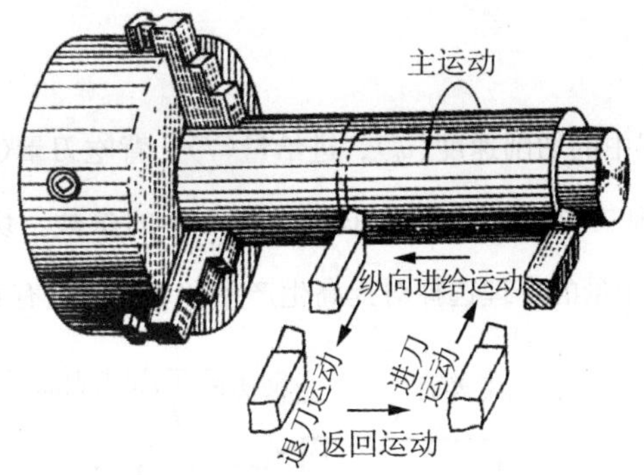

图 1-2-1　车削运动

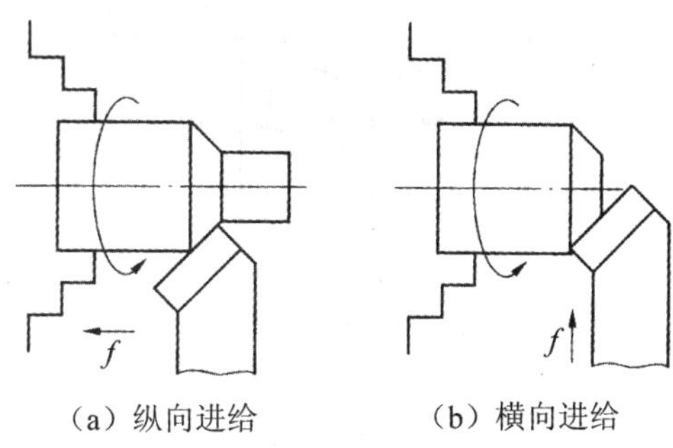

图 1-2-2　进给运动

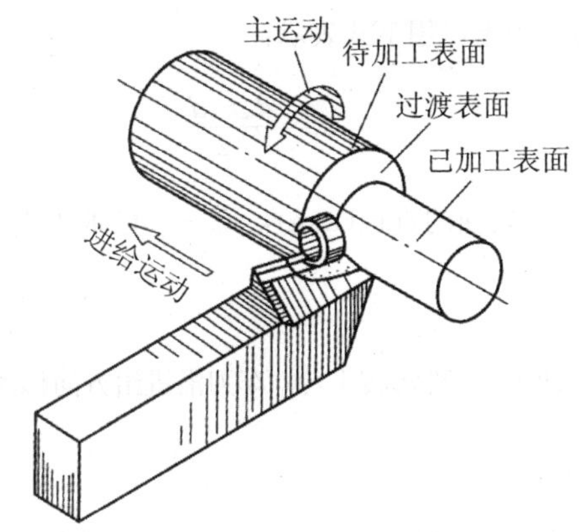

图 1-2-3　车削加工时的三个表面

已加工表面：已经车去多余金属形成的表面。

过渡表面：刀具的切削刃正在切削工件的表面。

待加工表面：工件上即将被车削多余金属的表面。

二、 切削用量

在切削加工过程中的切削速度(v_c)、进给量(f)、背吃刀量(a_p)总称为切削用量。切削用量又称为切削三要素，是表示车削运动大小的参数。切削时的切削用量如图 1-2-4 所示，切削用量的合理选择对提高生产率和切削质量有着重要作用。

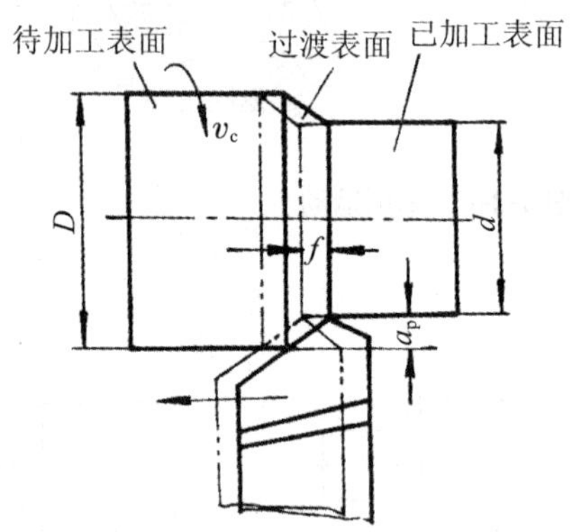

图 1-2-4 切削用量示意图

1. 背吃刀量(a_p)

背吃刀量又称切削深度，是指车削时工件上已加工表面和待加工表面间的垂直距离，单位为 mm。背吃刀量可用下式表示：

$$a_p=\frac{d_w-d_m}{2}$$

式中 d_w——工件待加工表面的直径(mm)，d_m——已加工表面的直径(mm)。

2. 进给量(f)

进给量是指在车削时，工件每转 1 转，车刀沿进给方向移动的距离，单位为 mm/r。

3. 切削速度(v_c)

切削速度是指切削刃选定点相对于工件的主运动的瞬时速度，即指在进行切削加工时，主运动的线速度，单位为 m/min 或 m/s。车削时切削速度的计算公式为：

$$v_c=\frac{\pi d_w n}{1000}$$

式中d_w——工件待加工表面直径(mm)；

n——工件每分钟的转速(r/min)。

例 1-1　已知工件待加工表面直径为ϕ95 mm；现用 500 r/min 的主轴转速一次进给车至直径ϕ90 mm。求背吃刀量 a_p 和切削速度 v_c。

解：根据背吃刀量的计算公式 $a_p=\frac{d_w-d_m}{2}=\frac{95-90}{2}=2.5(\text{mm})$，

根据切削速度的计算公式 $v_c=\frac{\pi d_w n}{1000}\approx\frac{3.14\times 95\times 500}{1000}=149.15(\text{m/min})$。

答：背吃刀量 a_p 为 2.5 mm，切削速度 v_c 约为 149.15 m/min。

三、 选择切削用量的一般原则与步骤

1. 粗车时切削用量的选择原则

粗车时，毛坯余量较大，工件的加工精度和表面粗糙度等技术要求较低，应以提高生产效率为主，考虑加工成本和经济性。

2. 粗车时切削用量的选择步骤

首先选择一个尽量大的背吃刀量，然后选择一个较大的进给量，最后根据已选定的背吃刀量和进给量，在工艺系统刚性、刀具寿命和机床功率允许的范围内选择一个合理的切削用量。

选择背吃刀量时，尽量将粗加工余量一次性切完。当余量过大或工艺系统刚性差时，可分多次切除余量。在不产生振动的条件下，选取一个最大的进给量。

3. 半精车、精车时切削用量的选择原则

半精车、精车时，工件的加工余量不大，加工精度要求较高，表面粗糙度值要求较小，应首先考虑保证加工质量，并注意兼顾生产率和刀具寿命。

4. 半精车、精车时切削用量的选择步骤

(1)背吃刀量：由粗加工后留下的余量确定。一般情况下，半精加工时选取 $a_p=$ 0.5 mm～2.0 mm；精加工时选取 $a_p=$0.1 mm～0.8 mm。

(2)进给量：主要受表面粗糙度的限制。表面粗糙度越小，进给量可选择小些。

(3)切削速度：为了提高工件的表面质量，用硬质合金车刀精加工时，一般采用较高的切削速度($v_c>80$ m/min)；用高速钢车刀精加工时，一般选用较低的切削速度($v_c<5$ m/min)。

实践活动

一、 实践条件

实践条件见表 1-2-1。

表 1-2-1　实践条件

类别	名称
设备	CA6140 型卧式车床或同类型的车床
其他	安全防护用品

二、 实践步骤

步骤 1：安全教育，按“两穿两戴”要求，正确完成工作服、工作帽、工作鞋、工作镜的穿戴。

步骤 2：练习摇动床鞍、中滑板和小滑板，熟记三滑板的刻度数。

(1)使床鞍、中滑板和小滑板慢速均匀移动，要求双手交替动作自如。

(2)分清三者的进退刀方向，要求反应敏捷，动作准确。

(3)掌握消除刻度盘空行程的方法。

使用刻度盘时，由于丝杆与螺母之间的配合存在间隙，会产生刻度盘转动而床鞍和中、小滑板并没有移动(即空行程)的现象。当刻度线转到所需要的格数并且超过时，必须向相反方向退回全部空行程，然后再转到需要的格数，不可以直接退回超过的格数，应按图 1-2-5 所示的方法予以纠正。

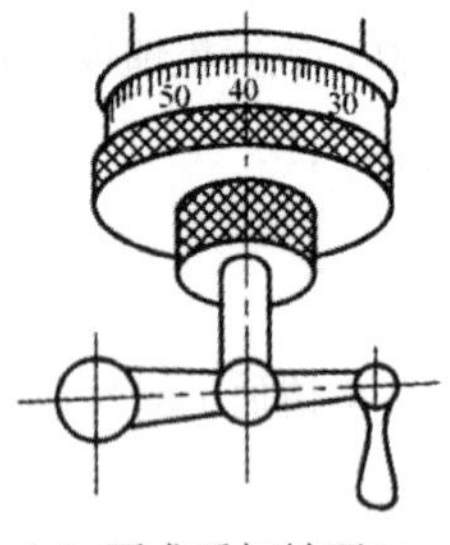

(a) 要求手柄转至30，但摇过头成40

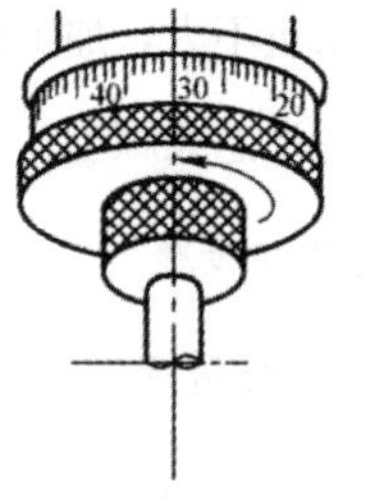

(b) 错误：直接退至30

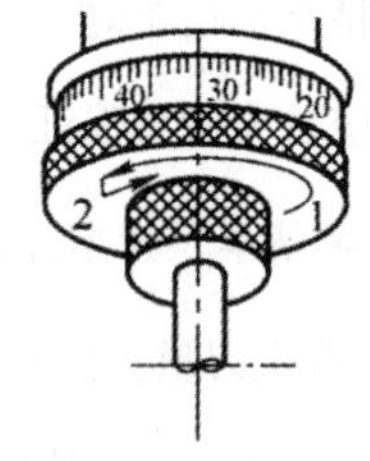

(c) 正确：反转约一圈后再转至所需位置30

图 1-2-5　手柄摇过头后的纠正方法

(4)CA6140 型卧式车床的刻度数。

①溜板箱正面的手轮轴上的刻度盘分为 300 格，每转过 1 格，表示床鞍纵向移动 1 mm。

②中滑板丝杆上的刻度盘分为 100 格，每转过 1 格，表示刀架横向移动 0.05 mm。

③小滑板上丝杆上的刻度盘为 100 格，每转过 1 格，表示刀架纵向移动 0.05 mm。

另外，在使用中滑板刻度时，要注意车刀的切深应是工件直径余量的一半。

步骤 3：练习纵、横向进给和进、退刀动作。

(1)手动进给要求进给速度慢而均匀，不间断，操作方法见表 1-2-2。

表 1-2-2　纵、横向进给的手动操作姿势

操作姿势图	操作要领	操作姿势图	操作要领
纵向手动进给	操作时应站在床鞍手轮的右侧，双手交替摇动床鞍手轮	横向手动进给	双手交替摇动中滑板手柄

(2)进、退刀操作要求反应敏捷，动作正确。操作的方法是：左手握床鞍手轮，右手握中滑板手柄，双手同时快速摇动。进刀要求床鞍和中滑板同时向卡盘处移动，退刀的要求则正好相反。进、退刀动作必须十分熟练，否则在车削过程中动作一旦失误，便会导致工件报废。

步骤 4：练习移动尾座和尾座套筒。

车床尾座如图 1-2-6 所示，尾座可以沿着床身导轨前后移动，以适应支顶不同长度的工件，尾座套筒锥孔可供安装顶尖和钻头，套筒可以前后移动，操作方法如下。

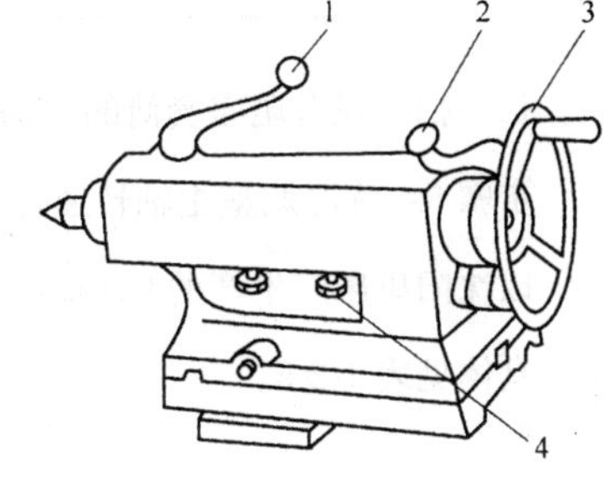

1，2—手柄　3—手轮　4—螺母

图 **1-2-6**　车床尾座

(1)尾座的移动和锁紧的操作步骤见表 1-2-3。

表 1-2-3 尾座的移动和锁紧的操作步骤

步骤一	步骤二	步骤三
将手柄 2 松开，使尾座底部的压板与床身导轨脱开	用手推动尾座，使尾座沿着床身导轨做前后移动	将手柄 2 扳紧，使尾座底部的压板紧压在床身导轨上，使尾座锁紧。有的车床尾座如无锁紧手柄，可以直接用扳手将压紧螺母 4 扳紧

扫一扫：观看尾座的移动和锁紧的操作视频。

(2)尾座套筒的移动和锁紧的操作步骤见表 1-2-4。

表 1-2-4 尾座套筒的移动和锁紧的操作步骤

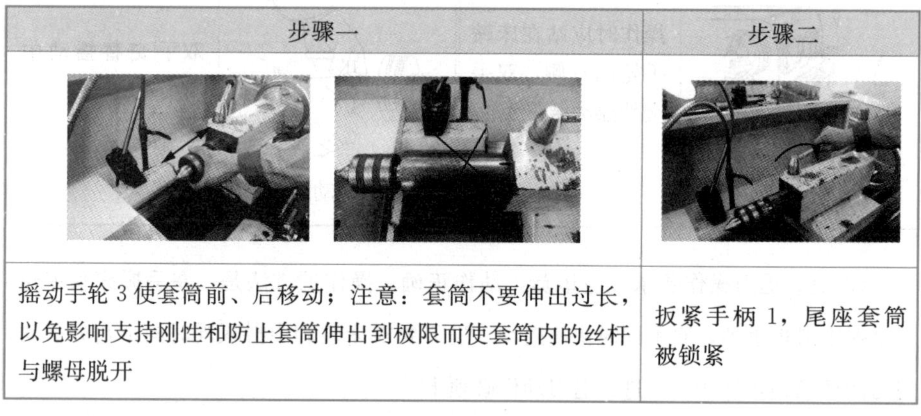

步骤一	步骤二
摇动手轮 3 使套筒前、后移动；注意：套筒不要伸出过长，以免影响支持刚性和防止套筒伸出到极限而使套筒内的丝杆与螺母脱开	扳紧手柄 1，尾座套筒被锁紧

扫一扫：观看尾座套筒的移动和锁紧的操作视频。

步骤 5：练习调整主轴转速。

以沈阳机床厂生产的 CA6140 型卧式车床为例，介绍一下车床主轴调速的操作方法，具体见表 1-2-5。

表 1-2-5　主轴调速的操作方法

顺序	内容	图示
检查	车床启动前要检查各手柄的位置是否正确	见表 1-1-3 的“三看一听”
开启电源	找到车床总开关，捏住开关向上拉起，车床外部电源开启（此时，只有快速进给系统得电可以工作，其余还没有得电）	
开机	先按下绿色按钮，再按下红色急停开关不放，然后向逆时针方向旋转，放开手，这样急停开关就往上弹起，车床处于开机状态	
调速	右手拨动卡盘，同时左手扳动主轴转速调节手柄，眼睛观察两手柄和机床上的数字是否在一条线上	
启动、停车	左手握住倒顺电气开关，向上抬起，主轴正转；向下按，主轴反转；中间位置，主轴停止 一般情况下，使用正转车削零件	
关机	操作结束后，清扫机床，把床鞍摇至机床尾部，各手柄处于空挡位置，最后关闭机床电源 关闭的顺序：按下急停开关后，关闭总电源开关	
禁忌	主轴正在旋转或还未完全停止时，不能拨动变速操作手柄，否则会把主轴箱里的齿轮轮齿打断，造成设备事故	

注意：在车床运转时，如有异常声音必须立即切断电源。

扫一扫：观看主轴调速的操作视频。

步骤 6：进给箱的变速调整方法，见表 1-2-6。

表 1-2-6 进给箱的变速调整方法

顺序	内容	图示
检查	检查主轴箱手柄位置是否正确，图示位置是右旋正常螺距（导程），这是最常用的一种，可进行正常的机动车削和右旋螺纹、蜗杆的车削	左旋正常螺距（导程） 左旋扩大螺距（导程） 右旋正常螺距（导程） 右旋扩大螺距（导程）
看铭牌表	根据要求或需要，找到铭牌表上手柄位置的数字组合，如进给量 f 为 0.36 mm 的两手柄分别位于数字 2、Ⅲ、字母 A 上	
调速	根据铭牌表上提供的数字和字母，调整溜板箱和进给箱手柄的位置	
执行	启动主轴，右手控制操纵手柄的方向，可实现大滑板纵向进给（进、退）和中滑板横向进给（进、退）练习机动进给时，注意行程	

注意：练习进给箱的变速，要在停车或低速时进行。

扫一扫：观看进给箱变速调整的视频。

步骤 7：按“7S”规范要求，整理工、量、刀具。

三、 注意事项

(1)要求每台机床都具有防护设施。

(2)摇动滑板时要集中注意力，做模拟切削运动。

(3)变换转速时，应停车进行。

(4)车床运转操作时，转速要慢，注意防止左右、前后碰撞，以免发生事故。

(5)严禁多人同时操作一台机床。

专业对话

1. 谈一谈粗加工、半精加工和精加工切削用量的一般选用原则。

2. 结合自身情况，谈一谈车床各手柄的操作要领。

任务评价

考核标准见表 1-2-7。

表 1-2-7　考核标准

<table>
<tr><th>序号</th><th>检测内容</th><th>检测项目</th><th>分值</th><th>要求</th><th>自测结果</th><th>得分</th><th>教师检测结果</th><th>得分</th></tr>
<tr><td>1</td><td rowspan="5">主观评分 B（安全文明生产）</td><td>正确穿戴工作服</td><td>10</td><td rowspan="4">穿戴整齐、紧扣、紧扎</td><td></td><td></td><td></td><td></td></tr>
<tr><td>2</td><td>正确穿戴工作帽</td><td>10</td><td></td><td></td><td></td><td></td></tr>
<tr><td>3</td><td>正确穿戴工作鞋</td><td>10</td><td></td><td></td><td></td><td></td></tr>
<tr><td>4</td><td>正确穿戴工作镜</td><td>10</td><td></td><td></td><td></td><td></td></tr>
<tr><td>5</td><td>执行正确的安全操作规程</td><td>10</td><td>视规范程度给分</td><td></td><td></td><td></td><td></td></tr>
<tr><td>6</td><td rowspan="4">主观评分 B（操作的正确性）</td><td>滑板进、退操作</td><td>10</td><td>视熟练程度给分</td><td></td><td></td><td></td><td></td></tr>
<tr><td>7</td><td>转速的调整</td><td>10</td><td>视熟练程度给分</td><td></td><td></td><td></td><td></td></tr>
<tr><td>8</td><td>进给量的调整</td><td>10</td><td>视熟练程度给分</td><td></td><td></td><td></td><td></td></tr>
<tr><td>9</td><td>操作时的姿势</td><td>10</td><td>视熟练程度给分</td><td></td><td></td><td></td><td></td></tr>
<tr><td>10</td><td colspan="2">主观 B 总分</td><td colspan="2">90</td><td colspan="2">主观 B 实际得分</td><td colspan="2"></td></tr>
<tr><td>11</td><td colspan="2">总体得分率</td><td colspan="2"></td><td colspan="2">评定等级</td><td colspan="2"></td></tr>
<tr><td>评分说明</td><td colspan="8">1. 主观评分 B 分值为 10 分、9 分、7 分、5 分、3 分、0 分
2. 总体得分率：(B 实际得分/B 总分)×100%
3. 评定等级：根据总体得分率评定，具体为≥92%=1，≥81%=2，≥67%=3，≥50%=4，≥30%=5，<30%=6</td></tr>
</table>

拓展活动

一、选择题

1. 车削是以工件(　　)为主运动，车刀纵向或横向移动为进给运动的一种切削加工方法。

A. 纵向移动　　B. 横向移动　　C. 曲线移动　　D. 旋转

2. 车削加工工件的尺寸公差等级一般为(　　)级。

A. IT6～IT8　　B. IT6～IT9　　C. IT7～IT9　　D. IT7～IT10

3. 已加工表面和待加工表面间的垂直距离为(　　)。

A. 进给量　　B. 切削速度　　C. 背吃刀量　　D. 切削用量

4. 车床主轴(　　)使车出的工件出现圆度误差。

A. 径向跳动　　B. 轴向窜动　　C. 摆动　　D. 窜动

5. 机动时间分别与切削用量及加工余量成(　　)。

A. 正比、反比　　B. 正比、正比　　C. 反比、正比　　D. 反比、反比

6. 粗加工时，应以提高(　　)为主，考虑加工成本和经济性。

A. 尺寸精度　　B. 生产率　　C. 刀具寿命　　D. 加工表面质量

二、判断题

(　　)1. 可以多人同时操作一台机床。

(　　)2. 车床操作过程中短时间内离开不用切断电源。

三、计算题

1. 在车床上车削一毛坯直径为 45 mm 的轴，要求一次进给车至直径为 38 mm，如果选用切削速度 $v_c=100$ m/min。试计算背吃刀量 a_p 以及主轴转速 n 各等于多少？

2. 车床中滑板丝杆导程为 5 mm，刻度盘分 100 格，当摇动进给丝杆转动一周时，中滑板就移动 5 mm，当刻度盘转过一格时，中滑板移动量为多少？并求工件尺寸由直径为 43.6 mm，车至直径为 40 mm，中滑板刻度盘需要转过多少格？

任务三　零件的装夹与找正

任务目标

1. 了解自定心卡盘(三爪卡盘)的规格、结构及其作用。

2. 理解工件的装夹和找正的意义。

3. 学会工件的找正方法、技巧及注意事项。

学习活动

自定心卡盘是车床上的常用工具。三爪自定心卡盘的构造如图 1-3-1 所示。

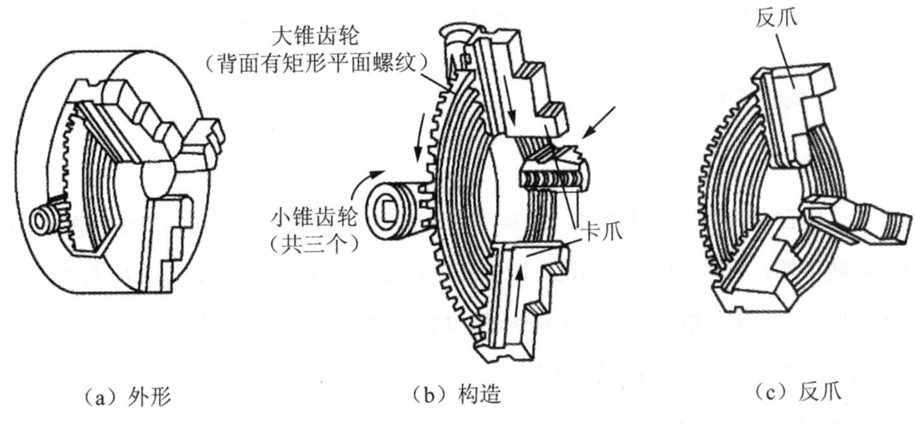

图 1-3-1　三爪自定心卡盘

操作方法：用卡盘扳手插入任何一个方孔，顺时针转动小锥齿轮，与它相啮合的大锥齿轮将随之转动，大锥齿轮背面的矩形平面螺纹即带动三个卡爪同时移向中心，夹紧工件；扳手反转，卡爪即松开，如图 1-3-2 所示。

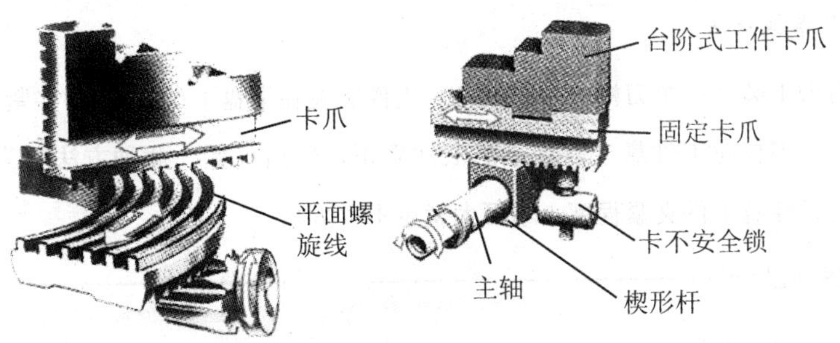

图 1-3-2　卡爪的运动

三爪自定心卡盘的三个卡爪是同时移动自行对中的，故适宜夹持截面为圆形和正六边形的工件。反三爪用以夹持直径较大的工件。

由于制造误差和卡盘零件的磨损以及切屑堵塞等原因，三爪自定心卡盘对中的准确度为 0.05 mm～0.15 mm。

一、 定心卡盘的规格

常用的公制自定心卡盘规格有 150 mm，200 mm，250 mm。

二、 找正工件的意义

找正工件是将工件安装在卡盘上，使工件的中心与车床主轴的旋转中心取得一致。

三、 找正的方法

1. 目测法

工件夹在卡盘上使工件旋转，观察工件跳动情况，找出最高点，用重物敲击高点；旋转工件，观察工件跳动情况；敲击高点，直至工件找正为止；把工件夹紧。其基本程序如下：工件旋转—观察工件跳动，找出最高点—找正—夹紧。一般要求最高点和最低点在 1 mm～2 mm 以内为宜。

2. 使用划针盘找正

车削余量较小的工件可以利用划针盘找正。方法如下：工件装夹后(不可过紧)用划针对准工件外圆并留有一定的间隙；转动卡盘使工件旋转，观察划针在工件圆周上的间隙，调整最大间隙和最小间隙，使其达到间隙均匀一致；最后将工件夹紧。此种方法一般找正精度为 0.5 mm～0.15 mm。

3. 开车找正法

在刀台上装夹一个刀杆(或硬木块)，工件装夹在卡盘上(不可用力夹紧)，开车使工件旋转，刀杆向工件靠近，直至把工件靠正，然后夹紧。此种方法较为简单、快捷，但必须注意工件夹紧程度，不可太紧也不可太松。

实践活动

一、 实践条件

实践条件见表 1-3-1。

表 1-3-1　实践条件

类别	名称
设备	CA6140 型卧式车床或同类型的车床
材料	ϕ35×100(45 钢)和ϕ60×40(45 钢)
工具	找正器、铜锤、卡盘钥匙等
其他	安全防护用品

二、 实践步骤

步骤 1：安全教育，按"两穿两戴"要求，正确完成工作服、工作帽、工作鞋、工作镜的穿戴。

步骤 2：轴类工件在三爪自定心卡盘的找正。

轴类工件的找正方法如图 1-3-3(a)所示，通常找正外圆位置 1 和位置 2 两点。先找正位置 1 处外圆，后找正位置 2 处外圆。找正位置 1 时，可看出工件是否圆整；找正位置 2 时，应用铜棒敲击靠近针尖的外圆处，直到零件旋转一周两处针尖到工件表面距离相等时为止。

步骤 3：盘类工件在三爪自定心卡盘的找正。

盘类工件的找正方法如图 1-3-3(b)所示，通常需要找正外圆和端面两处。找正位置 1 的方法与轴类工件找正位置 1 的方法相同；找正位置 2 时，应用铜棒敲击靠近针尖的端面处，直到零件旋转一周两处针尖到工件端面距离相等时为止。

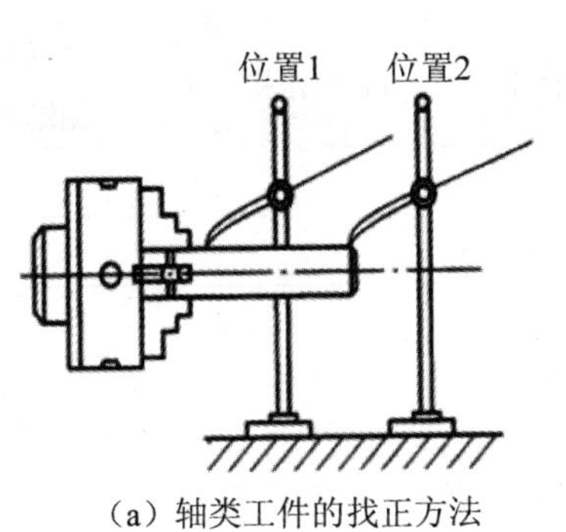

（a）轴类工件的找正方法

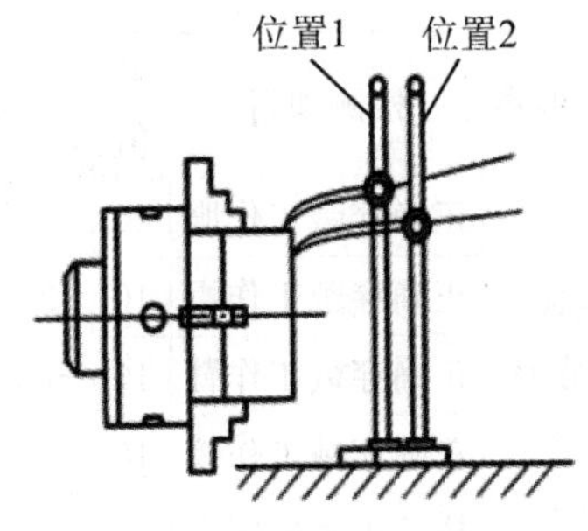

（b）盘类工件的找正方法

图 1-3-3　工件的找正

步骤 4：工件的夹紧。

工件的夹紧操作要注意夹紧力与装夹部位。如果是毛坯，夹紧力可大些；如果是已加工表面，夹紧力就不可过大，以防止夹伤工件表面，还可用铜皮包住表面进行装夹；如果是有台阶的工件，尽量让台阶靠着卡爪端面装夹；如果是带孔的薄壁件，需用专用夹具装夹，以防止变形。

步骤 5：按“7S”规范要求，整理工、量、刃具。

三、 注意事项

(1)找正较大的工件，车床导轨上应垫防护板，以防工件掉下砸坏车床。

(2)找正工件时，主轴应放在空挡位置，并用手拨动卡盘旋转。

(3)找正工件时，敲击一次工件应轻轻夹紧一次，最后工件找正合格应将工件夹紧。

(4)找正工件时，要有耐心，并且细心，不可急躁，并注意安全。

专业对话

1. 谈一谈三爪卡盘的特点。

2. 结合使用情况，谈一谈工件找正的操作要领。

任务评价

考核标准见表 1-3-2。

表 1-3-2　考核标准

序号	检测内容	检测项目	分值	评分标准	自测结果	得分	教师检测结果	得分
1	主观评分 B（安全文明生产）	正确穿戴工作服	10	穿戴整齐、紧扣、紧扎				
2		正确穿戴工作帽	10					
3		正确穿戴工作鞋	10					
4		正确穿戴工作镜	10					
5		执行正确的安全操作规程	10	视规范程度给分				

续表

<table>
<tr><th>序号</th><th>检测内容</th><th>检测项目</th><th>分值</th><th>评分标准</th><th>自测结果</th><th>得分</th><th>教师检测结果</th><th>得分</th></tr>
<tr><td>6</td><td rowspan="4">主观评分 B（操作的正确性）</td><td>工件的装夹</td><td>10</td><td>视熟练程度给分</td><td></td><td></td><td></td><td></td></tr>
<tr><td>7</td><td>找正的速度</td><td>10</td><td>视熟练程度给分</td><td></td><td></td><td></td><td></td></tr>
<tr><td>8</td><td>找正的精度</td><td>10</td><td>误差为 0.2 mm～0.5 mm</td><td></td><td></td><td></td><td></td></tr>
<tr><td>9</td><td>操作时的姿势</td><td>10</td><td>视熟练程度给分</td><td></td><td></td><td></td><td></td></tr>
<tr><td>10</td><td colspan="2">主观 B 总分</td><td colspan="2">90</td><td colspan="2">主观 B 实际得分</td><td colspan="2"></td></tr>
<tr><td>11</td><td colspan="2">总体得分率</td><td colspan="2"></td><td colspan="2">评定等级</td><td colspan="2"></td></tr>
<tr><td>评分说明</td><td colspan="8">1. 主观评分 B 分值为 10 分、9 分、7 分、5 分、3 分、0 分
2. 总体得分率：（B 实际得分/B 总分）×100％
3. 评定等级：根据总体得分率评定，具体为≥92％＝1，≥81％＝2，≥67％＝3，≥50％＝4，≥30％＝5，＜30％＝6</td></tr>
</table>

拓展活动

一、选择题

1. 三爪自定心卡盘适宜夹持截面为(　　)的工件。

A. 圆形和方形　　B. 圆形与多边形

C. 圆形与正六边形　　D. 圆形与五边形

2. 车床主轴(　　)使车出的工件出现圆度误差。

A. 径向跳动　　B. 轴向窜动　　C. 摆动　　D. 窜动

3. 常用的公制自定心卡盘规格有 150 mm，(　　) mm，250 mm。

A. 170　　B. 200　　C. 220　　D. 230

二、简答题

1. 简要写出找正的方法有哪些。

2. 工件找正的意义是什么？

任务四 车床清洁与保养

任务目标

1. 了解车床维护保养的重要意义。

2. 了解车床的日常注油方式。

3. 学会车床的日常清洁维护保养。

学习活动

一、 车床的润滑方式

为了保持车床正常运转和延长其使用寿命，应注意日常的维护保养。车床的摩擦部分必须进行润滑。常用的几种润滑方式如下。

1. 浇油润滑

通常用于外露的滑动表面，如床身导轨面和滑板导轨面等。

2. 溅油润滑

通常用于密封的箱体中，如车床的主轴箱，它利用齿轮转动把润滑油溅到油槽中，然后输送到各处进行润滑。

3. 油绳导油润滑

通常用于车床进给箱的溜板箱的油池中，它利用毛线吸油和渗油的能力，把机油慢慢地引到所需要的润滑处，如图 1-4-1(a)所示。

4. 弹子油杯注油润滑

通常用于尾座和滑板摇手柄转动的轴承处。注油时，用油嘴把弹子按下，滴入润滑油，如图 1-4-1(b)所示。使用弹子油杯的目的是防尘、防屑。

5. 黄油(油脂)杯润滑

通常用于车床挂轮架的中间轴。使用时，在黄油杯中装满工业油脂的一个优点是，当拧进油杯盖时，油脂就挤进轴承套内，比加机油方便。使用油脂润滑的另一优点是存油期长，不需要每天加油，如图 1-4-1(c)所示。

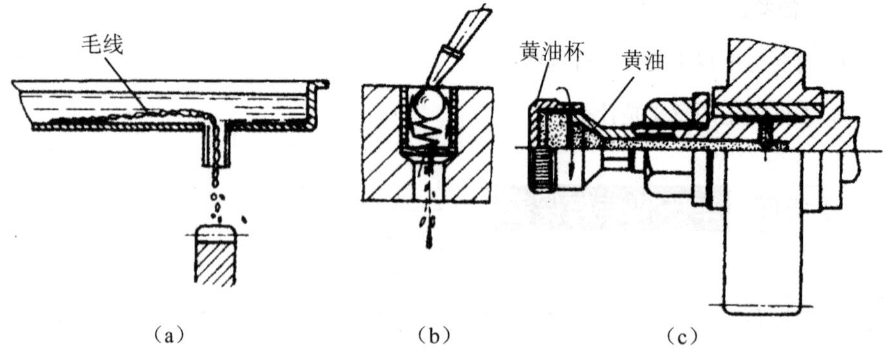

图 1-4-1 润滑的几种方式

6. 油泵输油润滑

通常用于转速高、润滑油需求量大的机构中，如车床的主轴箱，一般都采用油泵输油润滑。

二、 车床的润滑

1. 主轴箱的润滑

主轴箱采用溅油润滑，其储油量以达到油窗高度为宜，一般为油标孔直径的$\frac{1}{2}\sim\frac{2}{3}$，如图 1-4-2 所示。开动车床前要检查储油量是否达到要求。一般每 3 个月更换一次，换油时要先对箱体内进行清洗，然后再加油。

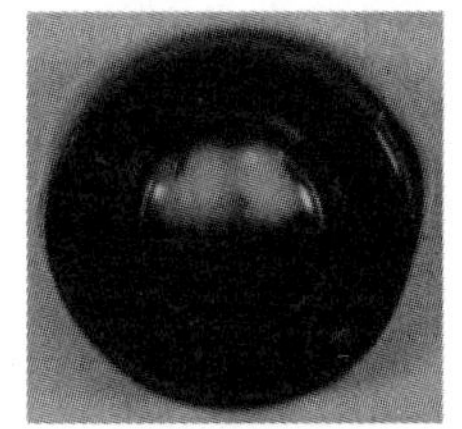

图 **1-4-2**　油标孔

2. 进给箱与溜板箱的润滑

进给箱与溜板箱常采用储油池通过油绳导油润滑。光杆、丝杆轴承座上方的加油方法，如图 1-4-3 所示。由于丝杆、光杆转动速度较快，因此要求做到每班加油一次。

图 **1-4-3**　光杆、丝杆轴承座上方的加油方法

3. 交换齿轮箱的润滑

交换齿轮箱常采用油杯注油润滑。要做到经常对此处进行润滑。

4. 车床导轨面的润滑

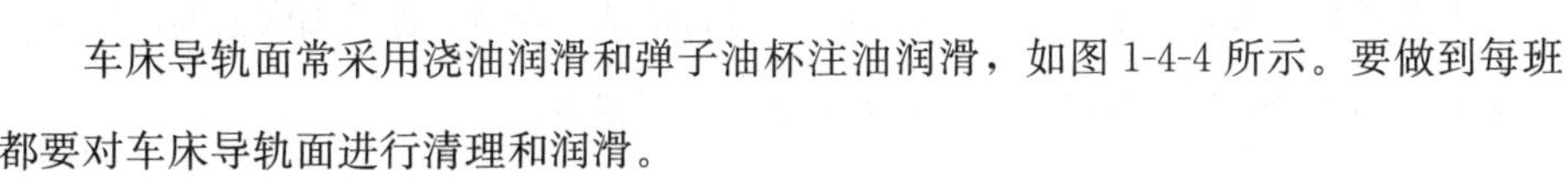

车床导轨面常采用浇油润滑和弹子油杯注油润滑，如图 1-4-4 所示。要做到每班都要对车床导轨面进行清理和润滑。

图 **1-4-4**　车床导轨面的浇油润滑示意图

5. 其他部分的润滑

车床的床鞍、中滑板、小滑板、尾座、光杆、丝杆、操纵杆等部位通过油孔注油润滑，要做到每班加油一次。中滑板的油孔注油润滑方法如图 1-4-5 所示。

图 **1-4-5** 中滑板的油孔注油润滑示意图

三、 车床的维护与保养

作为一名车工不仅要会操纵车床，还要爱护和保养车床。为保证其精度和使用寿命，必须对车床进行合理的维护与保养。

1. 日保养

每班车床工作结束后，应擦净车床的导轨面，要求无油污、无铁屑，并加注润滑油润滑，使车床外表清洁并保持场地整齐。

2. 周保养

每周要对车床的 3 个导轨面及转动部位进行清洁、润滑，保持油眼通畅，油标油窗清晰，清洗油毛毡，并保持车床外表清洁和场地整齐。

3. 一级保养

当车床运行 500 h 后，需要进行一级保养。保养工作应该以操作工为主，维修工进行配合。保养的内容是部件的清洗、各部分的润滑和传动部分的调整。

实践活动

一、 实践条件

实践条件见表 1-4-1。

表 1-4-1 实践条件

类别	名称
设备	CA6140 型卧式车床或同类型的车床
材料	清洁剂、棉纱、机油等
工具	油枪等
其他	安全防护用品

二、实践步骤

步骤 1：安全教育，按“两穿两戴”要求，正确完成工作服、工作帽、工作鞋、工作镜的穿戴。

步骤 2：实施车床的清洁，要求无水污、无铁屑，使车床外表清洁并保持场地整齐。

步骤 3：实施车床的保养，合理加注润滑油。

步骤 4：按“7S”规范要求，整理工、量、刃具。

三、注意事项

(1)每班工作后应擦净车床导轨面(包括中滑板和小滑板)，要求无油污、无铁屑，并浇油润滑，使车床外表清洁和场地整齐。

(2)每周要求车床的 3 个导轨面及转动部位清洁、润滑，油眼畅通，油标油窗清晰，清洗护床油毛毡，并保持车床外表清洁和场地整齐。

专业对话

1. 谈一谈车床维护保养的意义有哪些。

2. 结合岗位要求，谈一谈今后如何做好车床的日常清洁维护保养工作。

任务评价

考核标准见表 1-4-2。

表 1-4-2 考核标准

序号	检测内容	检测项目	分值	评分标准	自测结果	得分	教师检测结果	得分
1	主观评分 B（安全文明生产）	正确穿戴工作服	10	穿戴整齐、紧扣、紧扎				
2		正确穿戴工作帽	10					
3		正确穿戴工作鞋	10					
4		正确穿戴工作镜	10					
5		执行正确的安全操作规程	10	视规范程度给分				
6	主观评分 B（操作的正确性）	车床的清洁	10	视情况给分				
7		车床的保养	10	视情况给分				
8	主观 B 总分		70		主观 B 实际得分			
9	总体得分率				评定等级			
评分说明	1. 主观评分 B 分值为 10 分、9 分、7 分、5 分、3 分、0 分 2. 总体得分率：(B 实际得分/B 总分)×100% 3. 评定等级：根据总体得分率评定，具体为≥92%=1，≥81%=2，≥67%=3，≥50%=4，≥30%=5，<30%=6							

拓展活动

一、选择题

1. 对设备进行局部解体和检查，由操作者每周进行一次的保养是(　　)。

A. 例行保养　　B. 日常保养　　C. 一级保养　　D. 二级保养

2. 车床外露的滑动表面一般采用(　　)润滑。

A. 浇油　　B. 溅油　　C. 油绳导油　　D. 弹子油杯注油

3. 车床齿轮箱换油期一般为(　　)1 次。

A. 每星期　　B. 每月　　C. 每 3 个月　　D. 每 6 个月

二、判断题

(　　)1. 车床运行 500 h 后，需要进行一级保养。

(　　)2. 车床主轴箱内注入的新油油面不得高于油标中心线。

三、简答题

1. 说出三种以上车床常用的润滑方式。

2. 车床一级保养的内容有哪些？

项目二
车刀与外径千分尺的使用

项目导航

主要介绍车刀的材料与种类、车刀几何角度与作用、砂轮的选用和车刀刃磨的步骤与方法。同时，学会 90°外圆车刀、45°端面车刀的刃磨和外径千分尺的使用方法，为下一个项目的练习做好准备。

学习要点

1. 了解车刀的材料与种类、车刀切削部分的几何要素以及组成部分。
2. 掌握车刀角度的作用与选用原则。
3. 了解砂轮的种类和使用砂轮的安全知识。
4. 初步掌握常用车刀的刃磨姿势及磨刀方法。
5. 初步学会 90°外圆车刀、45°端面车刀的刃磨。
6. 了解千分尺的结构、应用场合和类型。
7. 掌握外径千分尺的读数方法并能熟练使用。
8. 掌握常用量具的保养常识。

任务一 认识车刀

任务目标

1. 了解车刀的材料和种类。

2. 理解车刀工作部分的组成与几何角度。

3. 学会认领各种常用车刀。

学习活动

一、 车刀的材料（刀头部分）

1. 车刀切削部分应具备的基本性能

(1)较高的硬度：车刀的切削部分材料的硬度必须高于被加工材料的硬度，常温下，硬度要在 60HRC 以上。

(2)较好的耐磨性：车刀在切削过程中需要承受剧烈的摩擦，为保证切削必须具有较好的耐磨性。一般来讲，材料越硬，其耐磨性越好。

(3)良好的耐热性：指切削温度很高，而车刀的切削部分在高温下可保持高的硬度。也可以用热硬性表示，热硬性是指刀具材料维持切削性能的最高温度限度。耐热性越好，材料允许的切削速度越高。

(4)足够的强度和韧性：车刀在切削时需要承受较大的切削力和冲击力，所以要求车刀的切削部分有足够的强度和韧性。

(5)良好的工艺性和经济性：为了便于加工制造以及推广，要求车刀的切削部分尽可能有良好的工艺性和经济性。

2. 常用车刀的材料

常用车刀的材料一般有高速钢和硬质合金两类，见表 2-1-1。

表 2-1-1　常用车刀的材料

类　型	特　点	常用牌号	应用场合
高速钢	制造简单，刃磨方便，刀口锋利，韧性好，能承受较大的冲击力，但其耐热性较差，不易高速切削	W18Cr4V2(钨系)、目前应用最广 W6Mo5Cr4V2（钼系），主要用于热轧刀具	适用于制造小型车刀、螺纹刀及形状复杂的成形刀，如麻花钻

续表

类型		特点	常用牌号	应用场合
硬质合金	钨钴类（K类）	一种由碳化钨、碳化钛粉末，用钴作为黏结剂经粉末冶金而成的制品，其特点是硬度高、耐磨性好、耐高温、适合高速车削，但其韧性差，不能承受较大的冲击力；含钨量多的硬度较高，含钛量多的强度较高，韧性较好	YG3、YG5、YG8	适用于加工铸铁、有色金属等脆性材料；YG3适合精车，YG8适合粗车
	钨钛钴类（P类）		YT5、YT15、YT30	适用于加工塑性金属及韧性较好的材料；YT5适合粗车，YT30适合精车
	钨钛钽（铌）钴类（M类）		YW1、YW2	适用于加工高温合金、高锰钢、不锈钢、铸铁、合金铸铁等金属材料

二、车刀的种类

按照用途分，常用车刀的分类如图2-1-1所示。

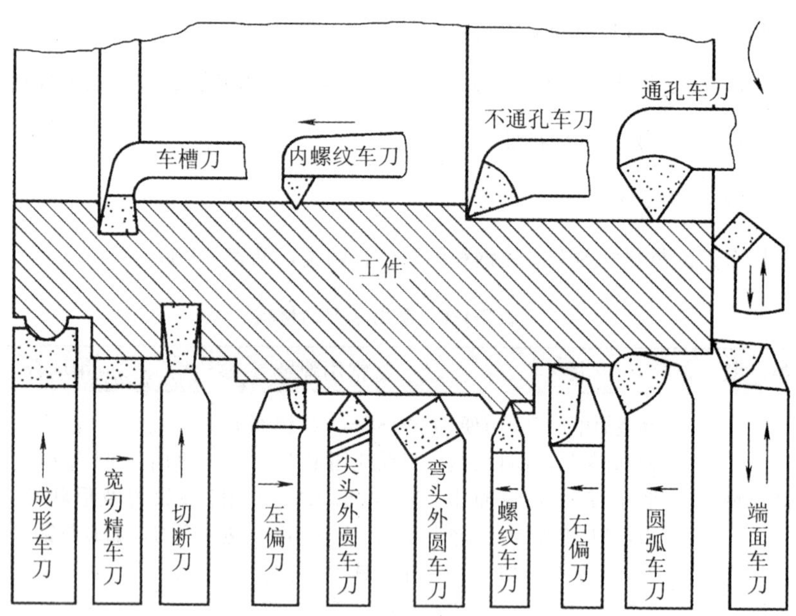

图2-1-1 车刀按用途分类情况

根据不同的车削加工内容，最常用的车刀有外圆车刀、端面车刀、切断刀、镗孔车刀、圆头车刀和螺纹车刀等。常用车刀的用途见表2-1-2。

表 2-1-2　常用车刀的用途

名称	用途	示意图	名称	用途	示意图
外圆车刀（90°车刀）	用来车削工件的外圆、台阶和端面		镗孔车刀	用来车削工件的内孔	
端面车刀（45°车刀）	用来车削工件的外圆、端面和倒角		圆头车刀	用来车削工件的圆弧面或成形面	
切断刀	用来切断工件或在工件上切槽		螺纹车刀	用来车削各种螺纹	

车刀按照结构可分为整体式、焊接式和机夹可转位式三类。根据材料特性，高速钢车刀通常制成整体式，硬质合金车刀都制成焊接式或机夹可转位式，如图 2-1-2 所示。

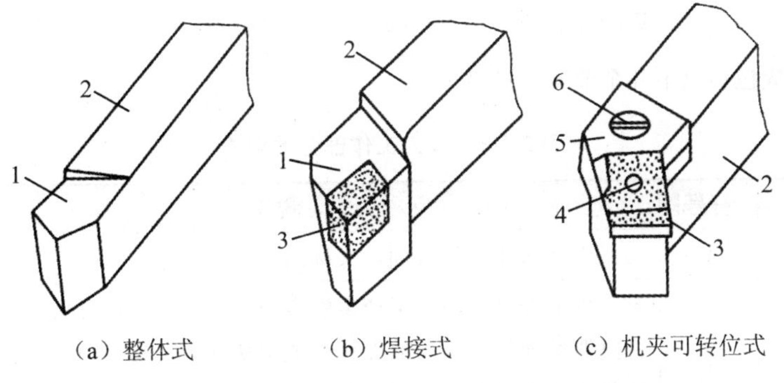

（a）整体式　（b）焊接式　（c）机夹可转位式

1—刀头　2—刀柄　3—刀片　4—定位销　5—压板　6—夹紧机构

图 2-1-2　车刀按结构形式分类情况

三、车刀切削部分的几何要素

刀具各组成部分统称为刀具的要素。刀具种类虽然很多，但分析各部分的构造和作用，仍然存在共同之处。图 2-1-3 为最常用的 75°外圆车刀，其包括以下基本组成部分。

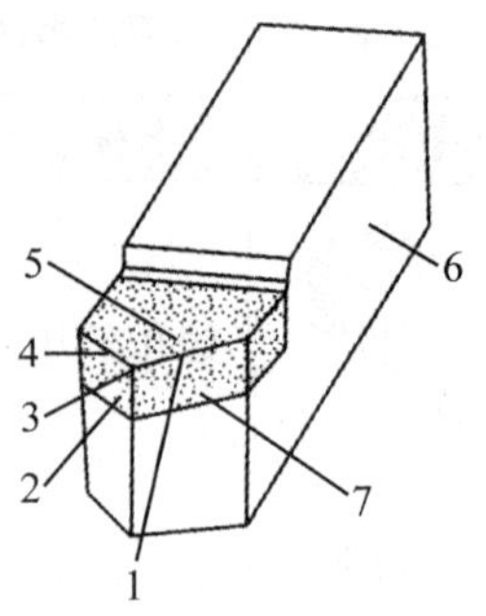

1—主切削刃　2—副后刀面　3—刀尖　4—副切削刃

5—前刀面　6—刀柄　7—主后刀面

图 **2-1-3**　车刀的组成

1. 夹持部分

俗称刀柄或刀体，主要用于刀具安装与标注的部位。通常用优质碳素结构钢材料制造，横截面一般为矩形。

2. 切削部分

俗称刀头，是刀具的工作部分，由刀面、切削刃组成。根据需要制造成不同形状，其组成包括以下几个要素，见表 2-1-3。

表 2-1-3　车刀工作部分的组成

要素	符号	说明
前面	A_γ	刀具上切屑流经的表面，又称前刀面
后面	A_α	与工件上经过切削加工产生的表面相对的表面，分为主后面(与工件过渡表面相对，与前面相交成主切削刃，标为 A_α)和副后面(与已加工表面相对，与前面相交成副切削刃，标为 A'_α)，后面又称后刀面，一般是指主后面
切削刃	S	前面与后面的交线，分为主切削刃(前面与主后面的交线，标为 S)和副切削刃(前面与副后面的交线，标为 S')；主切削刃承担主要切削工作，形成过渡表面；副切削刃辅助切除余量并形成已加工表面。
刀尖	—	主、副切削刃连成的一小部分切削刃，可以是一个点，也可以是一小段其他形式的切削刃，更多情况下，是一个具有一定圆弧半径的刀尖

四、 车刀切削部分的几何角度

车刀切削部分共有 6 个独立的基本角度：主偏角 κ_r、副偏角 κ_r'、前角 γ_0、主后角 α_o、副后角 α_o' 和刃倾角 λ_s。还有 2 个派生角度：刀尖角 ε_r 和楔角 β_o，如图 2-1-4 所示。

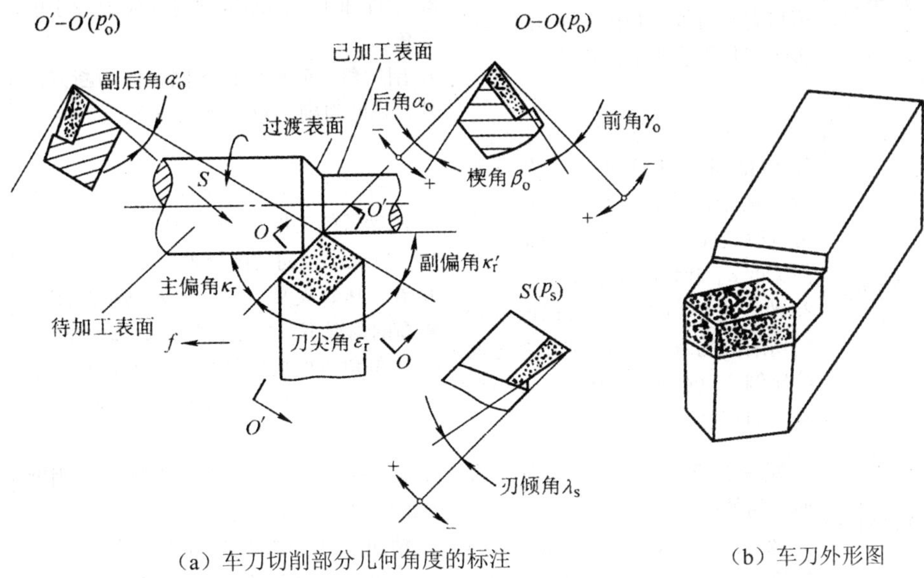

（a）车刀切削部分几何角度的标注　　（b）车刀外形图

图 2-1-4　硬质合金外圆车刀切削部分几何角度的标注

五、 车刀几何角度的作用及选择原则

车刀几何角度的作用及选择原则见表 2-1-4。

表 2-1-4　车刀几何角度的作用及选择原则

名称	作用	选择原则
前角 γ_0	1. 加大前角，刀具锐利，可减小切削变形；可减小切屑与前刀面的摩擦；可抑制或清除积屑瘤，降低径向切削分力 2. 减小前角，可增强刀尖强度	1. 加工硬度高、强度高及脆性材料时，应取较小的前角 2. 加工硬度低、强度低及塑性材料时，应取较大的前角 3. 粗加工应选取较小的前角，精加工应选取较大的前角 4. 刀具材料韧性差时前角应小些，刀具材料韧性好时前角应大些 5. 机床、夹具、工件、刀具系统刚度低时，应取较大的前角

续表

名称	作用	选择原则
后角 α_o	1. 减小刀具后刀面与工件的摩擦 2. 当前角确定之后，后角越大，刃口越锋利，但相应楔角减小，影响刀具强度和散热面积	1. 粗加工应取较小后角，精加工应取较大后角 2. 采用负前角车刀，后角应取大些 3. 工件和车刀的刚度低时，应取较小的后角 4. 副后角一般与后角相同，但切断刀例外，切断刀副后角 α_o' 取 1°～1.5°
主偏角 κ_r	1. 在相同的进给量 f 和背吃刀量 a_p 的情况下，改变主偏角大小可以改变主切削刃参加切削工作的宽度 a_w 和切削厚度 a_c 2. 改变主偏角大小，可以改变径向切削分力和轴向切削分力之间的比例，以适应不同机床、工件、夹具的刚度	1. 工件材料硬时，应选择较小的主偏角 2. 刚度低的工件(如细长轴)应增大主偏角，以减小径向切削分力 3. 在机床、夹具、工件、刀具系统刚度较高的情况下，主偏角尽可能选得小些 4. 主偏角应根据工件形状选取，车台阶时 $\kappa_r=90°$，中间切入工件时 $\kappa_r=60°$
副偏角 κ_r'	1. 减少副切削刃与工件已加工表面之间的摩擦 2. 改善工件表面粗糙度和刀具的散热面积，提高刀具耐用度	1. 在机床、夹具、工件、刀具系统刚度高的情况下，可选较小的副偏角 2. 精加工刀具应取较小的副偏角 3. 加工中间切入工件时，一般 $\kappa_r'=60°$
刃倾角 λ_s	1. 可以控制切屑流出的方向 2. 增强刀刃的强度，当 λ_s 为负值时，强度高；λ_s 为正值时强度低 3. 使切削刃逐渐切入工件，切削力均匀，切削过程平稳	1. 精加工时，刃倾角应取正值，粗加工时刃倾角应取负值 2. 切断时刃倾角应取负值 3. 当机床、夹具、工件、刀具系统刚度较高时，刃倾角取负值；反之，刃倾角取正值
过渡刃	提高刀尖的强度和改善散热条件	1. 圆弧过渡刃多用于车刀等单刃刀具上；高速钢车刀刀尖圆弧半径 r_ε 为 0.5 mm～5 mm，硬质合金车刀刀尖圆弧半径 r_ε 为 0.5 mm～2 mm 2. 直线型过渡刃多用于刀刃开头形状对称的切断车刀和多刃刀具上；直线型过渡刃长度一般为0.5 mm～2 mm

实践活动

一、实践条件

实践条件见表 2-1-5。

表 2-1-5　实践条件

类别	名称
刀具	外圆车刀、端面车刀、圆头车刀、切断刀、外螺纹车刀、镗孔车刀
工具	工具箱
其他	安全防护用品

二、实践步骤

步骤 1：安全教育，按“两穿两戴”要求，正确完成工作服、工作帽、工作鞋、工作镜的穿戴。

步骤 2：把现场所有的刀具分别放置在不同的工具箱内。

步骤 3：学生分组。

步骤 4：各组学生根据教师的要求迅速认领车刀，考察哪组的速度最快。

步骤 5：按“7S”规范要求，整理工、量、刃具。

三、注意事项

(1)学生较多时，应事先合理分组，一组人数不宜过多，以免造成场面混乱。

(2)在车间内，整个过程要有序进行，确保安全。

专业对话

1. 谈一谈常用车刀材料的性能特点及应用场合。

2. 谈一谈车刀几何角度的作用及选择原则。

任务评价

考核标准见表 2-1-6。

表 2-1-6　考核标准

序号	检测内容	检测项目	分值	评分标准	自测结果	得分	教师检测结果	得分
1	客观评分 A（工作内容）	认领的准确度	10	不合要求不得分				
2		回答问题情况	10	不合要求不得分				
3	主观评分 B（工作内容）	认领的速度	10	酌情扣分				
4		动作的规范性	10	酌情扣分				
5	主观评分 B（安全文明生产）	正确“两穿两戴”	10	穿戴整齐、紧扣、紧扎				
6		执行正确的安全操作规程	10	视规范程度给分				
7	客观 A 总分		20		客观 A 实际得分			
8	主观 B 总分		40		主观 B 实际得分			
9	总体得分率 AB				评定等级			
评分说明	1. 评分由客观评分 A 和主观评分 B 两部分组成，其中客观评分 A 占 85%，主观评分 B 占 15% 2. 客观评分 A 分值为 10 分、0 分，主观评分 B 分值为 10 分、9 分、7 分、5 分、3 分、0 分 3. 总体得分率 AB：(A 实际得分×85%＋ B 实际得分×15%)/(A 总分×85%＋B 总分×15%)×100% 4. 评定等级：根据总体得分率 AB 评定，具体为 AB≥92%＝1，AB≥81%＝2，AB≥67%＝3，AB≥50%＝4，AB≥30%＝5，AB<30%＝6							

拓展活动

一、选择题

1. 刀具两次重磨之间(　　)时间的总和称为刀具寿命。

A. 使用　　B. 机动　　C. 纯切削　　D. 工作

2. 加工中间切入的工件，主偏角一般选(　　)。

A. 90°　　B. 45°～60°　　C. 0°　　D. 负值

3. 刀尖圆弧半径增大，使切深抗力 F_y(　　)。

A. 无变化　　B. 有所增加　　C. 增加较多　　D. 增加很多

4. 若车刀的主偏角为 75°，副偏角为 6°，其刀尖角为(　　)。

A. 99°　　B. 9°　　C. 84°　　D. 15°

5. 在(　　)情况下，应选用较小前角。

A. 工件材料软　　B. 粗加工　　C. 高速钢车刀　　D. 半精加工

6. 当刀尖位于切削刃最高点时，刃倾角为(　　)值。

A. 正　　B. 负　　C. 零　　D. 90°

7. 切削强度和硬度高的材料，切削温度应保持(　　)。

A. 较低　　B. 较高　　C. 中等　　D. 不变

8. 在主截面内测量的刀具的基本角度有(　　)。

A. 刃倾角　　B. 前角和刃倾角　　C. 前角和后角　　D. 主偏角

9.(　　)时，应选用较小前角。

A. 车铸铁件　　B. 精加工　　C. 车 45 钢　　D. 车铝合金

10. 为使切屑排向待加工表面，应采用(　　)。

A. 负刃倾角　　B. 正刃倾角　　C. 零刃倾角　　D. 正前角

二、判断题

(　　)1. 车刀切削部分的材料必须具有高的硬度、好的耐磨性、良好的耐热性、足够的强度和韧性，以及良好的工艺性和经济性。

(　　)2. 高速钢车刀的韧性虽然比硬质合金刀好，但不能用于高速切削。

(　　)3. 钨钴类硬质合金中含钴量越高，其韧性越好，承受冲击的性能越好。

(　　)4. 当车削的零件材料较软时，车刀的前角可选择大些。

(　　)5. 粗加工时，为了保证切削刃有足够的强度，车刀应选择较小的前角。

三、简答题

1. 对车刀切削部分的材料有哪些要求？

2. 常用车刀的材料有哪两类？简述硬质合金车刀的分类和适合加工的材料。

3. 选择车刀前角的原则是什么？

4. 分别说出车刀的前角和后角的定义和作用。

任务二　外圆车刀的刃磨

任务目标

刃磨如图 2-2-1 所示的 90°外圆车刀，达到图样所规定的要求。

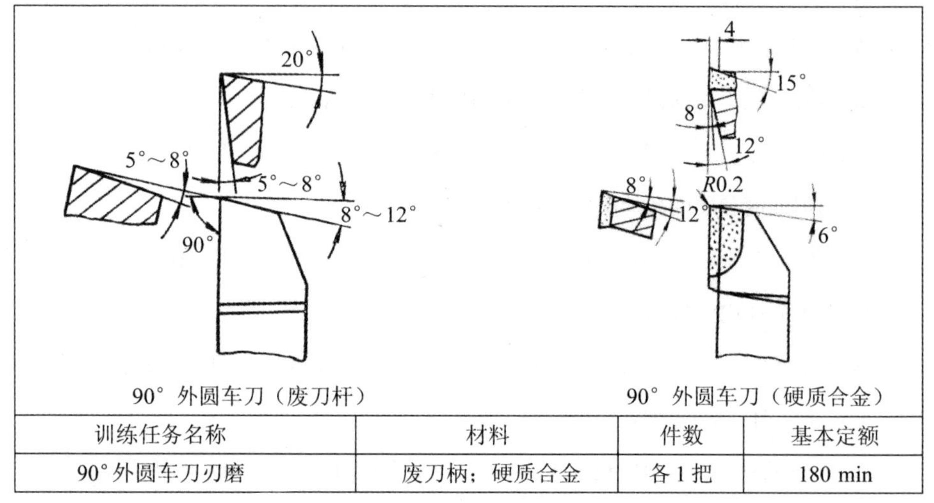

训练任务名称	材料	件数	基本定额
90° 外圆车刀刃磨	废刀柄；硬质合金	各 1 把	180 min

图 2-2-1　90°外圆车刀刃磨

学习活动

一、砂轮的选用

目前，企业常用的磨刀用的砂轮主要有三种，见表 2-2-1。

表 2-2-1　企业常用的磨刀用的砂轮种类

种类	特点	应用场合
氧化铝砂轮（色为白）	砂粒的韧性好、锋利，但硬度较低	刃磨高速钢、碳素工具钢及硬质合金车刀的刀杆部分
碳化硅砂轮（色为绿）	砂粒硬度高、切削性能好，但比较脆	刃磨硬质合金车刀的刀头部分
金刚石砂轮	砂粒硬度高、粒度细	刃磨硬度高、要求高的硬质合金刀具

砂轮的粗细以粒度表示，一般可分为 36 粒、60 粒、80 粒和 120 粒等级别。粒度越细，则表示砂轮的磨料越细；反之，则表示砂轮的磨料越粗。粗磨车刀应选粗砂轮，精磨车刀应选细砂轮。通常情况下，粗磨时选用 60 粒规格，精磨时选用 80 粒规格。

二、车刀刃磨的姿势及方法

车刀的刃磨方法有机械刃磨和手工刃磨两种。手工刃磨车刀的步骤见表 2-2-2。

表 2-2-2　手工刃磨车刀的步骤和方法

步骤	刃磨的几何形面	手工刃磨方法	图示
粗磨	磨主后面，磨出主偏角及后角	操作者站在砂轮的左侧，双手握刀的距离放开，两肋夹紧腰部，先磨出主偏角，再磨出后角；刃磨时，车刀不能上下移动或停留不动，必须左右均匀移动	前刀面 磨去部分 刃磨后的主后刀面 α_o 砂轮水平中心线
	磨副后面，大致磨出副偏角及副后角	操作者站在砂轮的右侧正前方，双手握紧刀杆，先磨出副偏角，再磨出副后角	κ_r' 磨去部分 κ_r' α_o 砂轮水平中心线
	磨前面，大致磨出前角	操作者站在砂轮的一侧，双手握紧刀杆，在磨前面的同时，磨出前角	

续表

步骤	刃磨的几何形面	手工刃磨方法	图示
磨断屑槽	磨断屑槽，保证刃倾角	磨断屑槽之前应修整砂轮，使砂轮外圆与端面相交处为直角。刃磨时的起点位置应与刀尖和主切削刃离开一小段距离，其距离根据断屑槽的宽度确定，以免把刀尖与主切削刃磨掉，刃磨时不能用力过大，使车刀沿主切削刃方向缓慢移动，刃磨至距离主切削刃宽度为 0.1 mm～0.5 mm 时为止	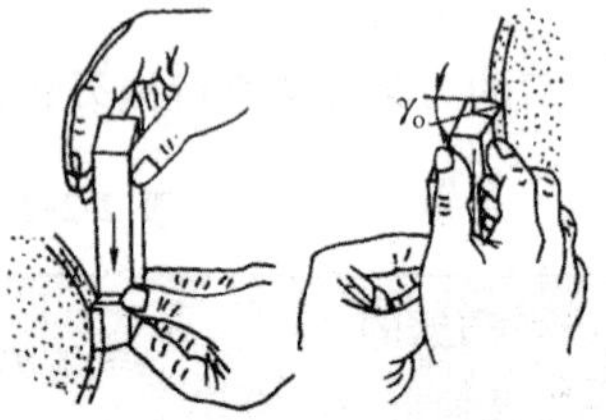
精磨	修磨主、后刀面，保证各部分角度	方法同粗磨，选择细点砂轮刃磨，要求砂轮不能有明显的跳动	示意图与粗磨时一样，省略
	修磨刀尖圆弧	操作者站在砂轮正面，刀杆与砂轮接触，车刀呈前高后低状倾斜，倾斜角度约等于主后角。磨直线型过渡刃时，主切削刃与砂轮成 45°角，刀尖处磨掉 0.3 mm～0.5 mm 即可。磨圆弧形过渡刃(俗称刀尖圆弧)时，刀尖与砂轮稍稍接触后，轻轻地来回摆动车刀使刀尖呈圆弧状	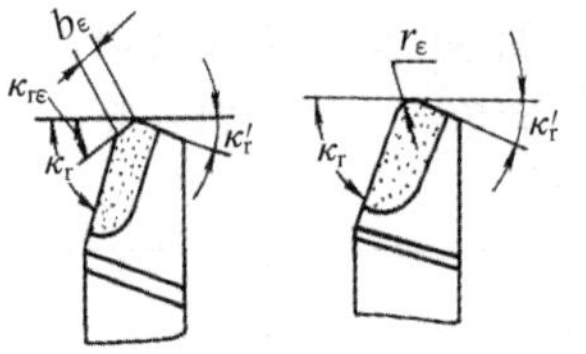 (a) 直线型过渡刃 (b) 圆弧型过渡刃
研磨	研磨前、后刀面，主、副切削刃及刀尖圆弧	油石贴平刀面并沿切削刃方向平稳移动。推时用力，回来不用力，且不要上、下移动，以免影响刀刃的锋利	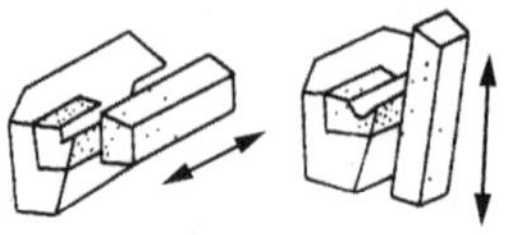 (a) 正确 (b) 错误

刃磨车刀时，双手握刀要用力均匀，距离应尽量放开，如图 2-2-2 所示。

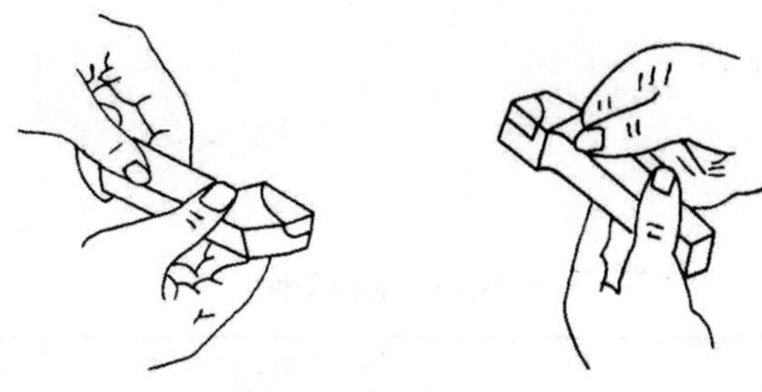

图 **2-2-2**　双手握刀的姿势

三、 磨刀安全注意事项

(1)刃磨刀具前，应首先检查砂轮有无裂纹，砂轮轴螺母是否拧紧，并经试转后使用，以免砂轮碎裂或飞出伤人。

(2)刃磨刀具不能用力过大，否则会使手打滑而触及砂轮面，造成工伤事故。

(3)磨刀时应戴防护眼镜，以免砂砾和铁屑飞入眼中。

(4)磨刀时不要正对砂轮的旋转方向站立，以防发生意外。

(5)磨小刀头时，必须把小刀头装入刀杆上。

(6)砂轮支架与砂轮的间隙不得大于 3 mm，如发现过大，应适当调整。

四、 检查车刀角度的方法

1. 目测法

观察车刀角度是否合乎切削要求，刀刃是否锋利，表面是否有裂痕，以及其他不符合切削要求的缺陷。

2. 样板测量法

对于角度要求高的车刀，可用此法检查，如图 2-2-3 所示。

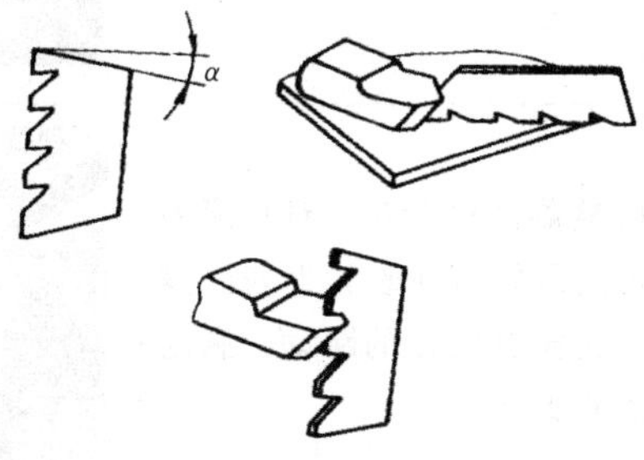

图 **2-2-3**　用样板测量车刀的角度

实践活动

一、 实践条件

实践条件见表 2-2-3。

表 2-2-3 实践条件

类别	名称
设备	砂轮机
刀具	废刀杆，90°外圆车刀，45°端面车刀
其他	安全防护用品

二、 实践步骤

步骤 1：安全教育，按“两穿两戴”要求，正确完成工作服、工作帽、工作鞋、工作镜的穿戴。

步骤 2：废刀杆 90°外圆车刀的刃磨。

在刃磨硬质合金 90°外圆车刀之前，初学者应先找一把废刀杆刃磨成 90°外圆车刀，其角度如图 2-2-1 所示。通过对废刀杆的刃磨了解外圆车刀的角度，掌握刃磨的技巧和方法。下面介绍废刀杆的刃磨步骤，见表 2-2-4。

表 2-2-4 废刀杆的刃磨步骤

步骤	操作	图示
打开砂轮机	选择合适的砂轮机并打开电源，按下绿色按钮，开启砂轮	
砂轮修整	用砂轮修整器修整砂轮，对平形砂轮一般可用砂轮刀在砂轮上来回修整，使砂轮没有明显的跳动，满足刀具刃磨的要求	

续表

步骤	操作	图示
刃磨主后面	刃磨废刀杆 90°外圆车刀的主后面，注意手法，保证主后角刃磨废刀杆时，可以随时用水冷却以降低磨削温度	
刃磨副后面	刃磨 90°外圆车刀的副后面，注意手法，保证副后角	
刃磨前刀面	刃磨 90°外圆车刀的前刀面，注意手法，保证前角	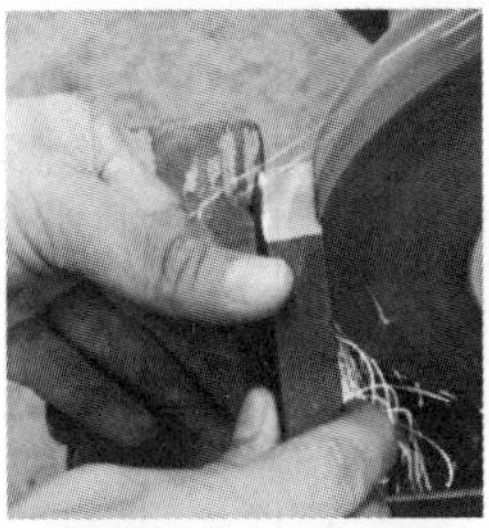
刃磨过渡刃	刃磨 90°外圆车刀的过渡刃，注意手法，可以是直线型或圆弧型过渡刃，但不能太大	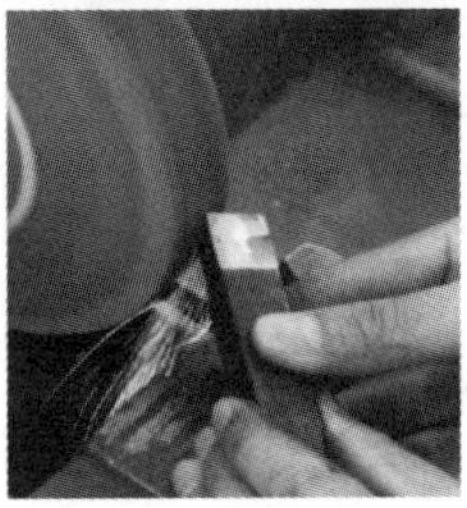
精磨	精磨 90°外圆车刀各刀面，保证切削刃平直，刀面光洁，角度正确，刀具锋利	—

续表

步骤	操作	图示
关闭砂轮机	刃磨后应及时关闭砂轮机电源，按下红色按钮，关闭砂轮	
研磨	研磨前、后刀面，主、副切削刃及刀尖圆弧	—

步骤 3：硬质合金 90°外圆车刀的刃磨。

当废刀杆的外圆车刀刃磨基本上符合要求时，可以让学生尝试刃磨硬质合金的 90°外圆车刀，其刃磨方法与废刀杆的刃磨大同小异。下面简单介绍硬质合金 90°外圆车刀的刃磨步骤，见表 2-2-5。

表 2-2-5 硬质合金 90°外圆车刀的刃磨步骤

步骤	操作	图示
砂轮修整	用砂轮修整器修整砂轮，对平形砂轮一般可用砂轮刀在砂轮上来回修整，使砂轮没有明显的跳动，满足刀具刃磨的要求	
刃磨主后面	刃磨废刀杆 90°外圆车刀的主后面，注意手法，保证主后角	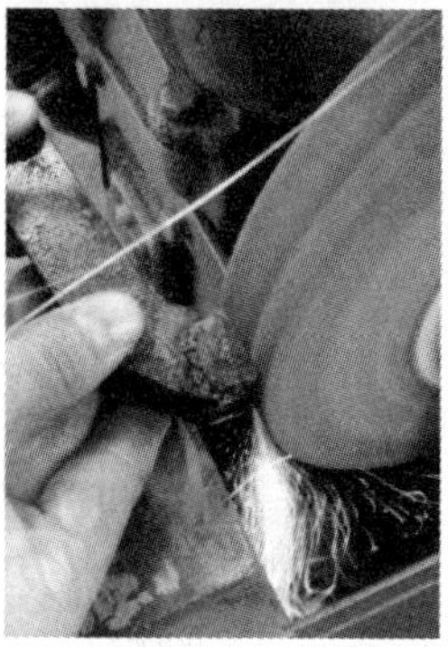

续表

步骤	操作	图示
刃磨副后面	刃磨 90°外圆车刀的副后面，注意手法，保证副后角	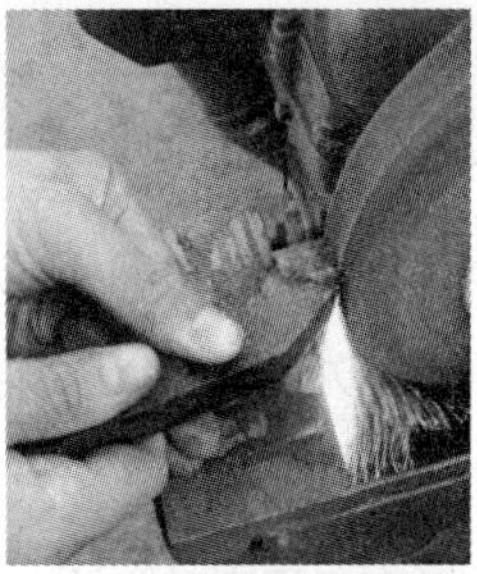
刃磨前刀面	刃磨 90°外圆车刀的前刀面，注意手法，保证前角	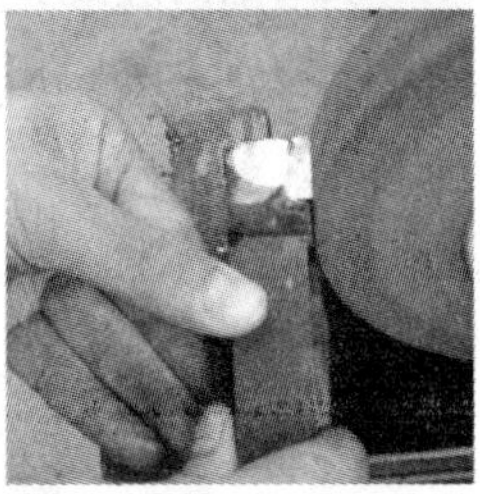
刃磨断屑槽	断屑槽的刃磨，难度比较大，首先要找一个砂轮的角，尽可能是直角，保证深度和宽度 对于初学者，断屑槽可以先不磨，如果磨的话，也要从废刀杆的刃磨开始练习，等掌握了刃磨技巧和方法后，再刃磨硬质合金车刀的断屑槽	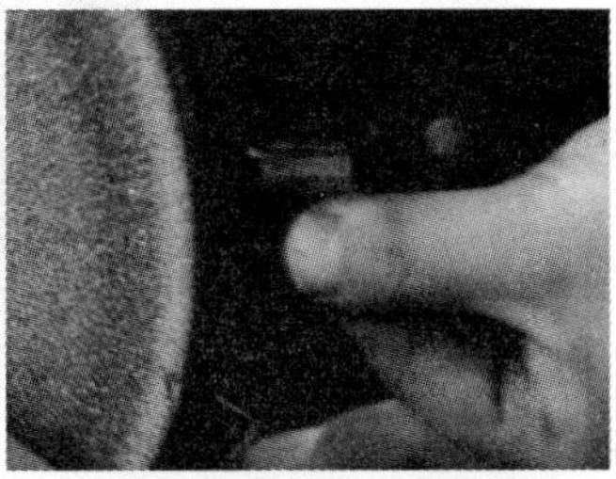
刃磨过渡刃	刃磨 90°外圆车刀的过渡刃，注意手法，可以是直线型或圆弧型过渡刃，但不能太大	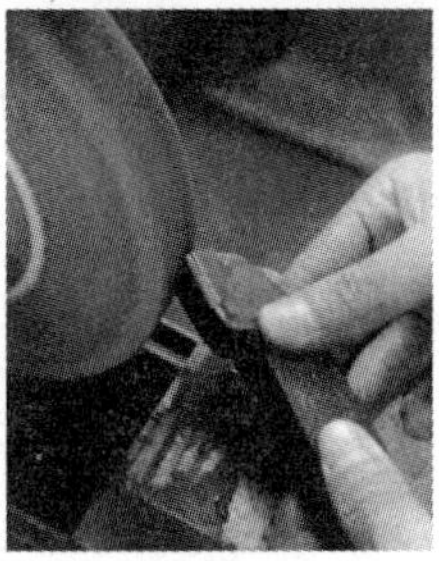
精磨	精磨 90°外圆车刀各刀面，保证切削刃平直，刀面光洁，角度正确，刀具锋利	—
研磨	研磨前、后刀面，主、副切削刃及刀尖圆弧	—

步骤 4：按“7S”规范要求，整理工、量、刃具。

扫一扫：观看刃磨废刀杆的学习视频。

三、 注意事项

(1)一片砂轮切不可两人同时使用。

(2)车刀高低必须控制在砂轮水平中心，刀头略向上翘，否则会出现后角过大或负后角等弊端。

(3)车刀刃磨时应做水平的左右移动，以免砂轮表面出现凹坑。

(4)在平形砂轮上磨刀时，尽可能避免磨砂轮侧面，如图 2-2-4 所示的情况是很危险的，应避免。

图 **2-2-4** 砂轮侧面刃磨(危险)

(5)刃磨硬质合金车刀时，不可把刀头部分放入水中冷却(刀体部分可入水冷却)，以防刀片突然冷却而碎裂；刃磨高速钢车刀时，应随时用水冷却，以防车刀过热退火，降低硬度。

(6)安装砂轮后，要进行检查，经试转后方可使用。

(7)结束后，应随手关闭砂轮机电源。

(8)刃磨练习可以与常用量具的测量练习交叉进行。

(9)车刀刃磨练习的重点是掌握车刀刃磨的姿势和刃磨方法。

专业对话

1. 谈一谈砂轮的种类和使用砂轮的安全事项。

2. 结合实践情况，谈一谈刀具刃磨的操作要领有哪些。

任务评价

考核标准见表 2-2-6。

表 2-2-6　考核标准

<table>
<tr><th>序号</th><th>检测内容</th><th>检测项目</th><th>分值</th><th>评分标准</th><th>自测结果</th><th>得分</th><th>教师检测结果</th><th>得分</th></tr>
<tr><td>1</td><td rowspan="9">主观评分 B（工作内容）</td><td>主后角</td><td>10</td><td>酌情扣分</td><td></td><td></td><td></td><td></td></tr>
<tr><td>2</td><td>副后角</td><td>10</td><td>酌情扣分</td><td></td><td></td><td></td><td></td></tr>
<tr><td>3</td><td>前面</td><td>10</td><td>酌情扣分</td><td></td><td></td><td></td><td></td></tr>
<tr><td>4</td><td>主偏角</td><td>10</td><td>酌情扣分</td><td></td><td></td><td></td><td></td></tr>
<tr><td>5</td><td>副偏角</td><td>10</td><td>酌情扣分</td><td></td><td></td><td></td><td></td></tr>
<tr><td>6</td><td>前角</td><td>10</td><td>酌情扣分</td><td></td><td></td><td></td><td></td></tr>
<tr><td>7</td><td>刀刃平直</td><td>10</td><td>酌情扣分</td><td></td><td></td><td></td><td></td></tr>
<tr><td>8</td><td>刀面平整</td><td>10</td><td>酌情扣分</td><td></td><td></td><td></td><td></td></tr>
<tr><td>9</td><td>磨刀姿势</td><td>10</td><td>酌情扣分</td><td></td><td></td><td></td><td></td></tr>
<tr><td>10</td><td rowspan="2">主观评分 B（安全文明生产）</td><td>正确“两穿两戴”</td><td>10</td><td>穿戴整齐、紧扣、紧扎</td><td></td><td></td><td></td><td></td></tr>
<tr><td>11</td><td>执行正确的安全操作规程</td><td>10</td><td>视规范程度给分</td><td></td><td></td><td></td><td></td></tr>
<tr><td>12</td><td colspan="2">主观 B 总分</td><td colspan="2">110</td><td colspan="2">主观 B 实际得分</td><td colspan="2"></td></tr>
<tr><td>13</td><td colspan="2">总体得分率</td><td colspan="2"></td><td colspan="2">评定等级</td><td colspan="2"></td></tr>
<tr><td>评分说明</td><td colspan="8">1. 主观评分 B 分值为 10 分、9 分、7 分、5 分、3 分、0 分
2. 总体得分率：（B 实际得分/B 总分）×100%
3. 评定等级：根据总体得分率评定，具体为≥92%=1，≥81%=2，≥67%=3，≥50%=4，≥30%=5，<30%=6</td></tr>
</table>

拓展活动

参考表 2-2-7 的刃磨步骤，刃磨一把硬质合金 45°外圆车刀，达到图样所规定的要求，角度要求如图 2-2-5。

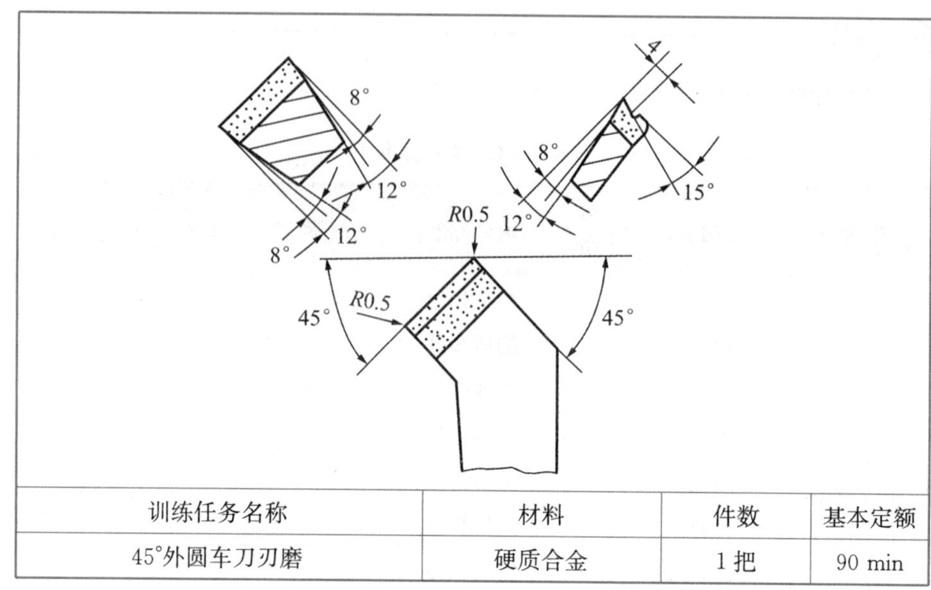

训练任务名称	材料	件数	基本定额
45°外圆车刀刃磨	硬质合金	1 把	90 min

图 **2-2-5** **45°**外圆车刀刃磨

表 2-2-7 硬质合金 45°外圆车刀的刃磨步骤

步骤	操作	图示
刃磨主后面	刃磨 45°端面车刀的主后面，注意手法，保证主后角	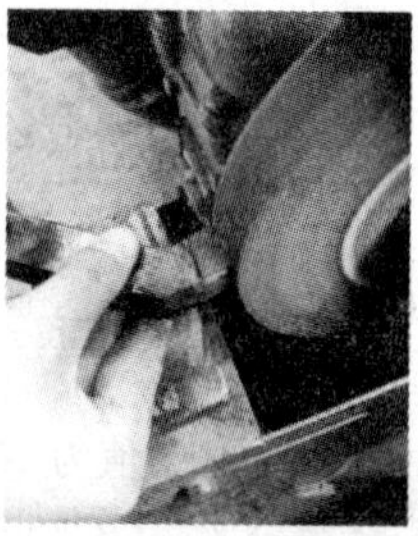
刃磨副后面	因 45°端面车刀有 2 个副后面，要分别刃磨，注意手法，保证副后角	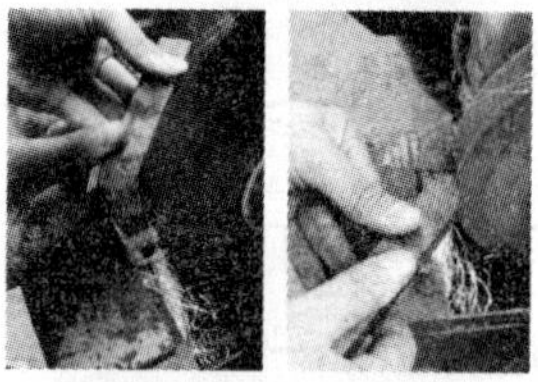
刃磨前刀面	刃磨 45°端面车刀的前刀面，注意手法，保证前角	

续表

步骤	操作	图示
刃磨断屑槽	断屑槽的刃磨，难度比较大，首先要找一个砂轮的角，尽可能是直角，保证深度和宽度 对于初学者，断屑槽可以先不刃磨	
刃磨过渡刃	刃磨45°端面车刀2条过渡刃，注意手法，可以是直线型或圆弧型过渡刃，但不能太大	
精磨	精磨45°端面车刀各刀面，保证切削刃平直，刀面光洁，角度正确，刀具锋利	—

任务三　外径千分尺的使用

任务目标

1. 了解外径千分尺的刻线原理和读数方法。

2. 学会使用外径千分尺测量直径的方法。

3. 掌握外径千分尺的保养常识。

学习活动

千分尺是一种精密量具。生产中常用的千分尺的测量精度为0.01 mm。它的精度比游标卡尺高，而且比较灵敏，因此，对于加工精度要求较高的零件尺寸，要用千分尺来测量。

千分尺的种类很多，有外径千分尺、内径千分尺、深度千分尺、公法线千分尺等，其中外径千分尺应用最为普遍。

一、 刻线原理

图 2-3-1 为测量范围 0～25 mm 的外径千分尺。弓架左端有固定砧座，右端的固定套筒在轴线方向上刻有一条中线(基准线)，上、下两排刻线互相错开 0.5 mm，即主尺。活动套筒左端圆周上刻有 50 等分的刻线，即副尺。活动套筒转动一圈，带动螺杆一同沿轴向移动 0.5 mm。因此，活动套筒每转过 1 格，螺杆沿轴向移动的距离为$\frac{0.5}{50}$=0.01 mm。

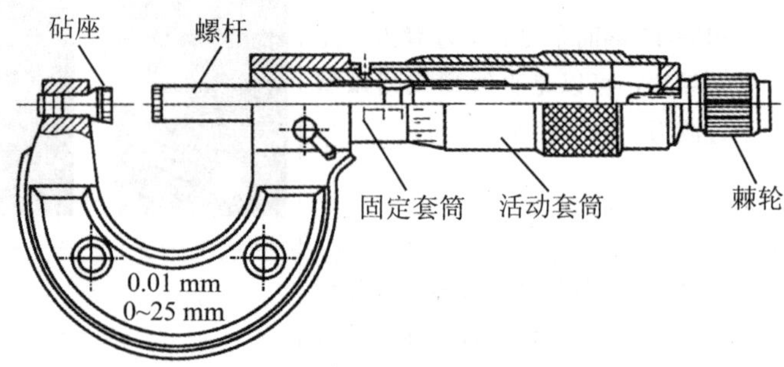

图 **2-3-1**　外径千分尺

二、 读数方法

用千分尺进行测量时，其读数方法分三步，见表 2-3-1。具体读数方法见表 2-3-2。

表 **2-3-1**　千分尺的读数方法

步骤	内容
第一步	读整数。在固定套筒上读出其与微分筒相邻近的刻线数值(包括整数和 0.5 mm 数)，该数值为整数值
第二步	读小数。在微分筒上读出与固定套筒的基准线对齐的刻线数值，该数值为小数值
第三步	求和。将上面两次读数相加就是被测工件的整个读数值，即被测工件的尺寸=副尺所指的主尺上整数(应为 0.5 mm 的整倍数)+主尺中线所指副尺的格数×0.01，具体读法见表 2-3-2

表 2-3-2　外径千分尺的读数

图示	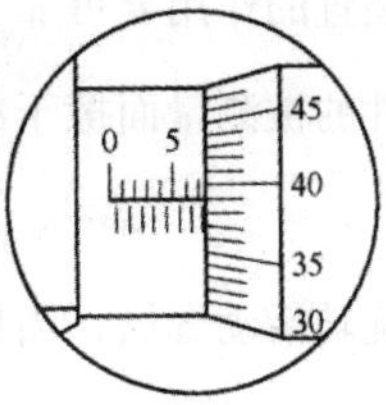	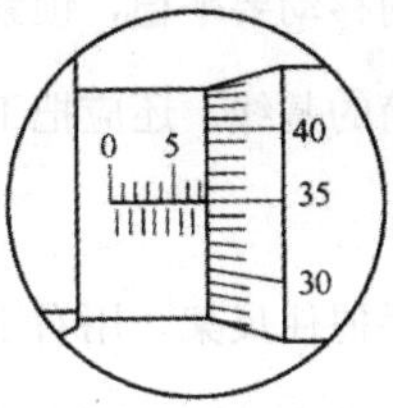	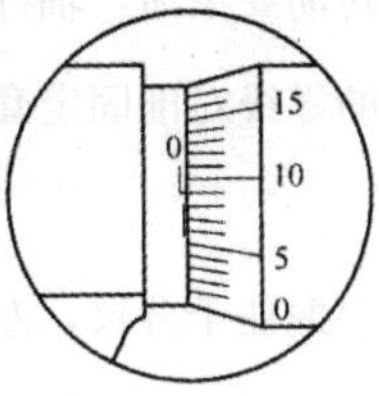	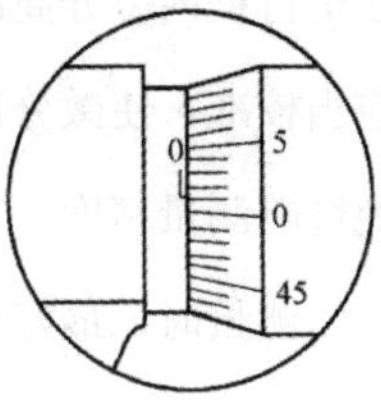
说明	7.5+39×0.01 读 7.89	7.0+35×0.01 读 7.35	0.5+9×0.01 读 0.59	0+1×0.01 读 0.01

读取测量数值时，要防止读错 0.5 mm，也就是要防止在主尺上多读半格或少读半格(0.5 mm)。

【小技巧】千分尺测量的特点是容易读准小数，不容易读准整数(容易出现多读半毫米、少读半毫米的问题)。游标卡尺测量的特点是容易读准整数，不容易读准小数。故在实际测量时可用千分尺与游标卡尺配合使用，相互验证，这样不容易出错。

实践活动

一、 实践条件

实践条件见表 2-3-3。

表 2-3-3　实践条件

类别	名称
量具	0～25 mm、25 mm～50 mm 外径千分尺，0～150 mm 游标卡尺
材料	各种加工好的轴类和套类工件
其他	安全防护用品

二、 实践步骤

步骤 1：安全教育，按“两穿两戴”要求，正确完成工作服、工作帽、工作鞋、工作镜的穿戴。

步骤 2：外径千分尺的使用。

用外径千分尺测量工件时，千分尺可单手握、双手握或将千分尺固定在尺架上，测量误差可控制在 0.01 mm 之内。

使用前，先用清洁纱布将千分尺擦干净，然后检查其各活动部分是否灵活可靠。在全行程内微分筒的转动要灵活，轴杆的移动要平稳，锁紧装置的作用要可靠。同时应当校准，使微分筒的零线对准固定套筒的基线。还应把工件的被测量面擦干净，以免影响测量精度。

测量时，最好双手握住千分尺，左手握住尺架，用右手旋转活动套筒，当螺杆即将接触工件时，改为旋转棘轮，直到棘轮发出“咔、咔”声为止，见表 2-3-4。

表 2-3-4　千分尺的使用方法

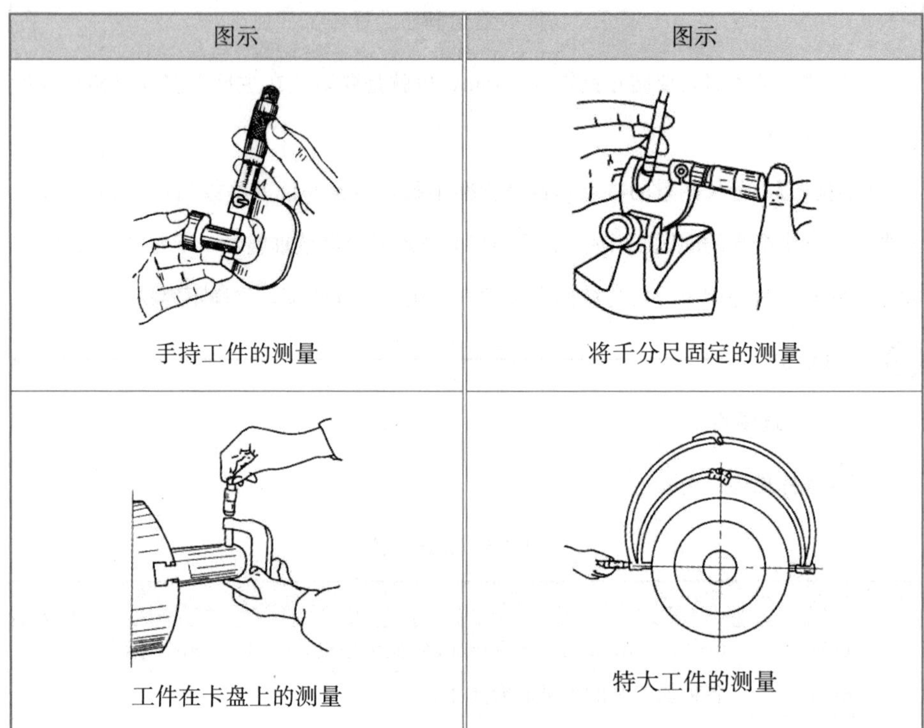

图示	图示
手持工件的测量	将千分尺固定的测量
工件在卡盘上的测量	特大工件的测量

步骤 3：按“7S”规范要求，整理工、量、刃具。

三、 注意事项

(1)千分尺应保持清洁。使用前应先校准尺寸，检查活动套筒上零线是否与固定套筒上基准线对齐，如果没有对准，必须进行调整。

(2)测量时，要使测微螺杆轴线与工件的被测尺寸方向一致，不要倾斜，也不能使劲拧千分尺的微分筒。

(3)从千分尺上读取尺寸，可在工件未取下前进行，读完后，松开千分尺，再取下工件。

(4)千分尺只适用于测量精确度较高的尺寸，不能测量毛坯面，更不能在工件转动时去测量。

(5)用完擦净后，让两测量面互相离开一些，再放入专用盒中，长期不用时，应擦净并涂上机油，防止生锈。

专业对话

1. 谈一谈外径千分尺的刻线原理和读数方法。
2. 结合使用情况，谈一谈外径千分尺的使用技巧。

任务评价

考核标准见表 2-3-5。

表 2-3-5　考核标准

<table>
<tr><th>序号</th><th>检测内容</th><th>检测项目</th><th>分值</th><th>评分标准</th><th>自测结果</th><th>得分</th><th>教师检测结果</th><th>得分</th></tr>
<tr><td>1</td><td rowspan="5">客观评分 A（工作内容）</td><td>测量精度 1</td><td>10</td><td>超差不得分</td><td></td><td></td><td></td><td></td></tr>
<tr><td>2</td><td>测量精度 2</td><td>10</td><td>超差不得分</td><td></td><td></td><td></td><td></td></tr>
<tr><td>3</td><td>测量精度 3</td><td>10</td><td>超差不得分</td><td></td><td></td><td></td><td></td></tr>
<tr><td>4</td><td>测量精度 4</td><td>10</td><td>超差不得分</td><td></td><td></td><td></td><td></td></tr>
<tr><td>5</td><td>测量精度 5</td><td>10</td><td>超差不得分</td><td></td><td></td><td></td><td></td></tr>
<tr><td>6</td><td rowspan="2">主观评分 B（工作内容）</td><td>测量姿势</td><td>10</td><td>酌情扣分</td><td></td><td></td><td></td><td></td></tr>
<tr><td>7</td><td>测量速度</td><td>10</td><td>酌情扣分</td><td></td><td></td><td></td><td></td></tr>
<tr><td>8</td><td rowspan="2">主观评分 B（安全文明生产）</td><td>正确“两穿两戴”</td><td>10</td><td>穿戴整齐、紧扣、紧扎</td><td></td><td></td><td></td><td></td></tr>
<tr><td>9</td><td>执行正确的安全操作规程</td><td>10</td><td>视规范程度给分</td><td></td><td></td><td></td><td></td></tr>
<tr><td>10</td><td colspan="2">客观 A 总分</td><td colspan="2">50</td><td colspan="2">客观 A 实际得分</td><td colspan="2"></td></tr>
<tr><td>11</td><td colspan="2">主观 B 总分</td><td colspan="2">40</td><td colspan="2">主观 B 实际得分</td><td colspan="2"></td></tr>
<tr><td>12</td><td colspan="2">总体得分率 AB</td><td colspan="2"></td><td colspan="2">评定等级</td><td colspan="2"></td></tr>
</table>

续表

序号	检测内容	检测项目	分值	评分标准	自测结果	得分	教师检测结果	得分
评分说明	1. 评分由客观评分 A 和主观评分 B 两部分组成，其中客观评分 A 占 85%，主观评分 B 占 15% 2. 客观评分 A 分值为 10 分、0 分，主观评分 B 分值为 10 分、9 分、7 分、5 分、3 分、0 分 3. 总体得分率 AB：(A 实际得分×85%＋ B 实际得分×15%)/(A 总分×85%＋B 总分×15%)×100% 4. 评定等级：根据总体得分率 AB 评定，具体为 AB≥92%＝1，AB≥81%＝2，AB≥67%＝3，AB≥50%＝4，AB≥30%＝5，AB＜30%＝6							

拓展活动

一、选择题

1. 千分尺读数时(　　)。

A. 不能取下　　B. 必须取下

C. 最好不取下　　D. 先取下，再锁紧，然后读数

2. 千分尺的活动套筒转动 1 格，测微螺杆移动(　　)。

A. 1 mm　　B. 0. 1 mm　　C. 0. 01 mm　　D. 0. 001 mm

3. 量具在使用过程中，与工件(　　)放在一起。

A. 不能　　B. 能　　C. 有时能　　D. 有时不能

4. 工厂一般规定量规要做(　　)检定。

A. 定期　　B. 巡回　　C. 交回　　D. 现场

5. 下列千分尺不存在的是(　　)。

A. 公法线千分尺　　B. 壁厚千分尺　　C. 内径千分尺　　D. 轴承千分尺

二、判断题

(　　)1. 外径千分尺只能测量工件的外圆。

(　　)2. 用外径千分尺测量时，要使测微螺杆轴线与工件的被测尺寸方向一致，不要倾斜，也不能使劲拧千分尺的微分筒。

三、简答题

试述外径千分尺的读数方法。

项目三
绞杠的加工

项目导航

本项目主要介绍轴类零件的基本知识、简单台阶轴的手动加工、双向台阶轴的机动加工、钻中心孔与顶尖的使用、一夹一顶加工绞杠。

学习要点

1. 了解轴类零件的结构特点、分类、加工工艺。
2. 理解粗、精车概念。
3. 学会车刀的安装和使用。
4. 学会用手动进给车削台阶轴。
5. 学会用机动车削双向台阶轴。
6. 学会钻中心孔及使用顶尖的方法。
7. 能合理安排轴类零件的加工工艺。
8. 学会一夹一顶车削光轴。

任务一　台阶轴的手动加工

任务目标

利用手动进给加工如图 3-1-1 所示的零件，达到图样所规定的要求。

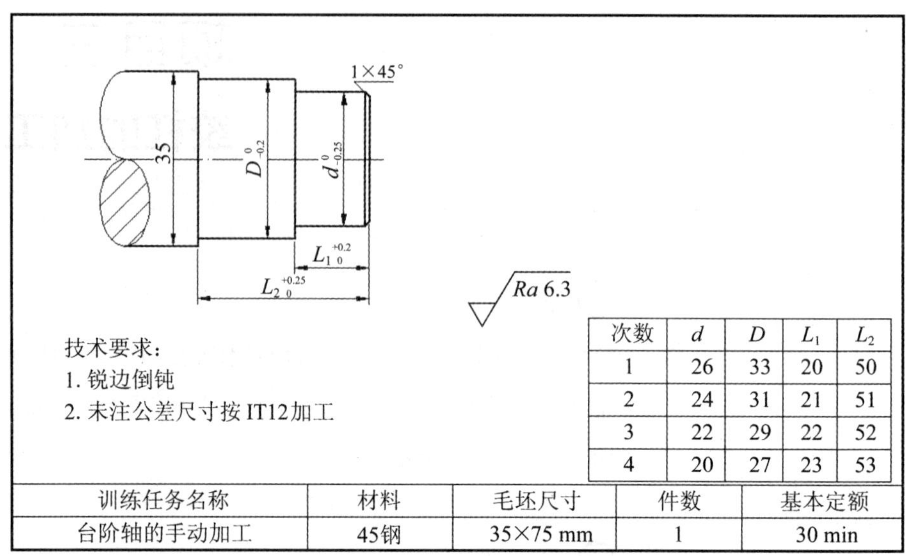

次数	d	D	L_1	L_2
1	26	33	20	50
2	24	31	21	51
3	22	29	22	52
4	20	27	23	53

训练任务名称	材料	毛坯尺寸	件数	基本定额
台阶轴的手动加工	45钢	35×75 mm	1	30 min

图 3-1-1　台阶轴的手动加工

学习活动

一、 轴类零件的结构特点

轴类零件一般由圆柱表面、端面、台阶、沟槽、键槽、螺纹、倒角和圆弧等部分组成，如图 3-1-2 所示。

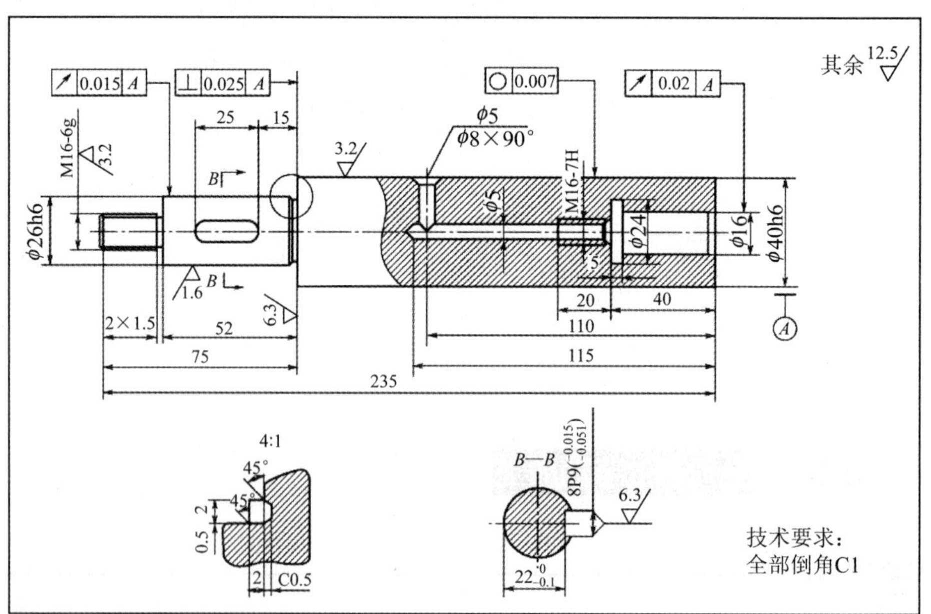

图 3-1-2　主轴

轴类零件的工艺结构见表 3-1-1。

表 3-1-1　轴类零件的工艺结构

序号	工艺结构	作用
1	圆柱表面	一般用于支承轴上传动零件
2	端面和台阶	常用来确定安装零件的轴向位置
3	沟槽	使磨削或车螺纹时退刀方便，并使零件装配时有一个正确的轴向位置
4	键槽	主要是轴向固定轴上传动零件和传递转矩
5	螺纹	固定轴上零件的相对位置
6	倒角	去除锐边防止伤人，便于轴上零件的安装
7	圆弧	增强强度和减少应力集中，有效防止热处理中裂纹的产生

二、 轴类零件的分类

按轴的形状和轴心线位置可分为光轴、偏心轴、台阶轴、空心轴等，如表 3-1-2 所示。

表 3-1-2　轴类零件的分类

序号	轴类名称	图示	序号	轴类名称	图示
1	光轴		3	台阶轴	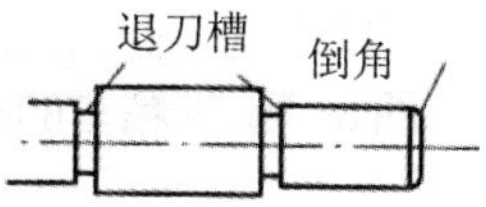 退刀槽　倒角
2	偏心轴	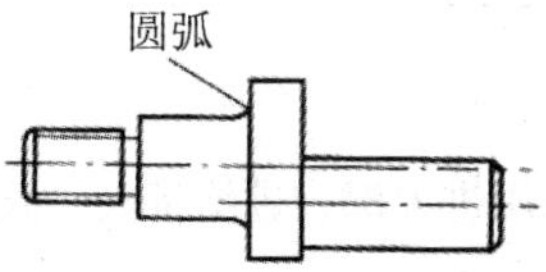 圆弧	4	空心轴	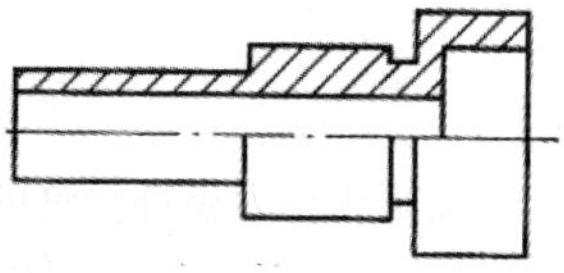

三、 车刀的安装和使用

1. 车刀的安装

车刀安装时，左侧的刀尖必须严格对准工件的旋转中心，否则在车削平面至中心时会留有凸头或造成车刀刀尖碎裂，如图 3-1-3 所示。刀头伸出的长度约为刀杆厚度的 1～1.5 倍，伸出过长，刚性变差，车削时容易引起振动。

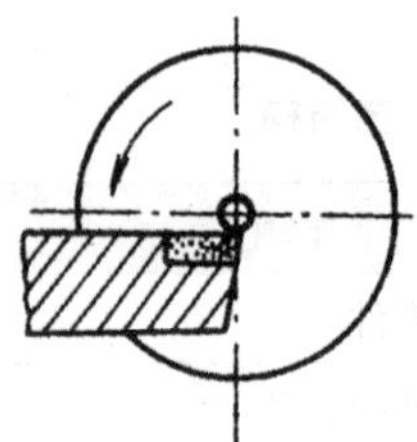
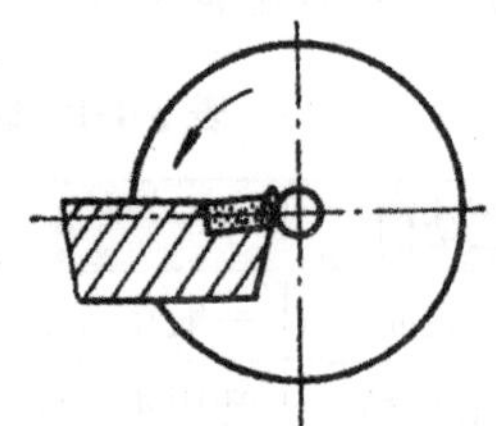

图 **3-1-3** 车刀装夹应对准中心

2. 车刀的使用

90°车刀又称偏刀，按进给方向分右偏刀和左偏刀，下面主要介绍常用的右偏刀。右偏刀一般用来车削工件的外圆、端面和右向台阶，因为它的主偏角较大，车外圆时，用于工件的半径方向上的径向切削力较小，不易将工件顶弯。

车刀安装时，应使刀尖对准工件中心，主切削刃与工件中心线垂直。如果主切削刃与工件中心线不垂直，将会导致车刀的工作角度发生变化，主要影响车刀主偏角和副偏角。

右偏刀也可以用来车削平面，但因车削使用副切削刃切削，如果由工件外缘向工件中心进给，当切削深度较大时，切削力会使车刀扎入工件，从而形成凹面，为了防止形成凹面，可改由中心向外进给，用主切削刃切削，但切削深度较小。

四、粗、精车的概念

车削工件一般分为粗车和精车。

1. 粗车

在车床动力条件允许的情况下，通常采用进刀深、进给量大、低转速的做法，以合理的时间尽快地把工件的余量去掉，因为粗车对切削表面没有严格的要求，只需留出一定的精车余量即可。由于粗车切削力较大，工件必须装夹牢靠。粗车还可以及时地发现毛坯材料内部的缺陷，如夹渣、砂眼、裂纹等，也能消除毛坯工件内部残存的应力和防止热变形。

2. 精车

精车是车削的末道工序，为了使工件获得准确的尺寸和规定的表面粗糙度，操作者在精车时通常把车刀修磨得锋利些，车床的转速高一些，进给量选得小一些。

实践活动

一、实践条件

实践条件见表 3-1-3。

表 3-1-3　实践条件

类别	名称
设备	CA6140 型卧式车床或同类型的车床
刀具	45°端面车刀和 90°外圆车刀
量具	0～150 mm 游标卡尺和钢直尺
工具	卡盘钥匙，刀架钥匙
其他	安全防护用品

二、实践步骤

步骤 1：安全教育，按“两穿两戴”要求，正确完成工作服、工作帽、工作鞋、工作镜的穿戴。

步骤 2：手动进给车平面。

具体方法：开动车床使工件旋转，移动小滑板或床鞍控制进刀深度，然后锁紧床鞍，摇动中滑板丝杆进给，由工件外向中心或由工件中心向外进给车削，如图 3-1-4 所示。

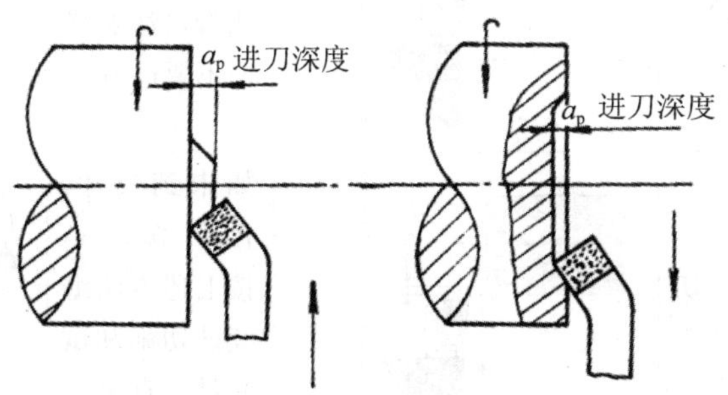

（a）由工件外向中心切削　（b）由工件中心向外切削

图 3-1-4　车平面的方法

步骤 3：手动进给车外圆。

具体方法：移动床鞍至工件的右端，用中滑板控制进刀深度，摇动小滑板丝杆或床鞍纵向移动车削外圆，如图 3-1-5 所示。一次进给完毕，横向退刀，再纵向移动刀架或床鞍至工件右端，进行第二次、第三次进给车削，直至符合图样要求为止。

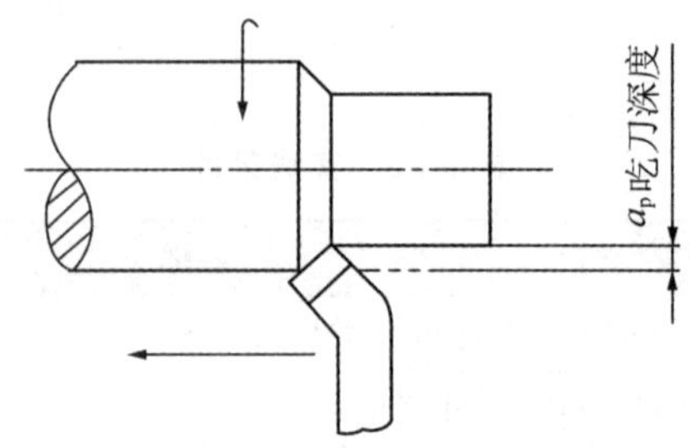

图 **3-1-5** 纵向移动车外圆

外圆尺寸的控制方法：通常进行试切削和测量，具体方法见表 3-1-4。

表 3-1-4 外圆的试切方法与步骤

序号	操作步骤	图示	序号	操作步骤	图示
1	启动车床，手动对接触点		4	纵向车削 1 mm～2 mm	
2	向右退出车刀，注意纵向不要退刀		5	纵向快速退刀，然后停车测量，注意横向不要退刀	
3	横向进刀，切深为 a_{p1}		6	如未到尺寸，再切深 a_{p2}，按上述方法继续试切削和试测量，直至达到要求为止	

外圆尺寸的控制方法：通常先采用刻线痕法，如图 3-1-6 所示，后采用测量法进行。即在车削前根据需要的长度，用钢直尺、大滑板刻线或卡尺及车刀刀尖在工件的表面刻一条线痕，然后根据线痕进行车削，当车削完毕，再用钢直尺或其他工具复测。

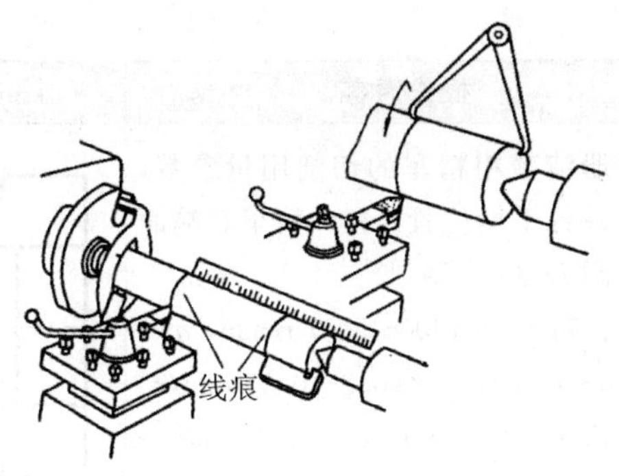

图 **3-1-6**　刻线痕确定车削长度

步骤 4：倒角。

具体方法：当平面、外圆车削完毕后，移动床鞍至工件的外圆和平面的相交处，用 45°外圆车刀的主、副切削刃，可进行左、右倒角，如图 3-1-7 所示。

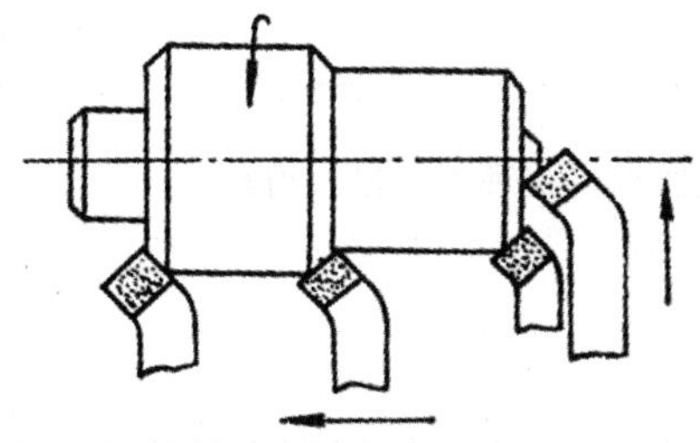

图 **3-1-7**　**45°**外圆车刀的使用

1×45°、2×45°是指倒角在外圆上的轴向距离分别为 1 mm 和 2 mm。

手动车削台阶轴的加工步骤见表 3-1-5。

表 3-1-5　手动车削台阶轴的加工步骤

序号	步骤	操作内容	图示
1	装夹工件	用三爪卡盘夹住毛坯外圆长 15 mm～20 mm，找正夹紧	15～20 75

续表

序号	步骤	操作内容	图示
2	车端面和外圆	查手册清楚粗精车的切削用量参数，调整好各手柄位置，粗、精车右端面和外圆 $D_{-0.2}^{\ 0}$ 长 $L_2{}_{\ 0}^{+0.25}$ 参考：粗车 $n=(400\sim500)$ r/min，$a_p=$ 1 mm～2 mm，$f=(0.2\sim0.3)$ mm/r 精车 $n=800$ r/min，$a_p=0.15$ mm～0.25 mm，$f=0.1$ mm/r	$D_{-0.2}^{\ 0}$ $L_2{}_{\ 0}^{+0.25}$
3	车台阶和倒角	粗、精车外圆 $d_{-0.25}^{\ 0}$ 长 $L_1{}_{\ 0}^{+0.2}$，并倒角 1×45° 量具：外圆尺寸用游标卡尺，长度尺寸用钢直尺	1×45° $d_{-0.25}^{\ 0}$ $L_1{}_{\ 0}^{+0.2}$

步骤 5：按“7S”规范要求，整理工、量、刃具。

三、 注意事项

(1)工件平面中心留有凸头，原因是刀尖没有对准工件中心，偏高或偏低。

(2)摇动中滑板进给时，应先消除空行程。

(3)车削表面痕迹粗细不一，主要是手动进给不均匀。

(4)切削时，应先开车，后进刀。切削完毕时，先退刀后停车，否则车刀容易损坏。

(5)车削前应检查滑板位置是否正确，工件装夹是否牢靠，卡盘扳手是否取下。

(6)使用游标卡尺测量工件时，松紧要合适。

扫一扫：观看手动车削台阶轴的学习视频。

专业对话

1. 结合自己实训情况，分析一下外圆尺寸的控制方法。

2. 分析一下端面存在凸台对长度尺寸产生的影响有哪些。

3. 想一想如何用 90°外圆车刀进行 45°倒角。

任务评价

考核标准见表 3-1-6。

表 3-1-6　考核标准

序号	检测内容	检测项目	分值	检测量具	自测结果	得分	教师检测结果	得分
1	主观评分 A（主要尺寸）	$d_{-0.25}^{0}$	10					
2		$D_{-0.2}^{0}$	10					
3		$L_1{}_{0}^{+0.2}$	10					
4		$L_2{}_{0}^{+0.25}$	10					
5		倒角 1×45°	10					
6	客观评分 A（几何公差与表面质量）	粗糙度 *Ra* 6.3	10					
7	主观评分 B（设备及工、量、刃具的维修使用）	工、量、刃具的合理使用与保养	10					
8		车床的正确操作	10					
9		车床的正确润滑	10					
10		车床的正确保养	10					
11	主观评分 B（安全文明生产）	执行正确的安全操作规程	10					
12		正确“两穿两戴”	10					
13	主观 A 总分		60		客观 A 实际得分			
14	主观 B 总分		60		主观 B 实际得分			
15	总体得分率 AB				评定等级			
评分说明	1. 评分由客观评分 A 和主观评分 B 两部分组成，其中客观评分 A 占 85%，主观评分 B 占 15% 2. 客观评分 A 分值为 10 分、0 分，主观评分 B 分值为 10 分、9 分、7 分、5 分、3 分、0 分 3. 总体得分率 AB：（A 实际得分×85%＋B 实际得分×15%）/（A 总分×85%＋B 总分×15%）×100% 4. 评定等级：根据总体得分率 AB 评定，具体为 AB≥92%＝1，AB≥81%＝2，AB≥67%＝3，AB≥50%＝4，AB≥30%＝5，AB＜30%＝6							

拓展活动

选择题

1. 用于车削台阶工件的车刀是(　　)。

A. 90°车刀　B. 75°车刀　C. 45°车刀　D. 60°车刀

2. 粗车轴类工件的外圆或强力车削铸铁、锻件等余量较大的工件时，应选(　　)车刀。

A. 45°　B. 75°　C. 90°　D. 圆头

3. 车削铸铁、锻钢和形状不规则的工件时，车刀应选取(　　)。

A. 大前角　B. 减小刀尖圆弧　C. 负刃倾角　D. 大后角

4. 下列(　　)情况应选用较大前角。

A. 工件材料硬　B. 精加工

C. 车刀材料强度差　D. 半精加工

5. 精加工时，车刀应磨有(　　)。

A. 较小的后角　B. 圆弧过渡刃　C. 较大副偏角　D. 正值刃倾角

6. 车削中刀杆中心线与进给方向不垂直，会使刀具的(　　)发生变化。

A. 前、后角　B. 主、副偏角　C. 刃倾角　D. 刀尖角

7. 夹紧元件施力方向尽量与(　　)方向一致，使小夹紧力起大夹紧力的作用。

A. 工件重力　B. 切削力　C. 反作用力　D. 进深抗力

8. 一台 CA6140 型卧式车床，$P_E=7.5$ kW，$\eta=0.8$，用 YT5 车刀将直径为 60 mm 的中碳钢毛坯在一次进给中车成直径为 50 mm 的半成品，若选进给量为 0.25 mm/r，车床主轴转速为 500 r/min，则切削功率为(　　)kW。

A. 6　B. 1.96　C. 3.925　D. 20.8

9. 在普通车床上以 400 r/min 的速度车一直径为 40 mm，长 400 mm 的轴，此时采用 $f=0.5$ mm/r，$a_p=4$ mm，车刀主偏角 45°，车一刀需(　　)min。

A. 2　B. 2.02　C. 2.04　D. 1

任务二　台阶轴的机动加工

任务目标

利用机动进给加工如图 3-2-1 所示的零件，达到图样所规定的要求。

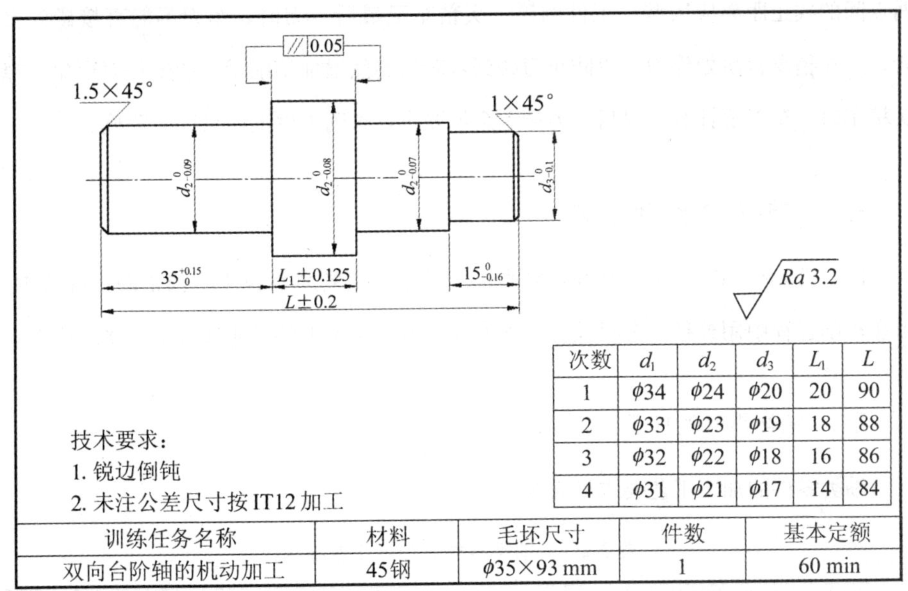

次数	d_1	d_2	d_3	L_1	L
1	$\phi34$	$\phi24$	$\phi20$	20	90
2	$\phi33$	$\phi23$	$\phi19$	18	88
3	$\phi32$	$\phi22$	$\phi18$	16	86
4	$\phi31$	$\phi21$	$\phi17$	14	84

训练任务名称	材料	毛坯尺寸	件数	基本定额
双向台阶轴的机动加工	45钢	$\phi35\times93$ mm	1	60 min

图 3-2-1　双向台阶轴的机动加工

学习活动

一、 机动进给的特点与过程

机动进给相比手动进给，有很多的优点，如操作省力、进给均匀，加工后工件表面粗糙度小等。但机动进给是机械传动，操作者对车床手柄位置必须相当熟悉，否则在紧急情况下容易损坏工件或机床。

使用机动进给的过程如下。

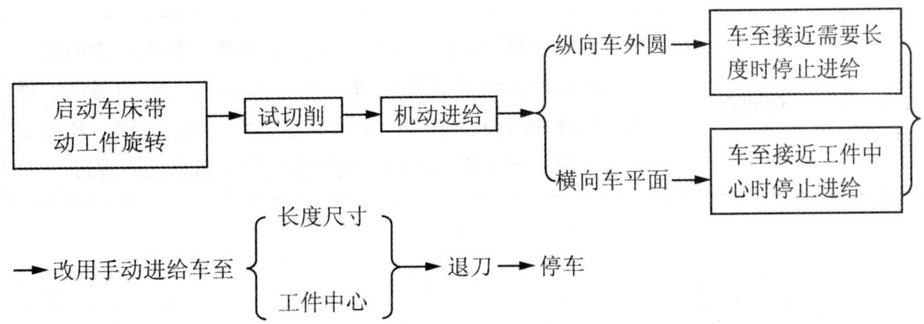

二、 接刀工件的装夹找正和车削方法

装夹接刀工件时，找正必须从严要求，否则会造成表面接刀偏差，直接影响工件质量，为保证接刀质量，通常要求车削工件的第一头时，车得长一些，掉头装夹时，两点间的找正距离应大些。工件的第一头精车至最后一刀时，车刀不能直接碰到台阶，应在稍离台阶处停刀，以防车刀碰到台阶后突然增加切削量，产生扎刀现象。掉头精车时，车刀要锋利，最后一刀精车余量要小，否则工件上容易产生凹痕。

三、 控制两端平行度的方法

以工件先车削的一端外圆和台阶平面为基准，用划线盘找正，找正的正确与否，可在车削过程中用外径千分尺检查，如发现偏差，应从工件最薄处敲击，逐次找正。

四、 轴类零件的加工工艺要求

轴类零件的加工工艺要求见表 3-2-1。

表 3-2-1　轴类零件的加工工艺要求

序号	工艺要求	主要内容
1	尺寸精度	主要包括直径和长度尺寸的精度，要符合图样中的公差要求
2	形状精度	包括圆度、圆柱度、直线度、平面度形位精度，是保证零件正常使用的必要条件
3	位置精度	包括同轴度、圆跳动、垂直度、平行度等，是保证零件正常使用的必要条件
4	表面粗糙度	表面粗糙度是根据需要确定的，车削加工一般为 *Ra* 0.8～*Ra* 12.5，对尺寸精度比较高的外圆通常要求表面粗糙度 *Ra* 1.6 以上
5	热处理	根据轴的材料和需要，常进行正火、调质、淬火、表面淬火及表面渗氮或渗碳等热处理工艺，以获得一定的强度、硬度、韧性和耐磨性等。一般轴类零件常采用 45 钢，若需要正火，则安排在粗车之前，调质常安排在粗车之后进行

实践活动

一、实践条件

实践条件见表 3-2-2。

表 3-2-2　实践条件

类别	名称
设备	CA6140 型卧式车床或同类型的车床
刀具	45°端面车刀和 90°外圆车刀
量具	0～150 mm 游标卡尺和钢直尺
工具	三爪钥匙、刀架钥匙
其他	安全防护用品

二、实践步骤

机动车削双向台阶轴的实践步骤，见表 3-2-3。

表 3-2-3　机动车削双向台阶轴的实践步骤

序号	步骤	操作	图示
1	实践准备	安全教育，分析图样，制定工艺	—
2	装夹工件	用三爪卡盘夹住毛坯外圆长 15 mm～20 mm，找正夹紧	15～20 92
3	平端面和车台阶	粗、精车右端面 A、外圆 d_3 长 15 mm、d_2 以及 d_1 至尺寸要求，并倒角 1×45°	1×45° d_1 d_2 d_3 15 A

续表

序号	步骤	操作	图示
4	掉头装夹、平端面和车台阶	掉头夹住 d_2 外圆，并找正夹紧后粗、精车端面 B，保证总长，粗、精车外圆 d_2 至尺寸，控制台阶长 L_1 和平行度，并倒角1×45°	
5	整理并清洁	加工完毕后，正确放置零件，整理工、量具，清洁机床工作台	—

扫一扫：观看机动车削双向台阶轴的学习视频。

三、 注意事项

(1)初学者使用机动进给时，注意力要集中，以防车刀、滑板等与卡盘碰撞。

(2)粗车切削力较大，工件易发生移位，在精车接刀前应进行一次复查。

(3)车削直径较大的工件时，表面易产生凹凸，应随时用钢直尺检验。

(4)为了保证工件质量，掉头装夹时要垫铜皮。

(5)可用外径千分尺来核对游标卡尺测量外圆的准确度。

专业对话

1. 结合自己实训情况，分析一下机动进给车削外圆和端面的方法。
2. 谈一谈用划线盘找正工件的技巧是什么。
3. 想一想如何能较好地保证平行度。

任务评价

考核标准见表 3-2-4。

表 3-2-4　考核标准

序号	检测内容	检测项目	分值	检测量具	自测结果	得分	教师检测结果	得分
1	客观评分 A（主要尺寸）	$d_{1}{}_{-0.08}^{0}$	10					
2		$d_{2}{}_{-0.07}^{0}$	10					
3		$d_{3}{}_{-0.1}^{0}$	10					
4		$L_1 \pm 0.125$	10					
5		$L \pm 0.2$	10					
6		$35_{0}^{+0.15}$	10					
7		倒角 1×45°	10					
8	客观评分 A（几何公差与表面质量）	// 0.05	10					
9		粗糙度 Ra 3.2	10					
10	主观评分 B（设备及工、量、刃具的维修使用）	工、量、刃具的合理使用与保养	10					
11		车床的正确操作	10					
12		车床的正确润滑	10					
13		车床的正确保养	10					
14	主观评分 B（安全文明生产）	执行正确的安全操作规程	10					
15		正确“两穿两戴”	10					
16	客观 A 总分		90		客观 A 实际得分			
17	主观 B 总分		60		主观 B 实际得分			
18	总体得分率 AB				评定等级			
评分说明	1. 评分由客观评分 A 和主观评分 B 两部分组成，其中客观评分 A 占 85%，主观评分 B 占 15% 2. 客观评分 A 分值为 10 分、0 分，主观评分 B 分值为 10 分、9 分、7 分、5 分、3 分、0 分 3. 总体得分率 AB：（A 实际得分×85%＋B 实际得分×15%）/（A 总分×85%＋B 总分×15%）×100% 4. 评定等级：根据总体得分率 AB 评定，具体为 AB≥92%＝1，AB≥81%＝2，AB≥67%＝3，AB≥50%＝4，AB≥30%＝5，AB<30%＝6							

拓展活动

利用机动进给加工如图 3-2-2 所示的零件，达到图样所规定的要求。

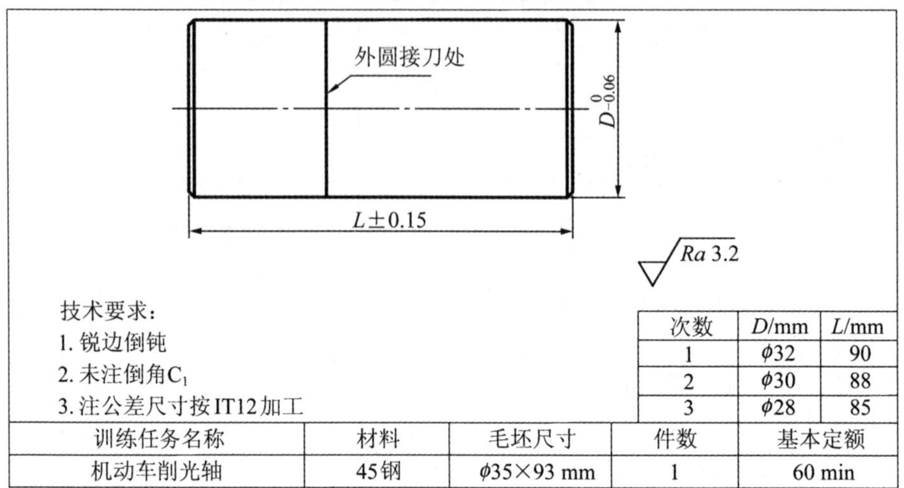

技术要求：
1. 锐边倒钝
2. 未注倒角C_1
3. 注公差尺寸按IT12加工

次数	D/mm	L/mm
1	ϕ32	90
2	ϕ30	88
3	ϕ28	85

训练任务名称	材料	毛坯尺寸	件数	基本定额
机动车削光轴	45钢	ϕ35×93 mm	1	60 min

图 **3-2-2** 机动车削光轴

任务三 钻中心孔

任务目标

加工如图 3-3-1 所示的零件，达到图样所规定的要求。

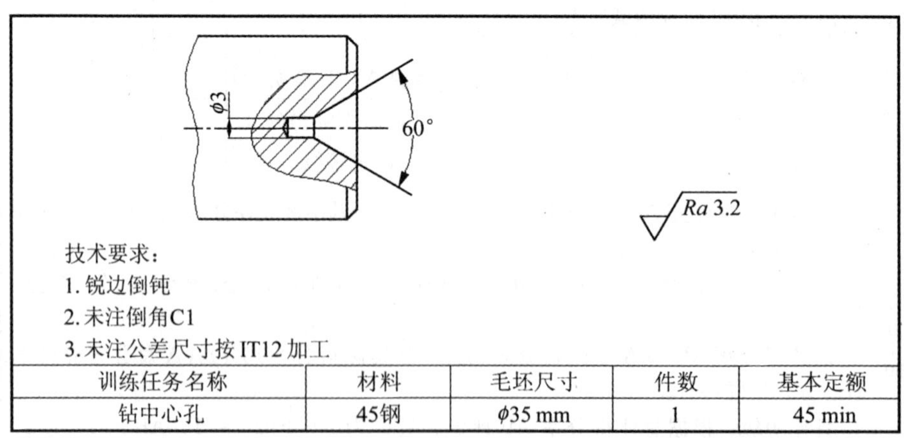

技术要求：
1. 锐边倒钝
2. 未注倒角C1
3. 未注公差尺寸按 IT12 加工

训练任务名称	材料	毛坯尺寸	件数	基本定额
钻中心孔	45钢	ϕ35 mm	1	45 min

图 **3-3-1** 钻中心孔

学习活动

对于较长的工件(如长轴、长丝杆等)或加工过程中需多次装夹的工件，要求用同一个装夹基准。这时可在工件两端面上用标准中心钻钻出中心孔进行装夹加工，这种装夹方法安装方便，不需校正，装夹精度高。

一、 中心孔的形状及用途

中心孔有 A 型(不带护锥)、B 型(带护锥)、C 型(带螺孔)、R 型(弧形)四种，见表 3-3-1。

表 3-3-1 中心孔的形状

序号	类别	图示	特点
1	A 型	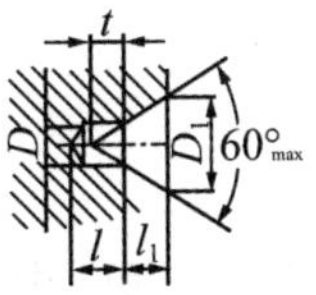	A 型中心孔由圆锥孔和圆柱孔两部分组成；圆锥孔的圆锥角一般为 60°(重型工件用 90°) 它跟顶尖配合，用来承受工件质量、切削力和定中心；圆柱孔用来储存润滑油和保证顶尖的锥面和中心孔圆锥面配合密实，不使顶尖端与中心孔底部相碰，保证定位正确
2	B 型	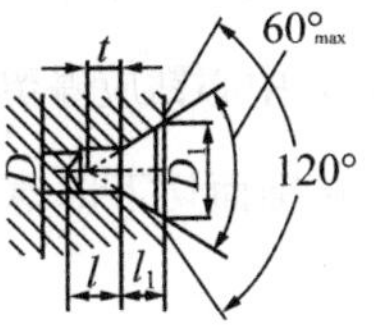	B 型中心孔是 A 型中心孔的端部另加上 120°的圆锥孔，用以保护 60°锥面不致碰毛，并使端面容易加工；一般精度要求较高、工序较多的工件用 B 型中心孔
3	C 型	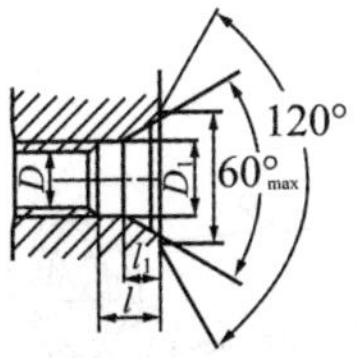	C 型中心孔前面是 60°中心孔，接着有一个短圆柱孔(保证攻螺纹时不致碰毛 60°锥孔)，后面有一个内螺孔；一般是把其他零件轴向固定在轴上时采用 C 型中心孔
4	R 型	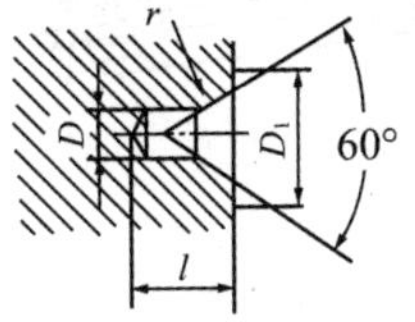	R 型中心孔的形状与 A 型中心孔相似，只将 A 型中心孔的 60°圆锥改为圆弧面；这样与顶尖锥面的配合变成线接触，在装夹工件时，能自动纠正少量的位置偏差

中心孔的尺寸按 GB145-85 规定。中心孔的尺寸以圆柱孔直径 D 为标准，一般所讲的中心孔大小，即为圆柱孔直径 D。

二、 钻中心孔的方法

中心孔是轴类零件精加工(如精车、磨削)的定位基准，对加工质量有很大影响。如果两端中心孔连线跟工件外圆轴线不同轴，工件外圆可能加工不出；如果中心孔圆度差，加工出工件圆度也差；如果中心孔圆锥面粗糙，加工出工件表面质量也差。因此，中心孔必须圆整，锥面粗糙度值小，角度正确，两端中心孔必须同轴。经过热处理后仍需继续加工及精度要求较高的工件，中心孔还需经过精车或研磨。

中心孔是用中心钻(图 3-3-2)在车床或专用机床上钻出来的。

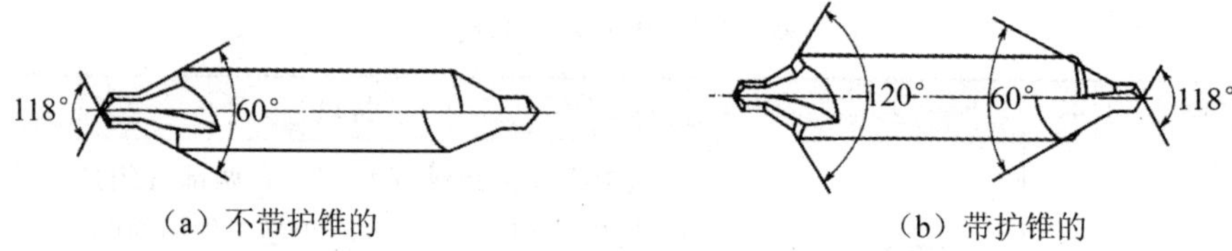

(a) 不带护锥的　　(b) 带护锥的

图 **3-3-2**　中心钻

直径较小的工件在车床上钻中心孔时，为了钻削平稳，把工件装夹在卡盘上(图 3-3-3)时应尽可能伸出短些。找正后车端面，不能留有凸头，然后缓慢均匀地摇动尾座手轮，使中心钻钻入工件端面。钻到尺寸后，中心钻应停留数秒钟，使中心孔圆整后退出；或轻轻进给，使中心钻的切削刃将 60°锥面切下薄薄一层切屑，这样可降低中心孔表面的粗糙度值。

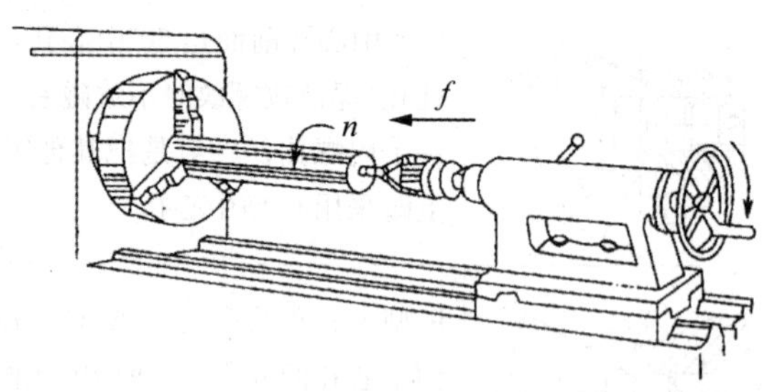

图 **3-3-3**　较短工件上钻中心孔

在直径大而长的工件上钻中心孔，可采用卡盘夹持并用中心架支承的方法(图 3-3-4)。

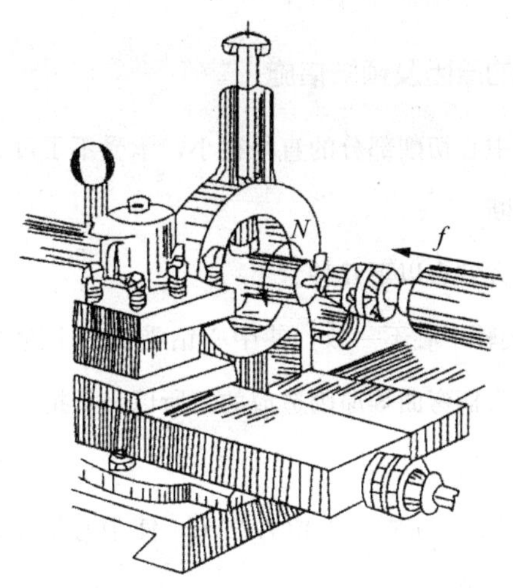

图 3-3-4　长工件上钻中心孔

钻 C 型中心孔时，首先用两个直径不同的钻头钻螺纹底孔和短圆柱孔，内螺纹用丝锥攻出，60°锥面及 120°锥面可用 60°及 120°锪钻锪出或用改制的 B 型中心钻钻出（图 3-3-5）。

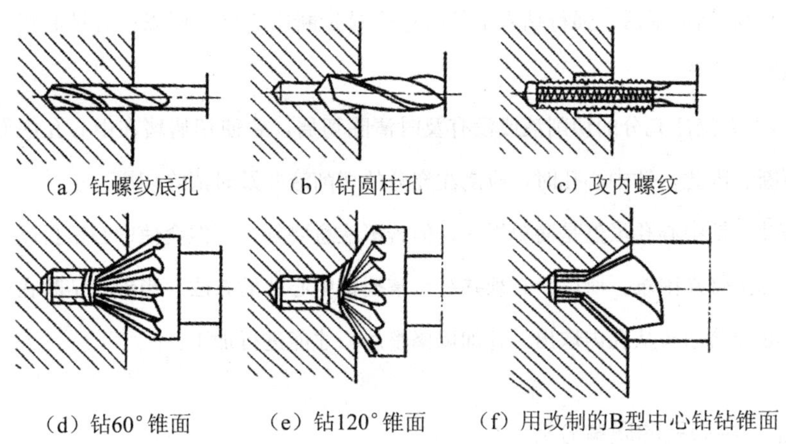

图 3-3-5　C 型中心钻的加工方法

工件直径大或形状较复杂，无法在车床上钻中心孔时，可在工件上先画好中心线，然后在钻床上或用电钻钻出中心孔。

钻中心孔的过程中应该注意勤退刀，及时清除切屑，并充分冷却、润滑。

三、 中心钻折断的原因及预防措施

钻中心孔时，由于中心切削部分的直径很小，承受不了过大的切削力，操作中稍不注意，中心钻就会折断。

中心钻折断的原因大致有以下几种。

(1)中心钻与工件旋转中心不一致，使中心钻受到一个附加力的影响而折断。这往往是尾座偏位、钻夹头柄弯曲等原因造成的。所以必须把尾座严格找正，将钻夹头转动一角度来对准中心。

(2)工件端面没有车平，在中心处留有凸头，使中心钻不能准确地定心而折断。所以工件端面一定要车平整。

(3)切削用量选择不当，即转速太慢而进给太快，造成中心钻折断。由于中心钻直径很小，即使采用较高转速时，切削速度仍然不大。例如，在 CA6140 型卧式车床上，用ϕ2 mm 中心钻，车床主轴转速为 1400 r/min，切削速度只有 0.147 m/s。由于手摇尾座的速度是差不多的，这样相对进给量过大而折断中心钻。

(4)中心钻磨损后，强行钻入工件时也容易折断中心钻。所以中心钻磨损后，应及时修磨或更换。

(5)没有浇注充分的切削液或没有及时清除切屑，致使切屑堵在中心孔内而使中心钻折断。因此，钻中心孔时，应浇注充分的切削液并及时清除切屑。

因此，钻中心孔虽然是简单操作，但若不注意要领，不但会使中心钻折断，还会给工件加工带来困难。所以，必须熟练地掌握钻中心孔的方法。当中心钻断在中心孔内时，必须将断头从孔内取出，并加以修整后，才能进行加工。

四、 中心孔的质量分析

中心孔的质量分析见表 3-3-2。

表 3-3-2 中心孔的质量分析

序号	种类	图示	缺陷
1	正确		—

续表

序号	种类	图示	缺陷
2	钻得太深		中心孔钻得过深，以致顶尖和中心孔不是锥面配合，接触面小而加快磨损
3	钻得过大		工件直径很小，但中心孔钻得很大，使工件无端面而加快磨损
4	钻偏		中心孔钻偏，使工件毛坯车不到规定尺寸而成废品
5	不同轴		两端中心孔的连线与工件轴线不重合，造成工件余量不够而成废品，或因顶尖与中心孔接触不良而影响工件的精度
6	圆柱孔太短		中心孔磨损后，它的圆柱部分修磨得太短，造成顶尖与中心孔底相碰，使60°锥面不密合而影响加工精度

实践活动

一、 实践条件

实践条件见表3-3-3。

表3-3-3　实践条件

类别	名称
设备	CA6140型卧式车床或同类型的车床
刀具	45°端面车刀，中心钻
工具	卡盘钥匙，刀架钥匙
其他	安全防护用品

二、 实践步骤

钻中心孔的实践步骤，见表3-3-4。

表 3-3-4　钻中心孔的实践步骤

序号	步骤	操作	图示
1	实践准备	安全教育，分析图样，制定工艺	—
2	装夹工件和平端面	用三爪卡盘夹住毛坯外圆长 15 mm～20 mm，找正夹紧，粗、精车右端面	
3	装夹中心钻	先把中心钻安装到钻夹头上并拧紧然后把钻夹头锥柄部分放入尾座套筒里	
4	钻中心孔	把尾座整体位移至工件附近，根据查手册，参考转速 $n=(800\sim1000)$ r/min，然后通过慢慢摇动尾座手柄钻中心孔至尺寸	
5	整理并清洁	加工完毕后，正确放置零件，整理工、量具，清洁机床工作台	—

扫一扫：观看钻中心孔的学习视频。

三、 注意事项

(1)钻中心孔之前，必须先车平工件端面。

(2)钻夹头柄部，先擦拭干净后，再套入尾座孔内。

(3)中心钻刚接触工件端面时，应以较慢的速度进给，以确定中心位置。

(4)手动摇尾座手柄须连贯、均匀。

(5)钻中心孔时，钻到中心钻锥面的$\frac{2}{3}$左右为宜。

专业对话

1. 结合前面所学，分析一下钻中心孔转速为何不宜过低。

2. 如果中心钻断在工件中，将如何取出？

任务评价

考核标准见表 3-3-5。

表 3-3-5　考核标准

<table>
<tr><th>序号</th><th>检测内容</th><th>检测项目</th><th>分值</th><th>检测量具</th><th>自测结果</th><th>得分</th><th>教师检测结果</th><th>得分</th></tr>
<tr><td>1</td><td rowspan="3">客观评分 A（主要尺寸）</td><td>中心孔形状</td><td>10</td><td></td><td></td><td></td><td></td><td></td></tr>
<tr><td>2</td><td>倒角 1×45°</td><td>10</td><td></td><td></td><td></td><td></td><td></td></tr>
<tr><td>3</td><td>粗糙度 Ra 3.2</td><td>10</td><td></td><td></td><td></td><td></td><td></td></tr>
<tr><td>4</td><td rowspan="4">主观评分 B（设备及工、量、刃具的维修使用）</td><td>工、量、刃具的合理使用与保养</td><td>10</td><td></td><td></td><td></td><td></td><td></td></tr>
<tr><td>5</td><td>车床的正确操作</td><td>10</td><td></td><td></td><td></td><td></td><td></td></tr>
<tr><td>6</td><td>车床的正确润滑</td><td>10</td><td></td><td></td><td></td><td></td><td></td></tr>
<tr><td>7</td><td>车床的正确保养</td><td>10</td><td></td><td></td><td></td><td></td><td></td></tr>
<tr><td>8</td><td rowspan="2">主观评分 B（安全文明生产）</td><td>执行正确的安全操作规程</td><td>10</td><td></td><td></td><td></td><td></td><td></td></tr>
<tr><td>9</td><td>正确“两穿两戴”</td><td>10</td><td></td><td></td><td></td><td></td><td></td></tr>
<tr><td>10</td><td colspan="2">客观 A 总分</td><td colspan="2">30</td><td colspan="2">客观 A 实际得分</td><td colspan="2"></td></tr>
<tr><td>11</td><td colspan="2">主观 B 总分</td><td colspan="2">60</td><td colspan="2">主观 B 实际得分</td><td colspan="2"></td></tr>
<tr><td>12</td><td colspan="2">总体得分率 AB</td><td colspan="2"></td><td colspan="2">评定等级</td><td colspan="2"></td></tr>
<tr><td>评分说明</td><td colspan="8">1. 评分由客观评分 A 和主观评分 B 两部分组成，其中客观评分 A 占 85%，主观评分 B 占 15%
2. 客观评分 A 分值为 10 分、0 分，主观评分 B 分值为 10 分、9 分、7 分、5 分、3 分、0 分
3. 总体得分率 AB：(A 实际得分×85%＋B 实际得分×15%)/(A 总分×85%＋B 总分×15%)×100%
4. 评定等级：根据总体得分率 AB 评定，具体为 AB≥92%＝1，AB≥81%＝2，AB≥67%＝3，AB≥50%＝4，AB≥30%＝5，AB<30%＝6</td></tr>
</table>

拓展活动

一、选择题

1. 工件的外圆形状比较简单，且长度较长，但内孔形状复杂且长度较短要加工，定位时应当选择(　　)作精基准。

A. 外圆　　B. 内孔　　C. 端面　　D. 沟槽

2. 车削主轴时，可使用(　　)支承，以增加工件刚性。

A. 中心架　　B. 跟刀架　　C. 过渡套　　D. 弹性顶尖

3. 夹紧时，应不破坏工件的正确定位，是(　　)。

A. 牢　　B. 正　　C. 快　　D. 简

4. 夹紧元件对工件施加夹紧力的大小应(　　)。

A. 大　　B. 适当　　C. 小　　D. 任意

5. 车削光杆时，应使用(　　)支承，以增加工件刚性。

A. 中心架　　B. 跟刀架　　C. 过渡套　　D. 弹性顶尖

6. 精度要求较高，工序较多的轴类零件，中心孔应选用(　　)。

A. A 型　　B. B 型　　C. C 型　　D. D 型

二、判断题

(　　)1. 中心孔是轴类零件的定位基准。

(　　)2. 中心孔根据零件的直径(或零件的质量)，按国家标准来选用。

三、简答题

1. 说出中心孔的作用和类型以及各类型分别用于什么场合。

2. 钻中心孔时，要注意哪些方面?

任务四 一夹一顶车削绞杠

任务目标

加工如图 3-4-1 所示的零件，达到图样所规定的要求。

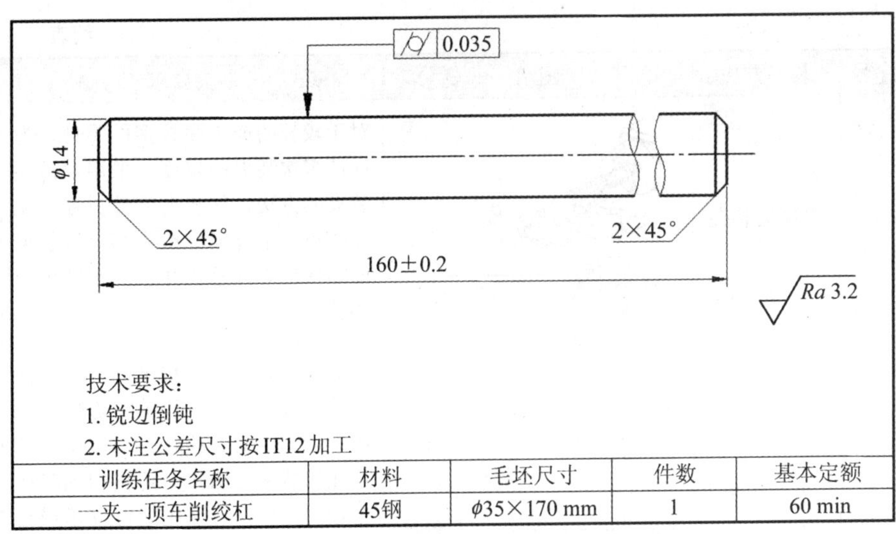

图 3-4-1　一夹一顶车削绞杠

学习活动

一、 轴类零件的装夹要求

车削加工前，必须将零件放在机床夹具中定位和夹紧，使零件在整个切削过程中始终处于正确的位置。根据轴类零件的形状、大小、精度、数量的不同，可采用不同的装夹方法，见表 3-4-1。

表 3-4-1　轴类零件的装夹方法

序号	装夹方法	图示	装夹要求
1	三爪自定心卡盘装夹		三个卡爪是同步运动的，能自动定心，装夹时一般不需要找正，故装夹零件方便、省时，但夹紧力较小，常用于装夹外形规则的中、小型零件；有正爪、反爪两种形式，反爪用于装夹直径较大的零件
2	四爪单动卡盘装夹		四爪单动卡盘的卡爪是各自独立运动的，因此，在装夹零件时必须找正后才可车削，但找正比较费时；其夹紧力较大，常用于装夹大型或形状不规则的零件；卡爪可装成正爪或反爪，反爪用于装夹较大的零件

续表

序号	装夹方法	图示	装夹要求
3	双顶尖装夹		对于较长的或工序较多的零件，为保证多次装夹的精度，采用双顶尖装夹的方法，其装夹零件方便，无须找正，重复定位精度高，但装夹前需保证零件总长并在两端钻出中心孔
4	一夹一顶装夹	f f	用双顶尖装夹零件精度高，但刚性较差，故在车削一般轴类零件时采用一端用卡盘夹住，另一端用顶尖顶住的装夹方法；为防止切削时产生轴向位移，可采用限位支承或台阶限制，其中台阶限位安全，刚性好，能承受较大切削力，故应用广泛

二、 用一夹一顶装夹工件

对于较重的工件或精度要求不高的长轴类工件，用两个顶尖安装很不稳定，难以提高切削用量。这时可采用一端用卡盘夹持，另一端用后顶尖顶住的安装方法(简称“一夹一顶”)。为了防止工件由于切削力作用而产生轴向位移，必须在主轴锥孔内装一个限位支承或利用工件的阶台限位(图 3-4-2)。由于这种安装方法较安全，能承受较大的轴向切削力，安装刚性好，轴向定位准确，所以在粗加工及半精加工中广泛应用。

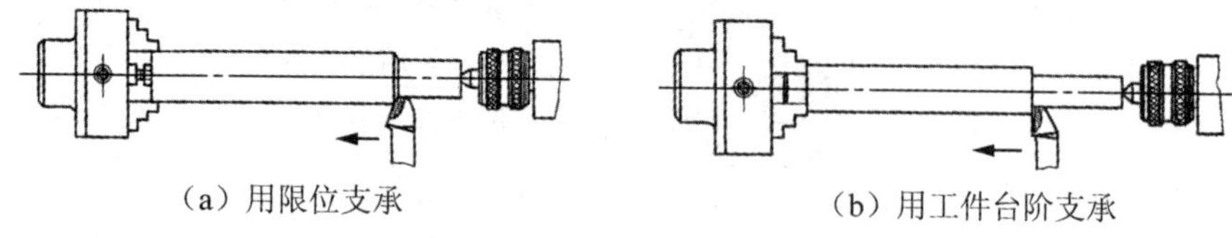

(a) 用限位支承　　(b) 用工件台阶支承

图 3-4-2　一夹一顶装夹工件

三、 顶尖

顶尖有前顶尖和后顶尖两种。两种顶尖的尺寸相同，不同的是前顶尖不淬火，后顶尖要淬火。这是因为前顶尖与工件一起旋转，无相对运动，不发生摩擦，而后顶尖不转动，工件转动，因此，与工件有相对运动而产生摩擦。它们用来定中心，并承受工件的质量和切削力。

1. 前顶尖

插在车床主轴锥孔内跟主轴一起旋转的顶尖称为前顶尖。前顶尖安装在一个专用锥套内，再将锥套插入主轴锥孔内，有时为了准确和方便，可在三爪卡盘上夹一段钢料车出 60°锥角以代替前顶尖(图 3-4-3)。这种顶尖从卡盘上卸下后，再次使用时，必须将锥面重新修整，以保证顶尖锥面的轴心线与车床主轴旋转中心重合。

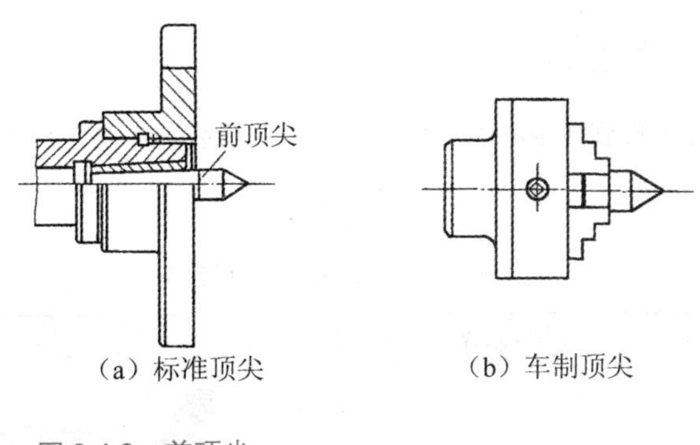

（a）标准顶尖 （b）车制顶尖

图 **3-4-3** 前顶尖

2. 后顶尖

插入车床尾座套筒内的顶尖称为后顶尖，有死顶尖(图 3-4-4)和活顶尖(图 3-4-5)两种。

(1)死顶尖。死顶尖定心准确而且刚性好，但因工件与顶尖是滑动摩擦，磨损大而发热高，容易把中心孔或顶尖“烧坏”。所以，采用镶硬质合金的顶尖，它适用于加工精度要求高的工件或高速加工的情况。支承细小工件时可用反顶尖，这时工件端部要做成顶尖形状。

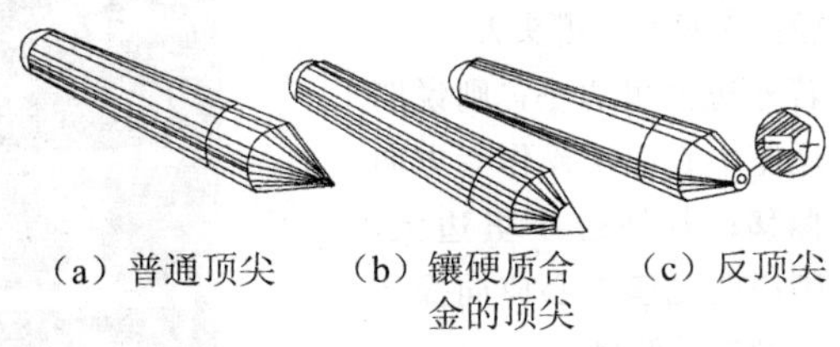

（a）普通顶尖 （b）镶硬质合金的顶尖 （c）反顶尖

图 **3-4-4** 死顶尖

(2)活顶尖。活顶尖内部装滚动轴承，顶尖和工件一起转动，避免了顶尖和中心孔的摩擦，能承受很高的转速，但支承刚性差。又因活顶尖存在一定的装配积累误差，当滚动轴承磨损后，会使顶尖产生径向跳动，从而降低了加工精度。

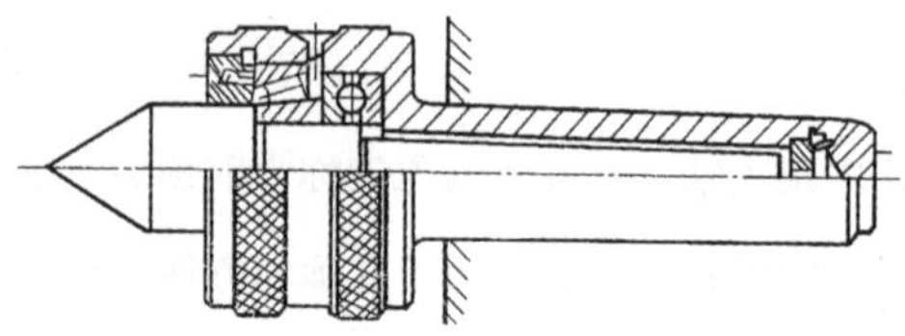

图 **3-4-5** 活顶尖

四、 尾座锥度的消除方法

当顶尖中心与工件旋转中心不重合时，一夹一顶装夹车削工件就会产生小锥度，造成工件的圆柱度超差。这时，还应对尾座的锥度进行消除，见表 3-4-2。

表 3-4-2 尾座锥度的消除方法

序号	步骤	操作	图示
1	装夹	取一根验棒用一夹一顶的装夹方式进行装夹	
2	试车外圆	车验棒外圆，最后一刀，余量应一样，保证车削稳定	
3	测量	测量验棒的两端尺寸，比较两个尺寸，哪头大 若外边大里边小，则说明尾座中心应向操作者方向偏移；若外边小里边大，则说明尾座中心应向操作者的对面偏移	

续表

序号	步骤	操作	图示
4	松开尾座	松开尾座，便于调整尾座中心	
5	调整	外边大里边小：松内六角螺钉 1，紧内六角螺钉 2 外边小里边大：松内六角螺钉 2，紧内六角螺钉 1	  1 2
6	重新上紧尾座	调节好后，上紧尾座，重新用一夹一顶装夹验棒	
7	再次试车外圆	再次试车外圆，停车测量两端尺寸并比较，如果还存在差异，则重复上面的操作步骤，直至验棒两端的尺寸差异在规定范围内，则说明尾座锥度基本上消除 一般情况下，车削 160 mm 长的工件，要求圆柱度公差在 0.03 mm 之内	

实践活动

一、 实践条件

实践条件见表 3-4-3。

表 3-4-3 实践条件

类别	名称
设备	CA6140 型卧式车床或同类型的车床
刀具	45°端面车刀，90°外圆车刀，B 型中心钻
量具	0～200 mm 游标卡尺，0～25 mm 外径千分尺，0～5 mm 百分表与磁力表座
工具	卡盘钥匙，刀架钥匙
其他	安全防护用品

二、 实践步骤

一夹一顶车削绞杠的实践步骤见表 3-4-4。

表 3-4-4 一夹一顶车削绞杠的实践步骤

序号	步骤	操作	图示
1	实践准备	安全教育，分析图样，制定工艺	—
2	装夹工件，钻中心孔	用三爪卡盘夹住毛坯，伸出长 30 mm 左右，找正夹紧，粗、精车端面，钻中心孔	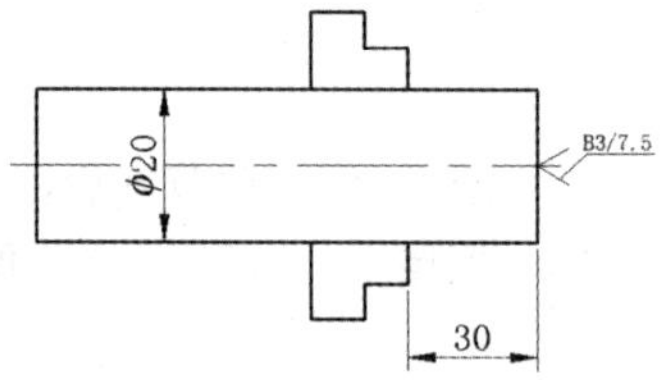 φ20 B3/7.5 30
3	掉头平端面和车工艺台阶	掉头夹住毛坯，工件伸出 30 mm，车端面，车工艺外圆φ15 长 8 mm，倒角 1×45°	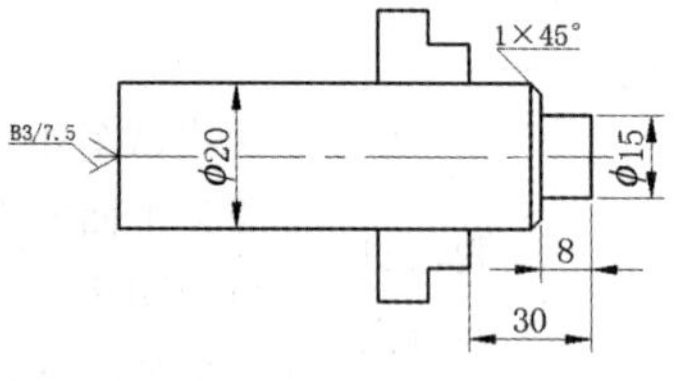 1×45° B3/7.5 φ20 φ15 8 30
4	用一夹一顶加工工件	掉头，用一夹一顶夹住φ15 工艺外圆(卡盘端面贴紧台阶)，找正夹紧后，粗、精车外圆φ14至尺寸要求，并保证总长 160.5 mm，倒角2×45°	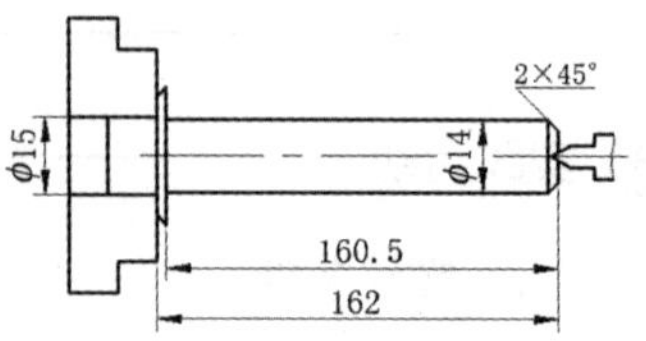 2×45° φ15 φ14 160.5 162

续表

序号	步骤	操作	图示
5	掉头车端面	掉头，工件伸出 30 mm，用铜皮包住ϕ14 的外圆找正夹紧，粗、精车端面，保证总长 160±0.2 mm 至尺寸要求，倒角 2×45°	B3/7.5 2×45° 30 160±0.2
6	整理并清洁	加工完毕后，正确放置零件，整理工、量具，清洁机床工作台	—

扫一扫：观看用一夹一顶车削绞杠的学习视频。

三、 注意事项

(1)顶尖支顶不能过松或过紧。过松，工件产生跳动、外圆变形；过紧，易产生摩擦热，烧坏活顶尖和工件中心孔。

(2)不准用手拉铁屑，以防割破手指。

(3)注意工件锥度的方向性，及时调整好尾座的偏移方向。

(4)要求用轴向限位支承，以避免工件在轴向切削力作用下产生位移。

(5)用一夹一顶加工时，卡盘夹持部位不宜过长，否则会产生过定位。

专业对话

1. 谈一谈采用一夹一顶加工产生锥度的原因，简单阐述解决的办法。

2. 谈一谈轴类零件的装夹要求有哪些，各自有何特点。

任务评价

考核标准见表 3-4-5。

表 3-4-5　考核标准

<table>
<tr><th>序号</th><th>检测内容</th><th>检测项目</th><th>分值</th><th>检测量具</th><th>自测结果</th><th>得分</th><th>教师检测结果</th><th>得分</th></tr>
<tr><td>1</td><td rowspan="3">客观评分 A（主要尺寸）</td><td>$\phi 14_{-0.05}^{0}$</td><td>10</td><td></td><td></td><td></td><td></td><td></td></tr>
<tr><td>2</td><td>160±0.2</td><td>10</td><td></td><td></td><td></td><td></td><td></td></tr>
<tr><td>3</td><td>倒角 2×45°</td><td>10</td><td></td><td></td><td></td><td></td><td></td></tr>
<tr><td>4</td><td rowspan="2">客观评分 A（几何公差与表面质量）</td><td>⌭ 0.035</td><td>10</td><td></td><td></td><td></td><td></td><td></td></tr>
<tr><td>5</td><td>粗糙度 Ra 3.2</td><td>10</td><td></td><td></td><td></td><td></td><td></td></tr>
<tr><td>6</td><td rowspan="4">主观评分 B（设备及工、量、刃具的维修使用）</td><td>工、量、刃具的合理使用与保养</td><td>10</td><td></td><td></td><td></td><td></td><td></td></tr>
<tr><td>7</td><td>车床的正确操作</td><td>10</td><td></td><td></td><td></td><td></td><td></td></tr>
<tr><td>8</td><td>车床的正确润滑</td><td>10</td><td></td><td></td><td></td><td></td><td></td></tr>
<tr><td>9</td><td>车床的正确保养</td><td>10</td><td></td><td></td><td></td><td></td><td></td></tr>
<tr><td>10</td><td rowspan="2">主观评分 B（安全文明生产）</td><td>执行正确的安全操作规程</td><td>10</td><td></td><td></td><td></td><td></td><td></td></tr>
<tr><td>11</td><td>正确“两穿两戴”</td><td>10</td><td></td><td></td><td></td><td></td><td></td></tr>
<tr><td>12</td><td colspan="2">客观 A 总分</td><td colspan="2">50</td><td colspan="2">客观 A 实际得分</td><td colspan="2"></td></tr>
<tr><td>13</td><td colspan="2">主观 B 总分</td><td colspan="2">60</td><td colspan="2">主观 B 实际得分</td><td colspan="2"></td></tr>
<tr><td>14</td><td colspan="2">总体得分率 AB</td><td colspan="2"></td><td colspan="2">评定等级</td><td colspan="2"></td></tr>
<tr><td>评分说明</td><td colspan="8">1. 评分由客观评分 A 和主观评分 B 两部分组成，其中客观评分 A 占 85%，主观评分 B 占 15%
2. 客观评分 A 分值为 10 分、0 分，主观评分 B 分值为 10 分、9 分、7 分、5 分、3 分、0 分
3. 总体得分率 AB：（A 实际得分×85%＋B 实际得分×15%）/（A 总分×85%＋B 总分×15%）×100%
4. 评定等级：根据总体得分率 AB 评定，具体为 AB≥92%＝1，AB≥81%＝2，AB≥67%＝3，AB≥50%＝4，AB≥30%＝5，AB<30%＝6</td></tr>
</table>

拓展活动

一、选择题

1. 用两顶尖装夹工件，工件定位(　　)。

A. 精度高、工件刚性较好　　B. 精度高、工件刚性较差

C. 精度低、工件刚性较好　　D. 精度低、工件刚性较差

2. 四爪单动卡盘适用装夹(　　)工件。

A. 较小圆柱型　　B. 六棱体　　C. 形状不规则　　D. 长轴类

3. 对于较长的或必须经过多次装夹才能加工好的工件应采用(　　)的装夹方法。

A. 一夹一顶　　B. 两顶尖

C. 三爪自定心卡盘　　D. 四爪单动卡盘

4. 车削(　　)的工件时应采用一夹一顶安装。

A. 较轻、较短　　B. 较重、较短　　C. 较重、较长　　D. 精度较高

5. 采用一夹一顶安装工件(夹持部分长)，这种定位属于(　　)定位。

A. 重复　　B. 完全　　C. 欠　　D. 部分

6. 工件的外圆形状比较简单，且长度较长，但内孔形状复杂且长度较短要加工，定位时应当选择(　　)作精基准。

A. 外圆　　B. 内孔　　C. 端面　　D. 沟槽

7. 车削光杆时，应使用(　　)支承，以增加工件刚性。

A. 中心架　　B. 跟刀架　　C. 过渡套　　D. 弹性顶尖

8. 同轴度要求较高、工序较多的长轴用(　　)装夹较合适。

A. 四爪单动卡盘　　B. 三爪自定心卡盘　　C. 双顶尖

9. 用一夹一顶装夹零件时，若后顶尖轴线不在车床主轴轴线上，会产生(　　)。

A. 振动　　B. 锥度　　C. 表面粗糙度达不到要求

二、判断题

(　　)1. 一夹一顶装夹，适用于工序较多、精度要求较高的零件。

(　　)2. 两顶尖装夹适用于装夹重型轴类零件。

(　　)3. 用两顶尖装夹圆度要求较高的轴类零件，如果前顶尖跳动，车出的零件会产生圆度误差。

项目四
螺旋杆的加工

项目导航

本项目主要介绍切断刀的刃磨、外螺纹刀的刃磨、切断和外沟槽的加工、外螺纹的加工及螺纹的检测和综合件螺旋杆的加工等内容。

学习要点

1. 熟悉切断刀的种类和几何角度，能正确刃磨和安装切断刀、切槽刀。

2. 掌握直进法和左、右借刀法切断工件。

3. 掌握矩形槽的车削方法和测量方法。

4. 掌握三角形螺纹车刀角度的刃磨要求和方法。

5. 掌握车三角形螺纹的基本动作和方法，准确调整机床各手柄位置和挂轮。

6. 掌握螺纹的常用测量方法。

任务一 切断刀与切槽刀的刃磨

任务目标

刃磨如图 4-1-1 所示的切断刀，达到图样所规定的要求。

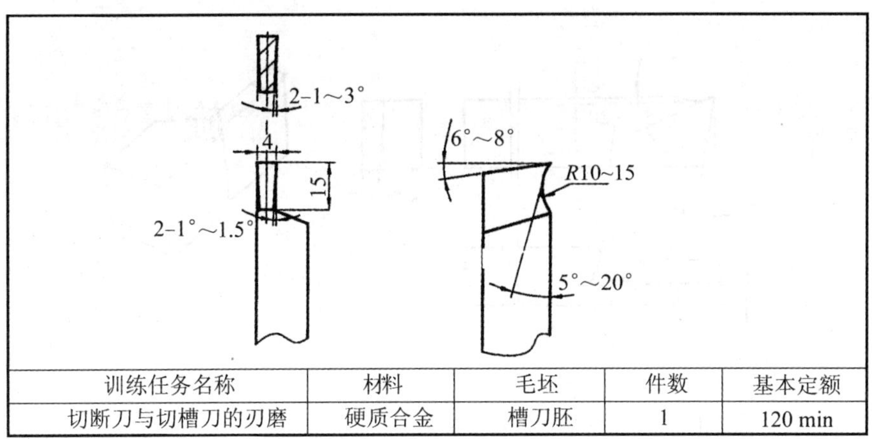

训练任务名称	材料	毛坯	件数	基本定额
切断刀与切槽刀的刃磨	硬质合金	槽刀胚	1	120 min

图 **4-1-1**　切断刀和切槽刀的刃磨

学习活动

一、 切断刀的种类

切断刀的种类见表 4-1-1。

表 4-1-1　切断刀的种类

序号	种类	图示	特点
1	高速钢切断刀		刀头和刀杆是由同一种材料锻造而成的，如果切断刀损坏，可以通过锻打后再使用，因此比较经济，目前应用较为广泛
2	硬质合金切断刀		刀头用硬质合金焊接而成，因此适宜高速切削
3	弹性切断刀		为节省高速钢材料，切断刀做成片状，再夹在弹簧刀杆内，这种切断刀既节省刀具材料，又富有弹性，当进给过快时，刀头在弹性刀杆的作用下，会自动产生让刀，这样就不容易产生扎刀而折断车刀

二、 切断刀、 切槽刀的几何角度

高速钢切断刀几何角度如图 4-1-2 所示。

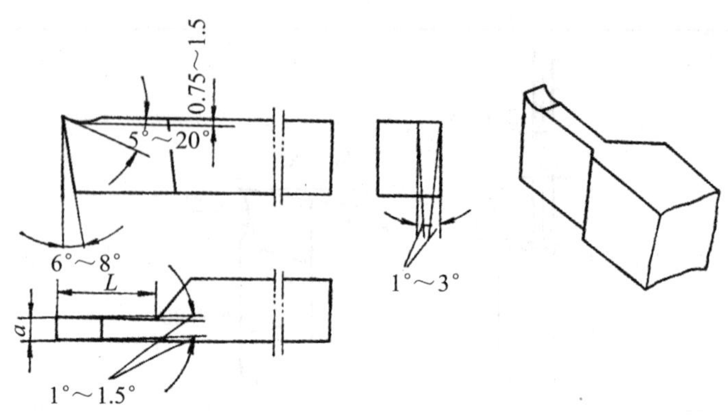

图 4-1-2 高速钢切断刀几何角度

切断刀、切槽刀的几何角度见表 4-1-2。

表 4-1-2 切断刀、切槽刀的几何角度

序号	角度名称	角度范围
1	前角	切断中碳钢：$\gamma_0=20°\sim30°$　　切断铸铁：$\gamma_0=0°\sim10°$
2	主后角	$\alpha_0=6°\sim8°$
3	主偏角	切断刀以横向进给为主：$\kappa_\gamma=90°$
4	副偏角	$\kappa_\gamma'=1°\sim1.3°$
5	副后角	$\alpha_0'=1°\sim3°$

三、 切断刀、 切槽刀刀头宽度的经验计算公式

1. 刀头宽度

刀头磨得太宽，不但浪费工件材料而且会使刀具强度降低，刀头宽度与工件直径有关，一般按经验公式计算：

$$a=(0.5\sim0.6)\sqrt{D}(\text{mm})$$

式中a——刀头宽度(mm)；

D——工件直径(mm)。

2. 刀头长度

刀头长度 L 不宜过长，否则容易引起振动和刀头折断，刀头长度 L 可按下式计算：

$$L=H+(2\sim3)(mm)$$

式中L——刀头长度(mm)；

H——切入深度：切断实心工件时，切入深度等于工件的半径；

切断空心工件时，切入深度等于工件的壁厚。

实践活动

一、 实践条件

实践条件见表 4-1-3。

表 4-1-3　实践条件

类别	名称
设备	砂轮
量具	0～150 mm 游标卡尺
工具	砂轮修整器
其他	安全防护用品

二、 实践步骤

切断刀、切槽刀刃磨的实践步骤见表 4-1-4。

表 4-1-4　切断刀、切槽刀刃磨的实践步骤

序号	步骤	操作	图示
1	实践准备	安全教育，分析图样，制定工艺	—
2	选择氧化铝砂轮和冷却液	—	—
3	刃磨左侧副后面	两手握刀，车刀前面向上，同时磨出左侧副后角和副偏角	

续表

序号	步骤	操作	图示
4	刃磨右侧副后面	两手握刀，车刀前面向上，同时磨出右侧副后角和副偏角	
5	刃磨主后面	两手握刀，车刀前面向上，同时磨出主后角	
6	刃磨前面	两手握刀，车刀前面对着砂轮磨削表面，同时磨出前角	
7	修磨刀尖圆弧	—	—
8	整理并清洁	刃磨完毕后，整理工、量具，清洁设备、场地	—

扫一扫：观看切断刀、切槽刀的刃磨的学习视频。

三、 注意事项

(1)卷屑槽不宜过深，一般宜为 0.75 mm～1.5 mm，如图 4-1-3(a)所示。卷屑槽刃磨太深，其刀头强度差，容易折断，如图 4-1-3(b)所示。更不能把前面磨低或磨成台阶形，这样会使切削时切屑流出不顺利，排屑困难，切削力增加，刀具强度相对降低易折断，如图 4-1-3(c)所示。

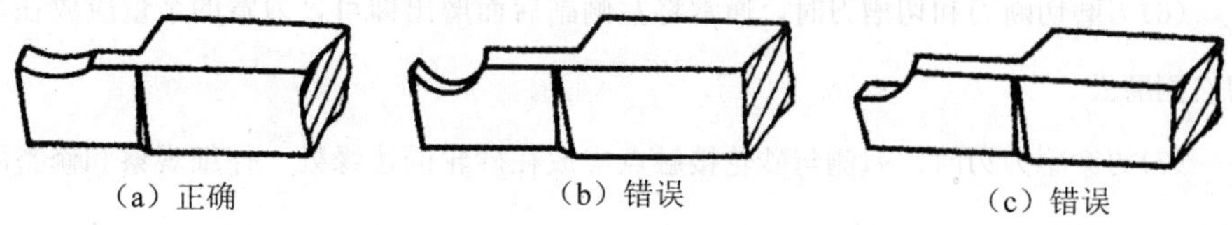

图 **4-1-3** 前角的正确与错误示意图

(2)刃磨切断刀和切槽刀的两侧副后角时，应以车刀的底面为基准，用钢直尺或90°角尺检查，如图 4-1-4(a)所示。图 4-1-4(b)副后角一侧有负值，切断时要与工件侧面摩擦。图 4-1-4(c)两侧副后角的角度太大，刀强度变差，切削时容易折断。

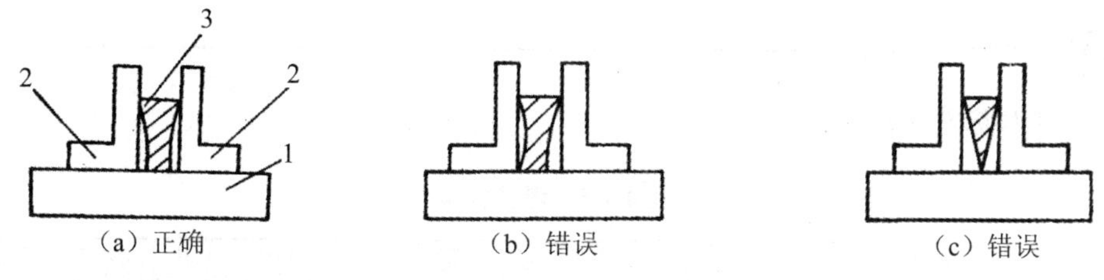

1—平板 2—90°角尺 3—切断刀

图 **4-1-4** 用 **90**°角尺检查切断刀的副后角

(3)刃磨切断刀和切槽刀的副偏角时，要防止发生下列情况：图 4-1-5(a)副偏角太大，刀头强度变差，切削时容易折断；图 4-1-5(b)副偏角负值，不能用直进法切削；图 4-1-5(c)副刀刃不平直，不能用直进法切割；图 4-1-5(d)车刀左侧磨去太多，不能切割有高台阶的工件。

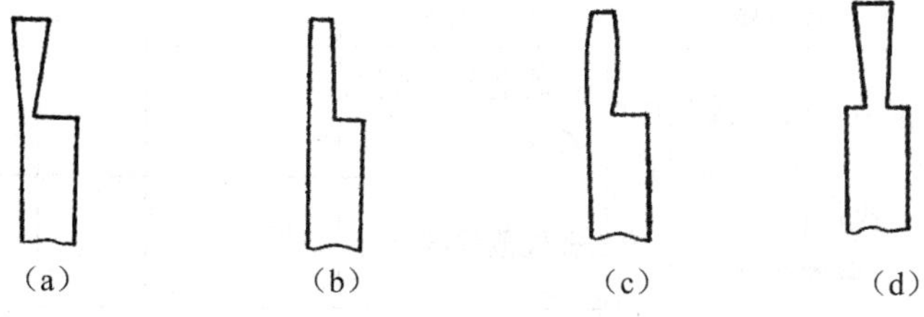

图 **4-1-5** 切断刀副偏角的几种错误磨法

(4)高速钢车刀刃磨时，要随时冷却以防退火；硬质合金刀刃磨时，不能在水中冷却，以防止刀片碎裂。

(5)硬质合金车刀，刃磨时不能用力过猛，以防刀片烧结处产生高热脱焊，使刀片脱落。

(6)刃磨切断刀和切槽刀时，通常将左侧副后面磨出即可，刀宽的余量应放在车刀右侧磨去。

(7)刃磨副刀刃时，刀侧与砂轮接触点应放在砂轮的边缘处，仔细观察和修整副刀刃的直线度。

(8)主刀刃和两侧副刀刃之间应对称和平直。

专业对话

1. 谈一谈切槽刀、切断刀各角度的作用。

2. 结合实践情况，谈一谈切槽刀、切断刀刃磨的操作要领有哪些。

任务评价

考核标准见表 4-1-5。

表 4-1-5　考核标准

序号	检测内容	检测项目	分值	要求	自测结果	得分	教师检测结果	得分
1	主观评分 B（工作内容）	主后角	10	酌情扣分				
2		副后角	10	酌情扣分				
3		主偏角	10	酌情扣分				
4		副偏角	10	酌情扣分				
5		前角	10	酌情扣分				
6		刀刃平直	10	酌情扣分				
7		刀面平整	10	酌情扣分				
8		磨刀姿势	10	酌情扣分				
9	主观评分 B（安全文明生产）	正确“两穿两戴”	10	穿戴整齐、紧扣、紧扎				
10		执行正确的安全操作规程	10	视规范程度给分				
11	主观 B 总分		100		主观 B 实际得分			
12	总体得分率				评定等级			
评分说明	1. 主观评分 B 分值为 10 分、9 分、7 分、5 分、3 分、0 分 2. 总体得分率：(B 实际得分/B 总分)×100% 3. 评定等级：根据总体得分率评定，具体为≥92%=1，≥81%=2，≥67%=3，≥50%=4，≥30%=5，<30%=6							

拓展活动

一、选择题

1. 切断刀的副后角应选(　　)。

A. 6°～8°　　B. 1°～2°

C. 12°　　D. 5°

2. 切断刀的副偏角应选(　　)。

A. 6°～8°　　B. 20°

C. 1°～1.5°　　D. 45°～60°

3. 反切断刀适用于切断(　　)。

A. 硬材料　　B. 大直径零件

C. 细长轴　　D. 软材料

4. 切断刀主切削刃太宽，切削时容易产生(　　)。

A. 弯曲　　B. 扭转

C. 刀痕　　D. 振动

5. 切断时，防止产生振动的措施是(　　)。

A. 增大前角　　B. 减小前角

C. 减小进给量　　D. 提高切削速度

二、简答题

1. 列举常用切断刀的种类。

2. 简述切断刀的各角度的范围。

任务二　外沟槽的加工

任务目标

加工如图 4-2-1 所示的零件，达到图样所规定的要求。

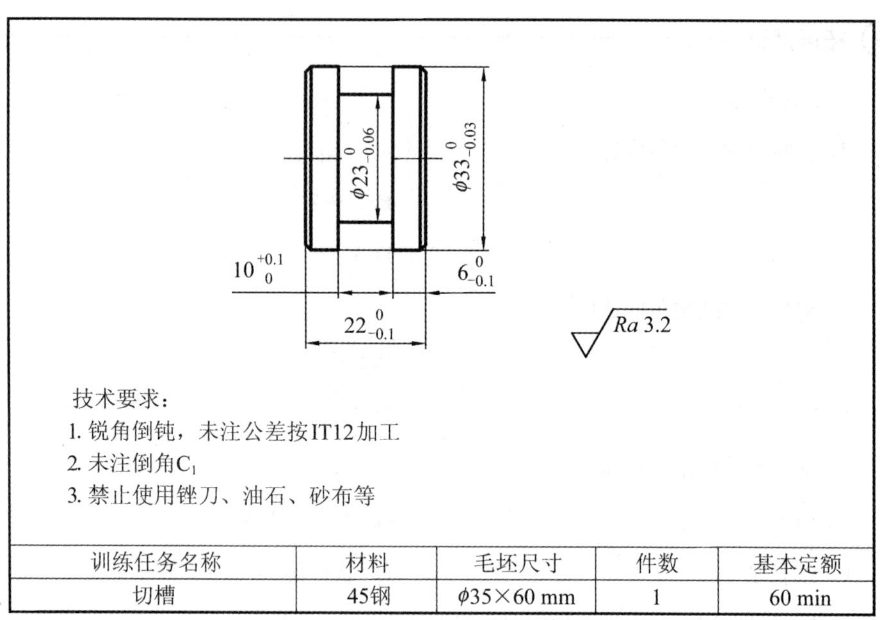

训练任务名称	材料	毛坯尺寸	件数	基本定额
切槽	45钢	φ35×60 mm	1	60 min

图 **4-2-1** 切槽

学习活动

一、 沟槽的种类

在零件上加工各种形状的槽的操作，叫作切沟槽。常见的沟槽有外沟槽、内沟槽和端面沟槽，见表 4-2-1。

表 4-2-1 沟槽的种类

序号	沟槽名称	图示
1	外沟槽	45° 45° 45° R
2	内沟槽	
3	端面沟槽	

二、 切槽加工特点

1. 切削变形大

切槽时，由于切槽刀的主切削刃和左、右副切削刃同时参加切削，切屑排出时，受到槽两侧的摩擦、挤压作用，随着切削的深入，切槽处直径逐渐减小，相对的切削速度逐渐减小，挤压现象更为严重，以致切削变形大。

2. 切削力大

由于切槽过程中切削与刀具、工件的摩擦，另外由于切槽时被切金属的塑性变形大，所以在切削用量相同的条件下，切槽时的切削力比一般车外圆的切削力大2%～5%。

3. 切削热比较集中

切槽时，塑性变形比较大，摩擦剧烈，故产生切削热也多。另外，切槽刀处于半封闭状态下工作，同时刀具切削部分的散热面积小，切削温度较高，使切削热集中在刀具切削刃上，因此会加剧刀具的磨损。

4. 刀具刚性差

通常切槽刀主切削刃宽度较窄(一般为 2 mm～6 mm)，刀头狭长，所以刀具刚性差，切槽过程中容易产生振动。

5. 排屑困难

切槽时，切屑是在狭窄的切槽内排出的，受到槽壁摩擦阻力的影响，切屑排出比较困难；并且断碎的切屑还可能卡塞在槽内，引起振动和损坏刀具。所以，切槽时要使切屑按一定的方向卷曲，使其顺利排出。

三、 切槽刀具选用

加工槽时，主切削刃宽度不能大于槽宽，主切削刃太宽会因切削力太大而振动，可以使用较窄的刀片经过多次切削加工一个较宽槽，主切削刃太窄又会削弱刀体强度。

凹槽加工刀在圆柱面上进行切槽加工时，刀以横向进给为主，前端的切削刃为主切削刃，两侧的切削刃是副切削刃。

凹槽加工刀片的类型多种各样，如图 4-2-2 中分别为凹槽加工刀片组装的左切外圆切槽刀、外圆切槽刀、右切内切槽刀、切断刀，其中切断刀和外圆切槽刀在大多数场合下可以通用。

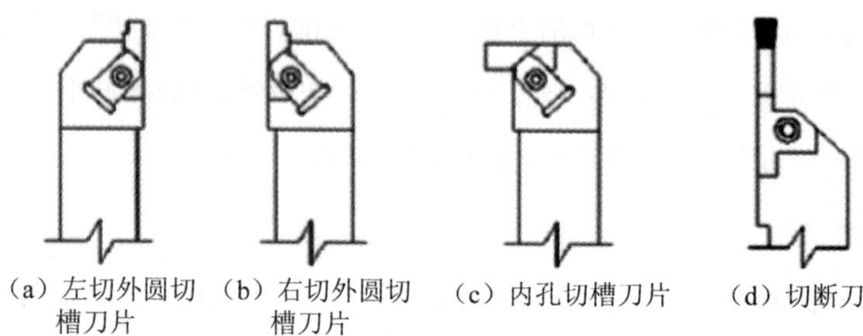

（a）左切外圆切槽刀片 （b）右切外圆切槽刀片 （c）内孔切槽刀片 （d）切断刀

图 **4-2-2** 凹槽加工刀片的类型

刀片长度要略大于槽深，刀片太长，强度较差，在选择刀具的几何参数和切削用量时，要特别注意提高切槽刀的强度问题。

切槽刀安装时，不宜伸出过长，同时装切槽刀的中心线必须与工件中心线垂直，以保证两个副偏角对称。主切削刃必须与工件中心等高。

四、 槽车削加工

1. 槽车削加工的基本方法

简单进退刀加工出来的凹槽表面质量不高，其侧面比较粗糙，其外部拐角非常尖锐且宽度取决于刀具的宽度和磨损情况。大多数的加工任务中并不能接受这样的凹槽加工结果。

在车削加工时若要得到高质量的槽，则需要分粗、精加工。用比槽宽数值要小的刀具进行粗加工，切除大部分余量，在槽侧及槽底留出的精加工余量，然后对槽侧及槽底进行精加工。

2. 简单凹槽切削加工

简单的凹槽称为窄沟槽，就是其刀片切削刃宽度等于槽宽的槽，不需要倒角，尺寸精度要求也不高，如图 4-2-3 所示。这种凹槽的加工方式较直接：快速移动刀具至起始位置并进给运动至槽深，刀片在凹槽底部做短暂的停留，然后快速退刀至起始位置，这样凹槽就完成了加工，如图 4-2-4 所示。

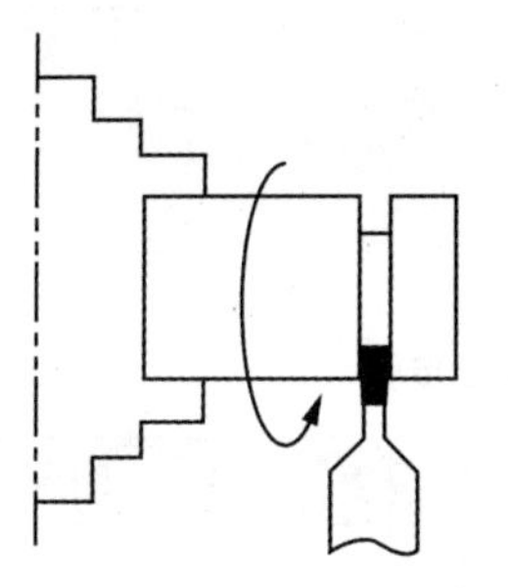

图 **4-2-3**　直沟槽车削示意

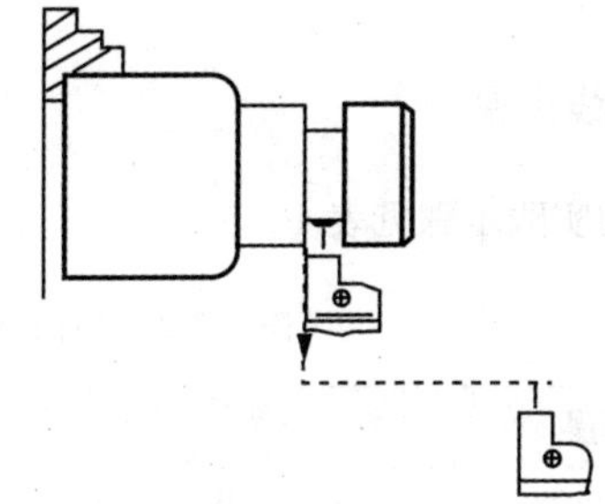

图 **4-2-4**　直沟槽进刀操作示意

3. 宽沟槽的车削加工

宽沟槽的车削加工是指槽宽度值较切断刀的刀刃宽度值要大，此时切断刀无法一次车削完成，需要分多次切削。可以用多次直进法进行车削，并在槽的两侧留有一定的精加工余量，然后根据槽深、槽宽精车至尺寸。其加工示意如图 4-2-5 所示，分别为第一次横向送进、第二次横向送进、最后一次横向送进再纵向送进精车至槽底。

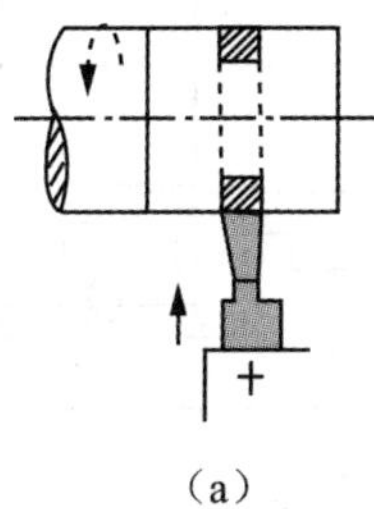

（a）

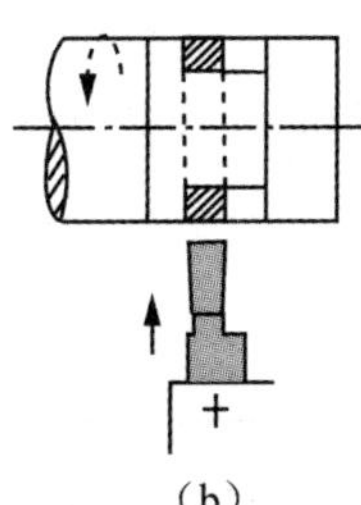

（b）

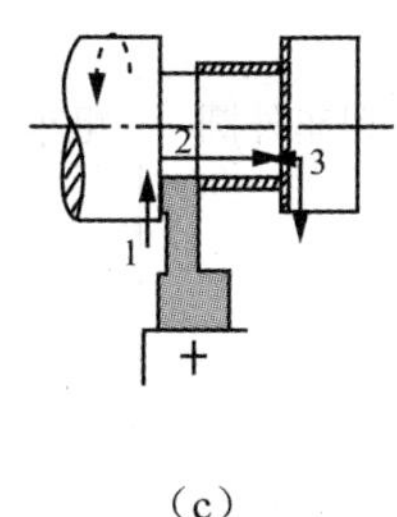

（c）

图 **4-2-5**　宽沟槽的车削加工示意图

实践活动

一、实践条件

实践条件见表 4-2-2。

表 4-2-2　实践条件

类别	名称
设备	CA6140 型卧式车床或同类型的车床
刀具	45°端面车刀，90°外圆车刀和切槽刀，切断刀(高速钢)
量具	0～25 mm、25 mm～50 mm 外径千分尺，0～150 mm 游标卡尺
工具	卡盘钥匙，刀架钥匙
其他	安全防护用品

二、 实践步骤

矩形槽的实践步骤见表 4-2-3。

表 4-2-3 矩形槽的实践步骤

序号	步骤	操作	图示
1	实践准备	安全教育，图纸分析，制定工艺	—
2	装夹工件，平端面	用三爪卡盘夹住毛坯，工件伸长 35 mm 左右，找正夹紧，平端面	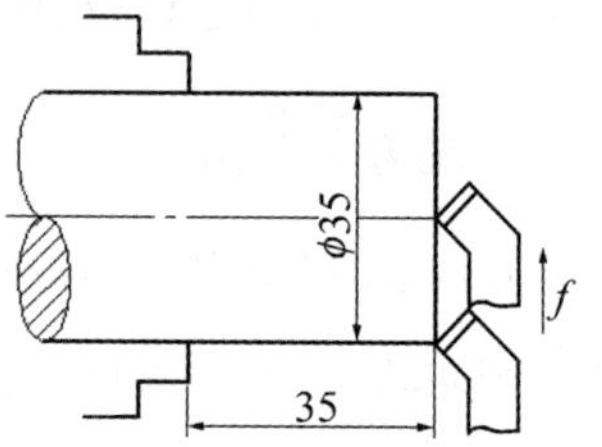 $\phi35$ f 35
3	粗车外圆	粗车外圆ϕ33.7 mm，长 28 mm	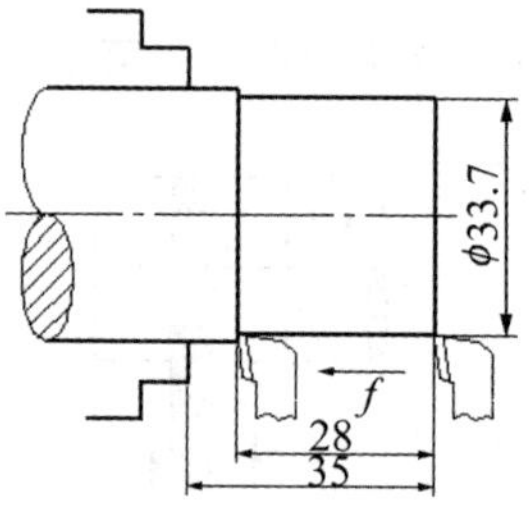 $\phi33.7$ f 28 35
4	粗切槽两侧	粗切槽两侧，保证槽深ϕ23.5 mm，长度尺寸 9.4 mm 和 6.3 mm 至尺寸要求，参考：n=200 r/min，手动进给	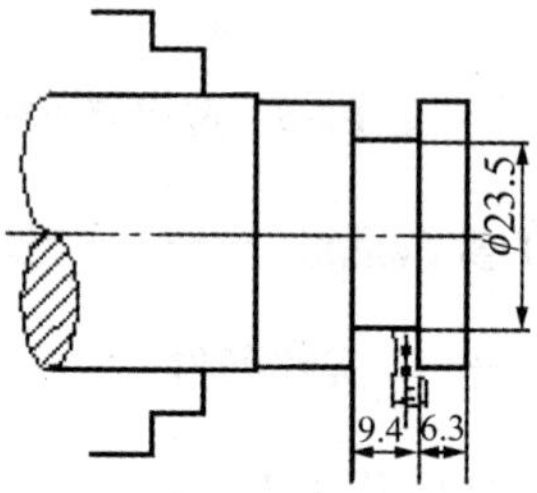 $\phi23.5$ 9.4 6.3
5	精切槽两侧	精切槽两侧，保证槽宽 $10^{+0.1}_{0}$ mm 以及长度尺寸 $6_{-0.1}^{0}$ mm 至尺寸要求，参考：n = 100 r/min，f = 0.12 mm/r	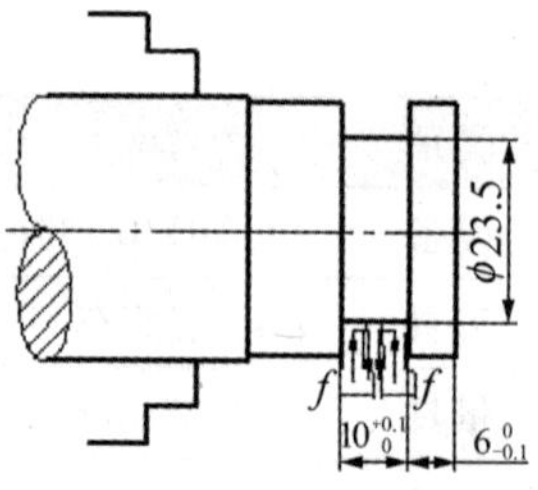 $\phi23.5$ f f $10^{+0.1}_{0}$ $6_{-0.1}^{0}$

续表

序号	步骤	操作	图示
6	精切槽底	精切槽底，保证槽深ϕ23 mm 至尺寸要求，参考：n=100 r/min、f=0.12 mm/r	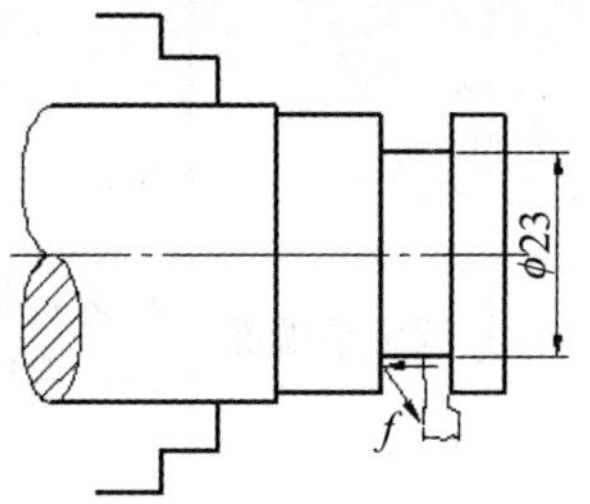 ϕ23 f
7	精车外圆	精车外圆，保证外圆$\phi 33_{-0.03}^{0}$ mm 至尺寸要求	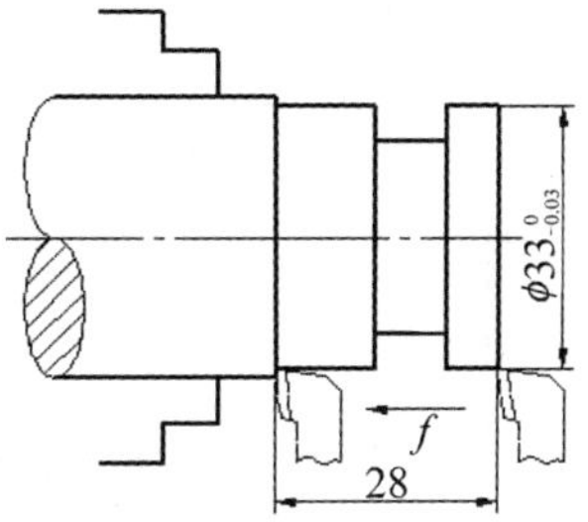 $\phi 33_{-0.03}^{0}$ f 28
8	倒角与去毛刺	倒角 1×45°，以及去毛刺	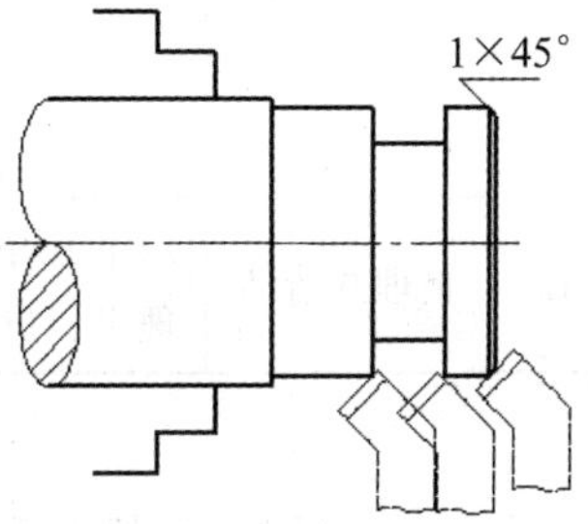 1×45°
9	切断	切断工件，保证长度 22.5 mm，参考：转速 200 r/min、手动进给	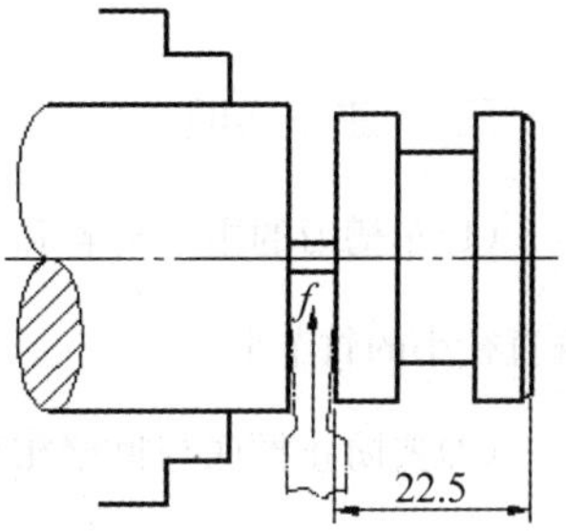 f 22.5

续表

序号	步骤	操作	图示
10	调头平端面	调头，找正夹紧后，粗、精车端面，保证总长 $22_{-0.1}^{0}$ mm	
11	倒角	倒角 1×45°	
12	整理并清洁	加工完毕后，正确放置零件，整理工、量具，清洁机床工作台	—

扫一扫：观看车削矩形槽的学习视频。

三、 注意事项

(1)车槽刀的主刀刃若和工件的轴心不平行，则车出的沟槽呈一侧直径大，另一侧直径小的竹节形。

(2)要防止槽底与槽壁相交处出现圆角和槽底中间尺寸小、靠近槽壁两侧尺寸大的现象。

(3)槽壁与中心线不垂直，出现内槽狭窄、外口大的喇叭形，造成这种现象的主要原因包括刀刃磨钝让刀、车刀刃磨角度不正确和车刀装夹不垂直。

(4)槽壁与槽底产生小台阶的主要原因是接刀不正确。

(5)用接刀法车沟槽时，注意各条槽距。

(6)要正确使用游标卡尺、样板、塞规测量沟槽。

(7)合理选用转速和进给量。

(8)正确使用切削液。

专业对话

1. 谈一谈切断刀副偏角不对称对切槽产生的影响有哪些。

2. 结合自己实训情况，分析如何保证切槽时轴向尺寸和径向尺寸的精度。

任务评价

考核标准见表 4-2-4。

表 4-2-4　考核标准

序号	检测内容	检测项目	分值	检测量具	自测结果	得分	教师检测结果	得分
1	客观评分 A（主要尺寸）	$\phi 33_{-0.03}^{0}$	10					
2		$\phi 23_{-0.06}^{0}$	10					
3		$10_{0}^{+0.1}$	10					
4		$6_{-0.1}^{0}$	10					
5		$22_{-0.1}^{0}$	10					
6		C1	10					
7	客观评分 A（几何公差与表面质量）	Ra 3.2	10					
8	主观评分 B（设备及工、量、刃具的维修使用）	工、量、刃具的合理使用与保养	10					
9		车床的正确操作	10					
10		车床的正确润滑	10					
11		车床的正确保养	10					
12	主观评分 B（安全文明生产）	执行正确的安全操作规程	10					
13		正确“两穿两戴”	10					

续表

序号	检测内容	检测项目	分值	检测量具	自测结果	得分	教师检测结果	得分
14	客观 A 总分		70		客观 A 实际得分			
15	主观 B 总分		60		主观 B 实际得分			
16	总体得分率 AB				评定等级			
评分说明	1. 评分由客观评分 A 和主观评分 B 两部分组成，其中客观评分 A 占 85%，主观评分 B 占 15% 2. 客观评分 A 分值为 10 分、0 分，主观评分 B 分值为 10 分、9 分、7 分、5 分、3 分、0 分 3. 总体得分率 AB：(A 实际得分×85%+B 实际得分×15%)/(A 总分×85%+B 总分×15%)×100% 4. 评定等级：根据总体得分率 AB 评定，具体为 AB≥92%=1，AB≥81%=2，AB≥67%=3，AB≥50%=4，AB≥30%=5，AB<30%=6							

拓展活动

加工如图 4-2-6 所示的零件，达到图样所规定的要求。

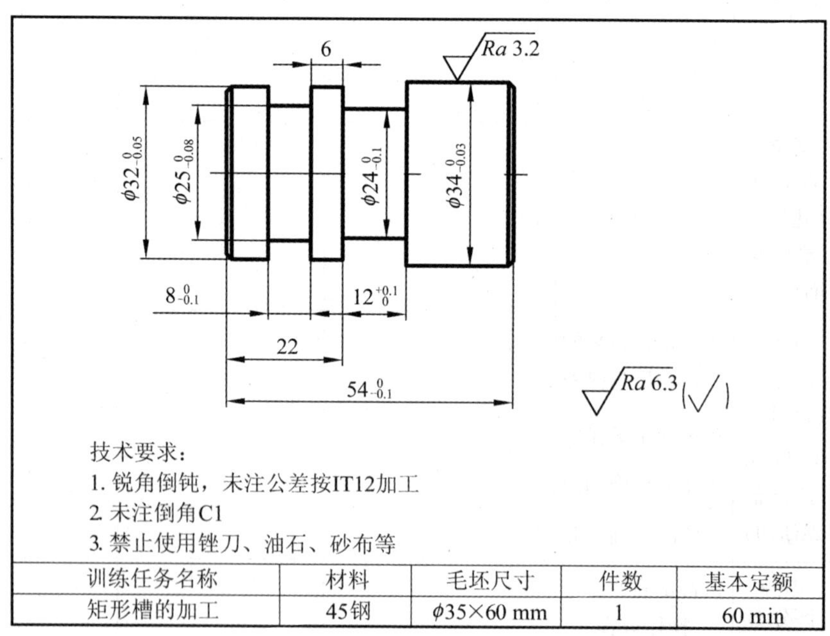

图 4-2-6 矩形槽的加工

任务三　外三角形螺纹车刀的刃磨

任务目标

刃磨如图 4-3-1 所示的外螺纹车刀，达到图样所规定的要求。

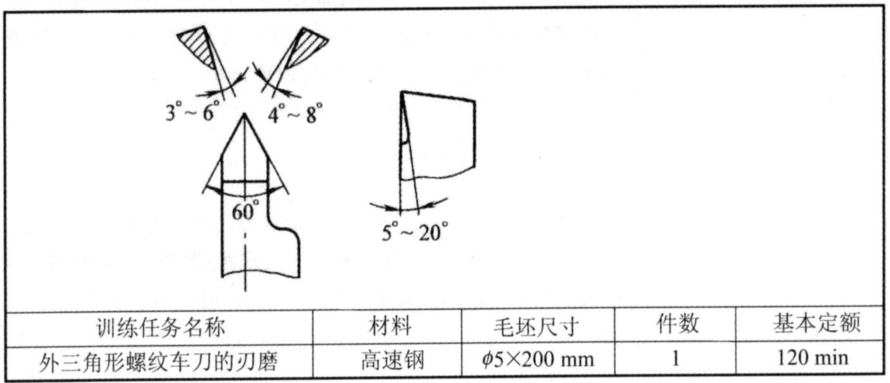

训练任务名称	材料	毛坯尺寸	件数	基本定额
外三角形螺纹车刀的刃磨	高速钢	ϕ5×200 mm	1	120 min

图 4-3-1　外三角形螺纹车刀的刃磨

学习活动

一、螺纹车刀的常用材料

一般情况下，螺纹车刀切削部分的常用材料主要有高速钢和硬质合金两种。一般的选用原则见表 4-3-1。

表 4-3-1　螺纹车刀切削部分材料的选择原则

类别	高速钢	硬质合金
根据选择的主轴转速选刀具	低速切削	高速切削
根据加工工件的材料选刀具	有色金属、铸钢、橡胶等	钢件

二、三角形螺纹车刀的几何角度

三角形螺纹车刀在刃磨时主要考虑的车刀角度有刀尖角 ε、前角 γ_0 和后角 α_0。螺纹车刀主要角度的初步选择可以参考表 4-3-2 进行。

表 4-3-2 螺纹车刀刀具几何角度的初步选择

角度名称	角度符号	初步选择
刀尖角	ε	1. 刀尖角应等于牙型角 2. 车普通螺纹时刀尖角为 60°，车英制螺纹时刀尖角为 55°
前角	γ_0	1. 高速钢三角形螺纹车刀粗加工时，前角一般取 5°～15°，因为螺纹车刀的纵向前角对牙型角有很大影响，所以精车时或精度要求高的螺纹，径向前角可以取得小一些，一般取0°～5° 2. 硬质合金钢三角形螺纹车刀粗加工时，前角一般取 0°～5°，而精加工时一般取前角为 0°左右
后角	α_0	1. 一般取 5°～10°，实际生产时经常刃磨成 6°左右 2. 因受螺纹升角的影响，在加工大螺距（P>2 mm）螺纹时，进刀方向一面的后角应磨得稍大一些，刃磨角度值为后角 α_0 加上螺旋升角 ψ。但大直径、小螺距的三角形螺纹，这种影响可忽略不计 3. 车削材料较硬时，也可以在车刀两侧切削刃上磨出 0.2 mm 左右的倒棱

三、 三角形螺纹车刀的刃磨

1. 刃磨要求

(1)根据粗、精车的要求以及刀具材料的不同，刃磨出合理的前、后角。粗车刀前角大、后角小，精车刀则相反。高速钢车刀的前角大，硬质合金钢的前角小。

(2)车刀的左、右刀刃必须是直线，无崩刃。

(3)刀头不歪斜，牙型半角相等。

2. 刀尖角的刃磨和检查

由于螺纹车刀刀尖角要求高、刀头体积小，因此刃磨起来比一般车刀困难。在刃磨高速钢螺纹车刀时，若感到发热烫手，必须及时用水冷却，否则容易引起刀尖退火；刃磨硬质合金车刀时，应注意刃磨顺序，一般是先将刀头后面适当粗磨，随后再精磨两侧面，以免产生刀尖爆裂。在精磨时，应注意防止压力过大而震碎刀片，同时要防止刀具在刃磨时骤冷而损坏刀具。

为了保证磨出准确的刀尖角，在刃磨时可用螺纹角度样板测量，如图 4-3-2 所示。测量时把刀尖角与样板贴合，对准光源，仔细观察两边贴合的间隙，并进行修磨。

图 **4-3-2**　螺纹角度样板

对于具有纵向前角的螺纹车刀可以用一种厚度较厚的特制螺纹样板来测量刀尖角，如图 4-3-3 所示。测量时样板应与车刀底面平行，用透光法检查，这样量出的角度近似等于牙型角。

3. 三角形螺纹车刀的检测方法

螺纹车刀的刀尖角 ε 可以采用图 4-3-3 所示的螺纹样板进行检测，主、副后角和前角可以通过目测的方法进行简单的测量。但加工大螺距($P>2$ mm)螺纹时，主后角角度值必须进行较精确的测量，可以采用角度尺进行精确的测量。

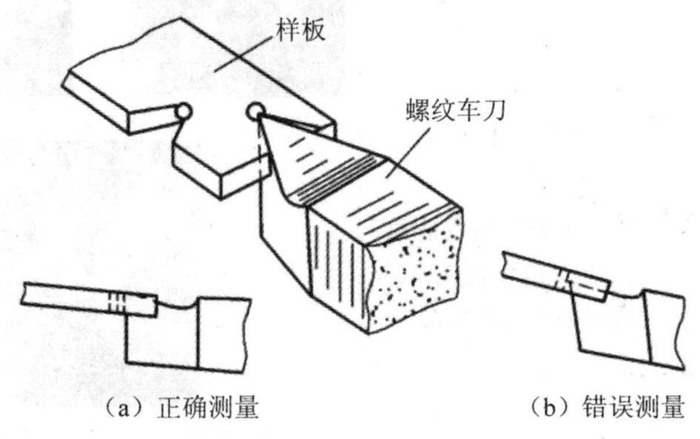

（a）正确测量　　（b）错误测量

图 **4-3-3**　用特制螺纹样板修正法

实践活动

一、实践条件

实践条件见表 4-3-3。

表 4-3-3　实践条件

类别	名称
设备	砂轮机
量具	螺纹样板
工具	砂轮修整器、自来水、油石等
其他	安全防护用品

二、 实践步骤

实践步骤见表 4-3-4。

表 4-3-4　外三角形螺纹车刀的刃磨的实践步骤

序号	步骤	操作	图　示
1	实践准备	安全教育，分析图样，制定工艺	—
2	磨主、副后刀面	粗磨主、副后刀面	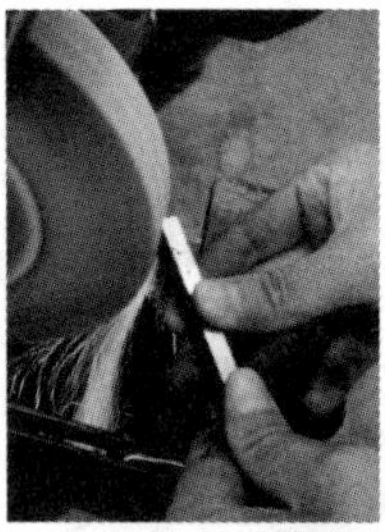 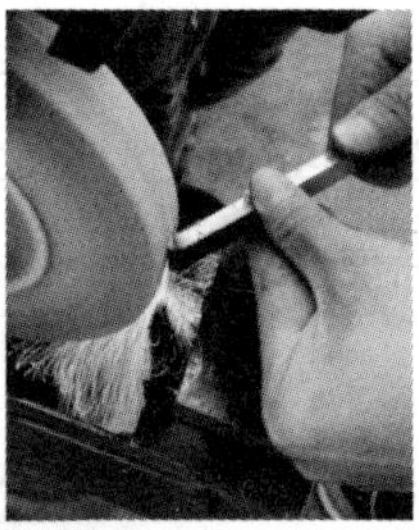
3	磨前刀面及前角	粗、精磨前面或前角，保证前角角度为 15°，这时刀头基本成形	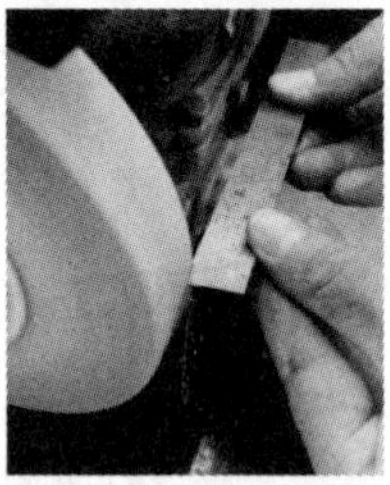
4	角度样板检查	检查外三角螺纹车刀的牙型角，保证其角度正确	

续表

序号	步骤	操作	图　示
5	刀尖角修正	精磨主、副后面，刀尖角用样板检查修正	
6	整理并清洁	刃磨完毕后，整理工、量具，清洁设备、场地	—

三、 注意事项

(1)车刀刃磨时，不能用力过大，以防打滑伤手。

(2)车刀高低必须控制在砂轮水平中心，刀头略向上翘，否则会出现后角过大或负后角等弊端。

(3)车刀刃磨时应做水平方向的左右移动，以免砂轮表面出现凹坑。

(4)在平形砂轮上磨刀时，尽可能避免磨砂轮侧面。

(5)磨刀时要求戴防护镜。女生把头发梳起来，戴帽子，并把头发放到帽子里。

(6)刃磨硬质合金车刀时，不可把刀头部分放入水中冷却，以防刀片突然冷却而碎裂，而在刃磨高速钢车刀时，应及时用水冷却，以防车刀过热退火，降低硬度。

(7)在磨刀前，要对砂轮机的防护设施进行检查。

(8)结束后，应随手关闭砂轮机电源。

扫一扫：观看刃磨外三角螺纹车刀的学习视频。

专业对话

1. 谈一谈外螺纹车刀纵向前角对刀尖角的影响。

2. 简述高速钢螺纹车刀与硬质合金螺纹车刀各自的特点。

任务评价

考核标准见表 4-3-5。

表 4-3-5 考核标准

序号	检测内容	检测项目	分值	评分标准	自测结果	得分	教师检测结果	得分
1	主观评分 B（工作内容）	主后角	10	酌情扣分				
2		副后角	10	酌情扣分				
3		刀尖角	10	酌情扣分				
4		前角	10	酌情扣分				
5		刀刃平直	10	酌情扣分				
6		刀面平整	10	酌情扣分				
7		磨刀姿势	10	酌情扣分				
8	主观评分 B（安全文明生产）	正确“两穿两戴”	10	穿戴整齐、紧扣、紧扎				
9		执行正确的安全操作规程	10	视规范程度给分				
10	主观 B 总分		90		主观 B 实际得分			
11	总体得分率				评定等级			
评分说明	1. 主观评分 B 分值为 10 分、9 分、7 分、5 分、3 分、0 分 2. 总体得分率：(B 实际得分/B 总分)×100% 3. 评定等级：根据总体得分率评定，具体为≥92%＝1，≥81%＝2，≥67%＝3，≥50%＝4，≥30%＝5，<30%＝6							

拓展活动

一、选择题

1. 高速钢三角螺纹车刀的刀尖角为(　　)。

A. 59°　　B. 60°

C. 59.5°　　D. 55°

2. 用厚度较厚的螺纹样板测具有纵向前角的车刀的刀尖角时，样板应(　　)放置。

A. 水平　　B. 平行于车刀切削刃

C. 平行工件轴线　　D. 平行于车刀底平面

3. 安装螺纹车刀时，车刀刀尖的对称中心线与（　　）必须垂直，否则车出的牙形歪斜。

A. 顶尖　　　　B. 工件轴线　　　　C. 螺纹大径　　　　D. 端面

二、简答题

螺纹升角对刀具副后角的影响有哪些？

任务四　外三角形螺纹的加工

任务目标

加工如图 4-4-1 所示的零件，达到图样所规定的要求。

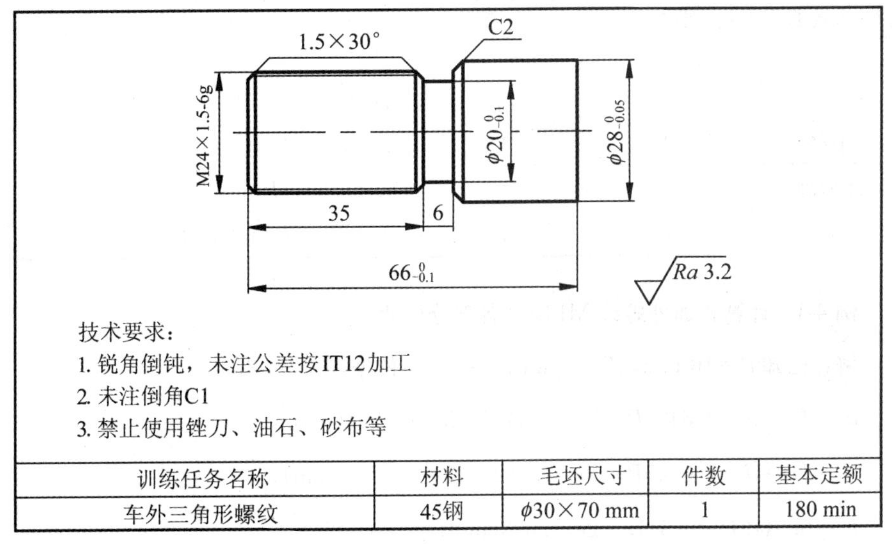

技术要求：
1. 锐角倒钝，未注公差按IT12加工
2. 未注倒角C1
3. 禁止使用锉刀、油石、砂布等

训练任务名称	材料	毛坯尺寸	件数	基本定额
车外三角形螺纹	45钢	ϕ30×70 mm	1	180 min

图 4-4-1　车外三角形螺纹

学习活动

一、普通螺纹的牙型和基本尺寸计算

普通螺纹是应用最为广泛的一种三角形螺纹，它有粗牙和细牙之分。当公称直径相同时，细牙普通螺纹比粗牙普通螺纹的螺距小，但粗牙普通螺纹的螺距不直接标注。普通螺纹的基本牙型如图 4-4-2 所示，尺寸计算见表 4-4-1。

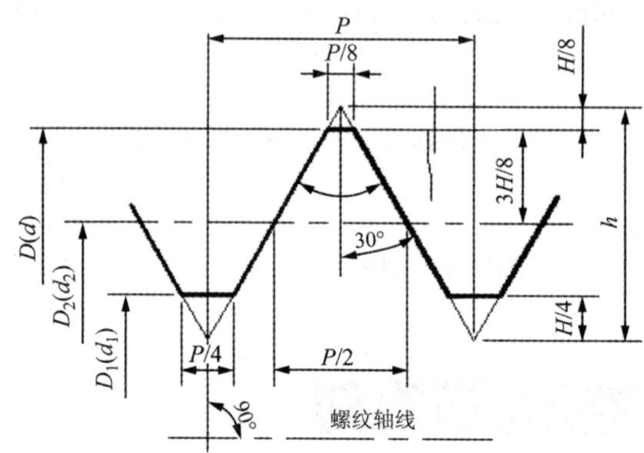

图 4-4-2　普通螺纹的牙型

表 4-4-1　普通螺纹基本参数的计算公式

基本参数	外螺纹	内螺纹	计算公式
牙型角	α		$\alpha=60°$
公称直径	d	D	$d=D$
中径	d_2	D_2	$d_2=D_2=d-0.6495P$
牙型高	h_1		$h_1=0.5413P$
小径	d_1	D_1	$d_1=D_1=d-1.0825P$

例 4-1　计算普通外螺纹 M16×2 各部分尺寸。

解：已知 $d=16$ mm，$P=2$ mm，$\alpha=60°$，依据表 4-4-1 有，

$d_2=D_2=d-0.6495P=16-0.6495\times2=14.701(\text{mm})$，

$d_1=D_1=d-1.0825P=16-1.0825\times2=13.835(\text{mm})$，

$h_1=0.5413P=0.5413\times2\approx1.083(\text{mm})$。

二、 螺纹车刀的装夹

三角形螺纹的特点是螺距小、螺纹长度短。其基本要求是，螺纹轴向剖面必须正确、两侧表面粗糙度小；中径尺寸符合精度要求；螺纹与工件轴线保持同轴。

装夹螺纹车刀时，刀尖应安装在与工件轴心线等高的位置上(可根据尾座顶尖高度检查)。

车刀刀尖的对称中心线必须与工件轴心线垂直，装刀时可以用螺纹角度样板来对刀，如图 4-4-3 所示。

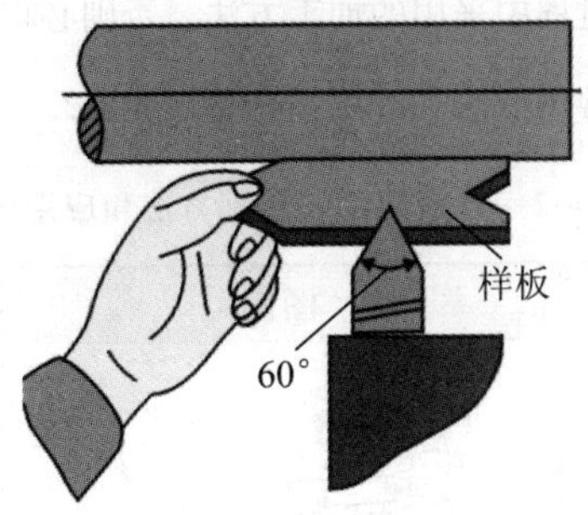

图 **4-4-3**　外螺纹车刀的位置

刀头伸出的长度不宜过长，以免降低车刀的刚性，一般取值为 20 mm～25 mm（约为刀杆厚度的 1.5 倍）。

三、 车螺纹时车床的调整

1. 传动比的计算

图 4-4-4 为 CA6140 型卧式车床车螺纹时的传动示意图。当工件旋转一周时，车刀必须沿工件轴线方向移动一个螺纹的导程 nP_g。在一定时间内，车刀的移动距离等于工件转数 n_g 与工件螺纹导程 nP_g 的乘积，也等于丝杆转数 n_s 与丝杆螺距 P_s 的乘积。即，

$$n_g \times nP_g = n_s P_s$$

$$i = \frac{n_s}{n_g} = \frac{nP_g}{P_s}$$

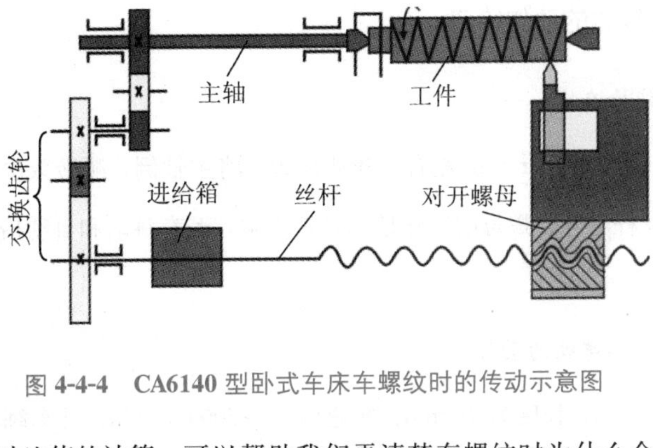

图 **4-4-4**　**CA6140** 型卧式车床车螺纹时的传动示意图

通过对传动比值的计算，可以帮助我们弄清楚车螺纹时为什么会产生乱牙的现象。当丝杆转一转时，工件未转过整数转是产生乱牙的主要原因。丝杆和工件导程之

间的关系决定了螺纹加工过程中采用的加工方法，否则必将在螺纹的加工过程中导致事故的发生。螺纹加工的常用方法和应用场合见表 4-4-2。

表 4-4-2　普通螺纹的车削方法和应用场合

序号	螺纹车削方法	图例	应用场合及特点
1	开合螺母法车螺纹		当丝杆的导程是工件导程的整数倍时，我们可以采用开合螺母法车螺纹，既节省加工时间，又提高加工效率
2	开倒顺车法车螺纹		当丝杆杆程不是工件导程的整数倍时，可以采用开倒顺车法车螺纹，该方法可以避免乱牙现象的发生

2. 调整滑板间隙

调整中、小滑板镶条时，不能太紧，也不能太松。太紧了，摇动滑板费力，操作不灵活；太松了，车螺纹时容易产生“扎刀”。顺时针方向旋转小滑板手柄，可消除小滑板丝杆与螺母的间隙。

四、 车螺纹时的动作练习

1. 机床性能检查

选择主轴转速为 200 r/min 左右，开动车床，将主轴倒、顺转数次，然后合上开合螺母，检查丝杆与开合螺母的工作情况是否正常，若有跳动和自动抬闸现象，必须消除。

2. 空刀练习车螺纹的动作

选择螺距 2 mm，长度为 25 mm，转速(165～200) r/min。开车练习开合螺母的分合动作(图 4-4-5)，先退刀，后提起开合螺母，动作要协调。

（a）压下开合螺母

（b）提起开合螺母

图 **4-4-5**　开合螺母的提起与压下动作练习

3. 螺纹车削加工

螺纹车削加工过程见表 4-4-3。

表 **4-4-3**　螺纹车削加工过程

序号	普通螺纹车削加工过程描述	加工过程图示表达
1	开车，使车刀与工件轻微接触，将中拖板刻度盘对准“0”位，向右退出车刀(便于切削加工时的刻度记忆)	
2	合上开合螺母，在工件表面车出一条螺旋线，横向退出车刀，停车	
3	开反车使车刀退到工件右端；停车，用钢皮尺检查螺距是否准确	
4	利用中拖板刻度盘调整切深；开车切削，车削钢料时加冷却润滑液	
5	车刀将至行程终了时，应做好退刀停车准备；先快速退出车刀，然后停车，开反车将刀具退至工件右端(动作熟练之后，当车刀刀尖离开工件之后，可以迅速横向退刀，直接开反车退刀至工件右端)	
6	再次横向切入，继续切削，切削过程如图所示；精加工牙侧面时，降低主轴转速，进行车削；完成一次循环之后可以用螺纹止通规进行检测，直到通规顺利通过，止规止住为止	快速退出　开车切削　开反车返回　进刀

4. 车无退刀槽的钢件螺纹

(1)车钢件螺纹的车刀：一般选用高速钢车刀。为了排屑顺利，磨有纵向前角。

(2)车削方法：采用左右切削法或斜进法，如图 4-4-6 所示。

车螺纹时，除了用中滑板刻度控制车刀的径向进给外，同时使用小滑板的刻度，使车刀左、右微量进给(图 4-4-6)。采用左右切削法时，要合理分配切削余量。粗车时亦可用斜进法(图 4-4-7)，顺走刀一个方向偏移。一般每边留精车余量 0.2 mm～0.3 mm。精车时，为了使螺纹两侧面都比较光洁，当一侧面车光以后，再将车刀偏移到另一侧面车削。两面均车光后，再将车刀移至中间，用直进法把牙底车光，保证牙底清晰。精车使用较低的主轴转速(n<30 r/min)和较小的进刀深度(a_p<0.1 mm)。粗车时 n=(80～100)r/min，a_p=0.15 mm～0.3 mm。

这种切削方法操作较复杂，偏移的走刀量要适当，否则会将螺纹车乱或牙顶车尖。它适用于低速切削螺距大于 2 mm 的塑性材料。由于车刀用单刃切削，所以不容易产生扎刀现象。在车削过程中亦可用观察法控制左、右微量进给。当排出的切屑很薄时(像锡箔一样，如图 4-4-7 所示)，车出的螺纹表面粗糙度就会很小。

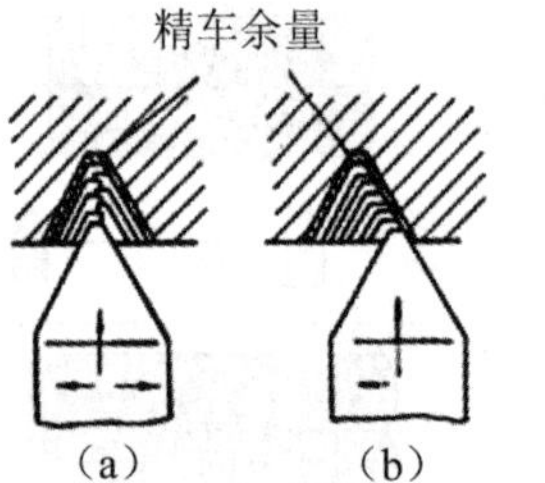

图 **4-4-6** 进给方法图

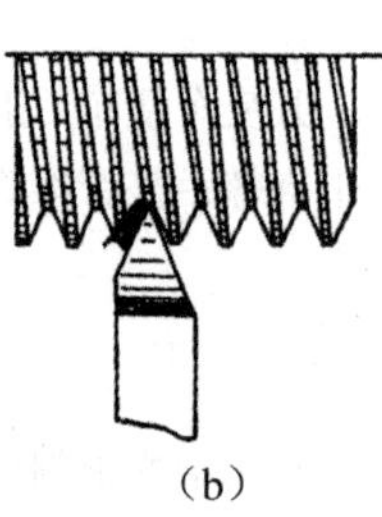

图 **4-4-7** 切屑排出情况

(3)乱牙及其避免方法：使用按、提开合螺母车螺纹时，应首先确定被加工螺纹的螺距是否乱牙，如乱牙，则采用倒顺车法。即使用操纵杆正反切削。

(4)切削液：低速车削时必须加乳化液。

5. 车有退刀槽的螺纹

车有退刀槽有很多螺纹，由于工艺和技术上的要求，须有退刀槽。退刀槽的直径应小于螺纹小径(便于拧螺母)，槽宽为 2～3 个螺距。车削时车刀移至槽中即退刀，并提开合螺母或开倒车。

五、 螺纹的检测

普通车削螺纹时，应根据不同的质量要求和生产批量的大小，相应地选择不同的检测方法(表 4-4-4)。

表 4-4-4　螺纹的检测方法

螺纹的检测方法	检测项目	检测工、量具	测量过程说明
单项测量法	螺纹大径的测量		一般用游标卡尺或千分尺测量；精度要求较高时一般均采用千分尺进行测量
	螺距或导程的测量		螺纹试切加工时，我们在工件的表面划出一条很浅的螺旋线，使用钢直尺或螺纹样板测量螺距或导程；车削螺纹后螺距或导程的测量同样可以采用此种方法
	螺纹中径的测量		三角形螺纹的中径可以用螺纹千分尺测量，其测量头有60°和55°两套，测量时可根据实际需要进行测量头的选择，但必须在测量前对千分尺进行校“0”工作；测量时，根据螺纹牙型角相同的上下两个测量头正好卡在螺纹的牙侧上，因此其所测得的千分尺读数就是该螺纹的中径实际尺寸；螺纹千分尺的测量误差较大，为 0.1 mm 左右，一般用来测量精度不高、螺距为 0.4 mm～6 mm 的三角形螺纹

续表

螺纹的检测方法	检测项目	检测工、量具	测量过程说明
综合测量法	螺纹环规综合测量	M16×2 螺纹环规 止 M16×2 过 螺纹塞规	螺纹环规主要用来检测外螺纹，螺纹塞规主要用来检测内螺纹，用螺纹环规综合检查三角形外螺纹；首先应对螺纹的直径、螺距、牙形和粗糙度进行检查，然后再用螺纹环规测量外螺纹的尺寸精度；如果环规通端拧进去，而止端拧不进，说明螺纹精度合格；对精度要求不高的螺纹也可用标准螺母检查，以拧上工件时是否顺利和松动的感觉来确定；检查有退刀槽的螺纹时，环规应通过退刀槽与台阶平面靠平来确定

实践活动

一、 实践条件

实践条件见表 4-4-5。

表 4-4-5 实践条件

类别	名称
设备	CA6140 型卧式车床或同类型的车床
量具	0～150 mm 游标卡尺，0～25 mm、25 mm～50 mm 千分尺，螺纹样板，M24×1.5—6g 螺纹环规
刀具	90°外圆车刀，外切槽刀，外螺纹车刀
工具	卡盘钥匙，刀架钥匙
其他	安全防护用品

二、 实践步骤

外三角形螺纹零件的加工的实践步骤见表 4-4-6。

表 4-4-6　外三角形螺纹零件的加工的实践步骤

序号	步　骤	操　作	图　示
1	实践准备	安全教育，分析图样，制定工艺	—
2	装夹工件，粗、精车外圆	找正并装夹工件。粗、精车工件外圆，保证尺寸ϕ28×32 mm左右	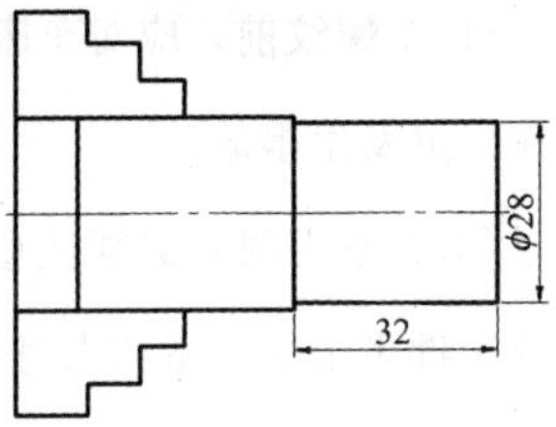 ϕ28 32
3	掉头装夹，粗精车外圆	掉头装夹ϕ28 外圆，粗、精车外圆ϕ23.80×(35～41)mm	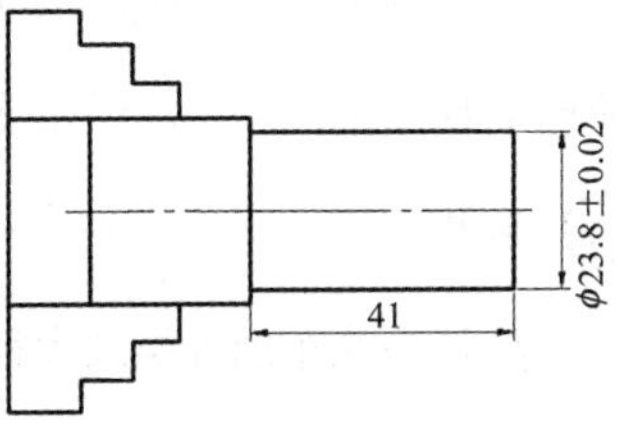 ϕ23.8±0.02 41
4	车退刀槽	粗、精车切退刀槽ϕ20×6 mm	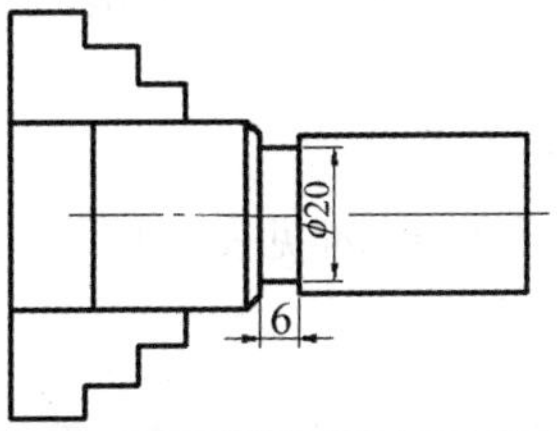 ϕ20 6
5	倒角	ϕ23.80×35 mm 阶台轴两端倒角 1.5×30°，倒 C2 倒角	—
6	按进给箱铭牌上标注的螺距调整手柄相应位置	—	—
7	车螺纹	粗、精车普通螺纹 M24×1.5－6g，符合图样要求 参考：粗车 n＝(45～56) r/min、a_p＝0.2 mm～0.5 mm、f 为螺距；精车 n＝(14～28) r/min、a_p＝0.02 mm～0.05 mm、f 为螺距	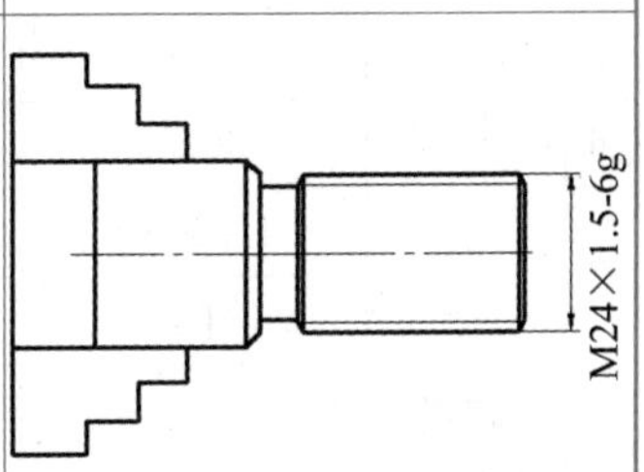 M24×1.5-6g
8	检验	使用螺纹环规进行检测	—
9	整理并清洁	加工完毕后，正确放置零件，整理工、量具，清洁机床工作台	—

扫一扫：观看车削外三角螺纹的学习视频。

三、 注意事项

(1)车螺纹前，应对车床的倒车操作机构与开和螺母等进行仔细的检查，以防止操作失灵发生事故。

(2)在吃刀时，必须注意中拖板不要多摇进一圈，否则会发生车刀撞坏、工件顶弯或工件飞出等设备和人身事故。

(3)不能用手去摸螺纹表面，更不能用纱头或揩布去擦正在回转的螺纹(特别是直径较小的内螺纹)，以防手指卷入孔内而折断。

专业对话

1. 谈一谈车削外螺纹大径为什么比公称直径小。

2. 结合自己实训情况，分析车削螺纹产生乱牙的原因。

任务评价

考核标准见表 4-4-7。

表 4-4-7　考核标准

序号	检测内容	检测项目	分值	检测量具	自测结果	得分	教师检测结果	得分
1	客观评分 A（主要尺寸）	M24×1.5−6g	10					
2		$\phi20_{-0.1}^{0}$	10					
3		$\phi28_{-0.05}^{0}$	10					
4		6	10					
5		35	10					
6		$66_{-0.1}^{0}$	10					
7		1.5×30°	10					
		C2	10					
8	客观评分 A（几何公差与表面质量）	*Ra* 3.2	10					

续表

序号	检测内容	检测项目	分值	检测量具	自测结果	得分	教师检测结果	得分
9	主观评分B（设备及工、量、刃具的维修使用）	工、量、刃具的合理使用与保养	10					
10		车床的正确操作	10					
11		车床的正确润滑	10					
12		车床的正确保养	10					
13	主观评分B（安全文明生产）	执行正确的安全操作规程	10					
14		正确“两穿两戴”	10					
15	客观A总分		90		客观A实际得分			
16	主观B总分		60		主观B实际得分			
17	总体得分率AB				评定等级			
评分说明	1. 评分由客观评分A和主观评分B两部分组成，其中客观评分A占85%，主观评分B占15% 2. 客观评分A分值为10分、0分，主观评分B分值为10分、9分、7分、5分、3分、0分 3. 总体得分率AB：(A实际得分×85%+B实际得分×15%)/(A总分×85%+B总分×15%)×100% 4. 评定等级：根据总体得分率AB评定，具体为AB≥92%=1，AB≥81%=2，AB≥67%=3，AB≥50%=4，AB≥30%=5，AB<30%=6							

拓展活动

加工如图4-4-8所示的零件，达到图样所规定的要求。

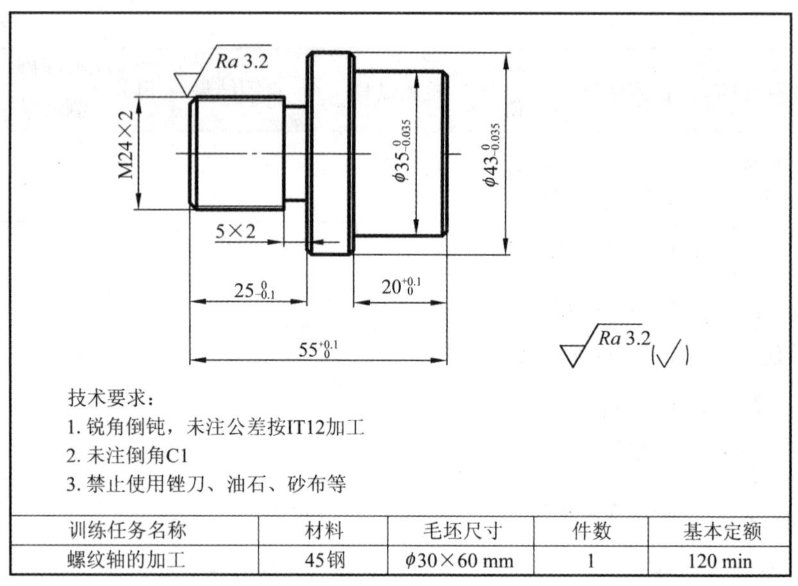

技术要求：
1. 锐角倒钝，未注公差按IT12加工
2. 未注倒角C1
3. 禁止使用锉刀、油石、砂布等

训练任务名称	材料	毛坯尺寸	件数	基本定额
螺纹轴的加工	45钢	$\phi30\times60$ mm	1	120 min

图 **4-4-8**　螺纹轴的加工

任务五　千斤顶螺旋杆的加工

任务目标

加工如图 4-5-1 所示的螺旋杆，达到图样所规定的要求。

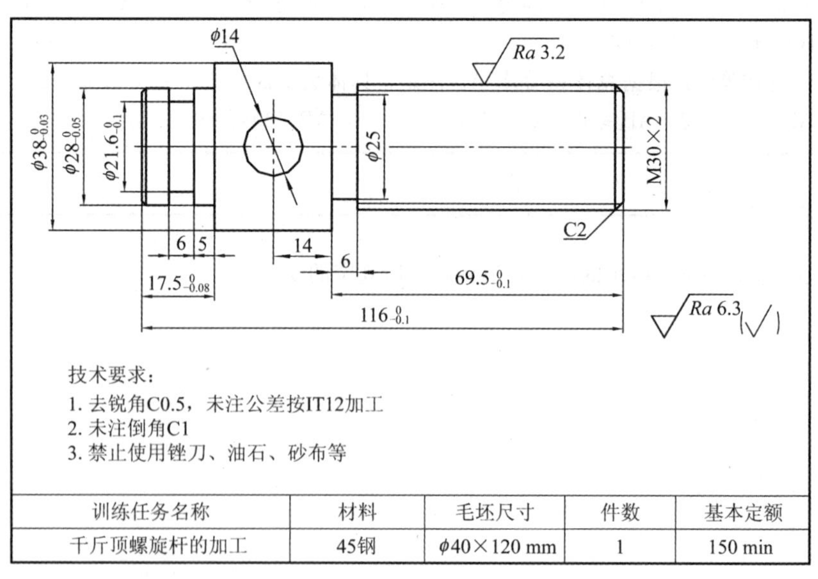

技术要求：
1. 去锐角C0.5，未注公差按IT12加工
2. 未注倒角C1
3. 禁止使用锉刀、油石、砂布等

训练任务名称	材料	毛坯尺寸	件数	基本定额
千斤顶螺旋杆的加工	45钢	$\phi40\times120$ mm	1	150 min

图 **4-5-1**　千斤顶螺旋杆的加工

学习活动

螺旋传动机构(图 4-5-2、图 4-5-3)是由螺杆、螺母以及机架组成，它的主要功能是将回转运动转变为直线运动，从而传递运动和动力。

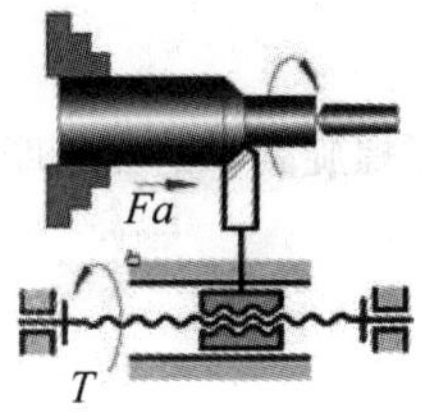

图 **4-5-2**　螺旋传动机构件图

图 **4-5-3**　螺旋压力机

一、 螺旋传动的分类

(1)传力螺旋。主要用于传递轴向力，如螺旋千斤顶，如图 4-5-4(a)所示。

(2)传导螺旋。主要用于传递运动，如车床的进给螺旋，如图 4-5-4(b)所示。

(3)调整螺旋。主要用于调整、固定零件的位置，如车床尾架，如图 4-5-4(c)所示。

(4)测量螺旋。主要用于测量仪器，如千分尺用螺旋，如图 4-5-4(d)所示。

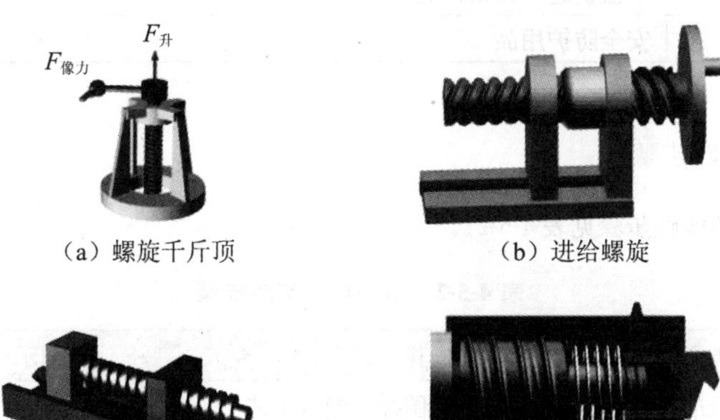

(a) 螺旋千斤顶　(b) 进给螺旋

(c) 车床尾架　(d) 千分尺用螺旋

图 **4-5-4**　螺旋传动的分类示例

二、螺旋机构的特点

(1)减速比大。螺杆转动一周，螺母只移动一个导程。

(2)机构效益大。在主动件上施加一个不大的转矩，就可在从动件上得到很大推力。

(3)可以使机构具有自锁性。当螺旋升角不大于螺旋副中的当量摩擦角时，机构具有自锁性。

(4)结构简单，传动平稳，无噪声。

实践活动

一、实践条件

实践条件见表 4-5-1。

表 4-5-1　实践条件

类别	名称
设备	CA6140 型卧式车床或同类型的车床
量具	0～150 mm 游标卡尺和钢直尺，0～25 mm、25 mm～50 mm 外径千分尺，M30×2 螺纹环规
刀具	90°外圆车刀，外切槽刀，外螺纹车刀，中心钻，钻夹头
工具	卡盘钥匙，刀架钥匙
其他	安全防护用品

二、实践步骤

螺旋杆的实践步骤见表 4-5-2。

表 4-5-2　螺旋杆的实践步骤

序号	步骤	操作	图示
1	实践准备	安全教育，分析图样，制定工艺	—
2	装夹加工工艺台	夹住毛坯外圆，伸出约 25 mm，找正夹紧，平端面，车工艺台(外圆车至 ϕ30 左右，长度约 16 mm)	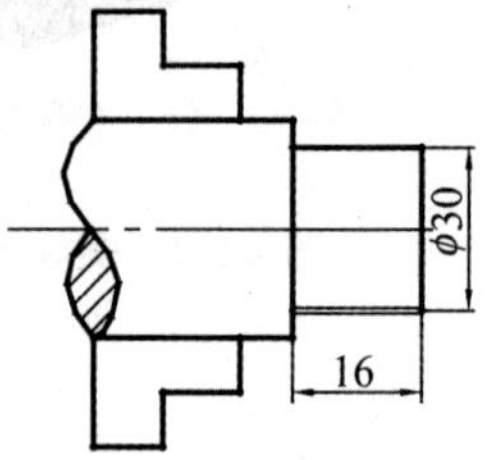 ϕ30 16

续表

序号	步骤	操作	图示
3	掉头装夹车端面、钻中心孔	掉头夹住外圆$\phi30$，靠紧卡盘端面，找正夹紧，车端面保总长116 mm至尺寸，钻中心孔	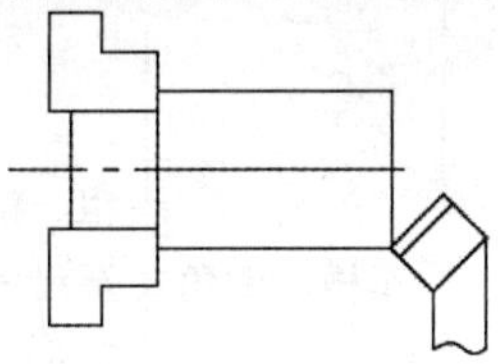
4	一夹一顶装夹粗车外圆	用一夹一顶装夹，分别粗车外圆至$\phi39$、$\phi31$，长度至99 mm、69 mm左右	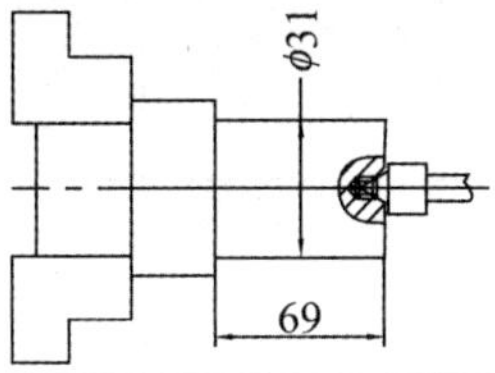
5	车槽	粗、精车槽宽 6 mm，槽径$\phi25$至尺寸	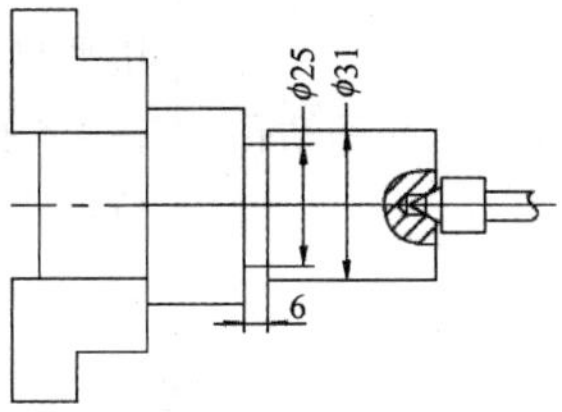
6	精车外圆	先精车外圆$\phi38_{-0.03}^{\ 0}$至尺寸，再精车外圆$\phi30$至$\phi29.8$，长度69.5 mm至尺寸，倒角	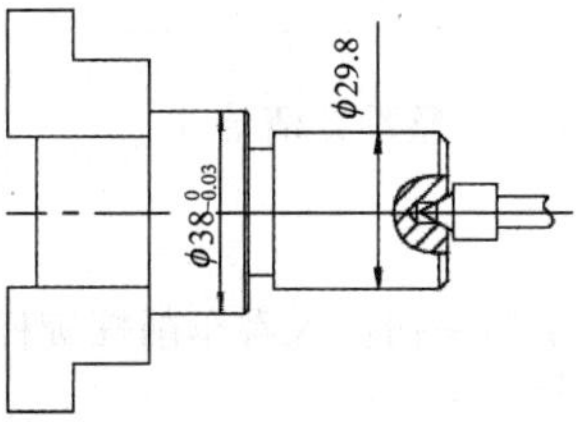
7	车螺纹	粗、精车外三角螺纹 M30×2至尺寸	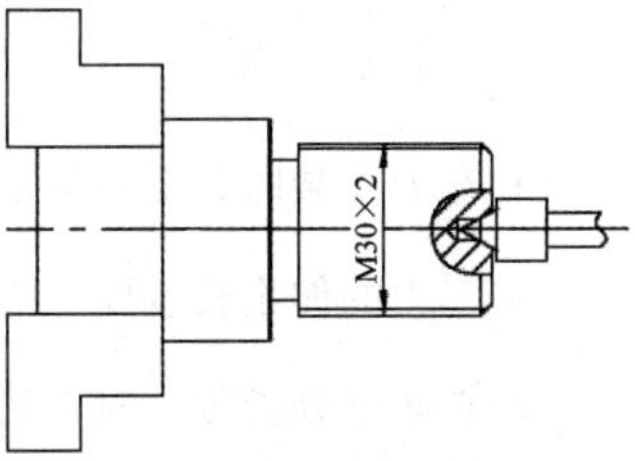
8	掉头找正装夹车端面	掉头，用铜皮或$\phi38.5$开口套夹住外圆$\phi38$，精确找正夹紧，精车外圆$\phi26_{-0.06}^{\ 0}$和长度17.5 mm至尺寸	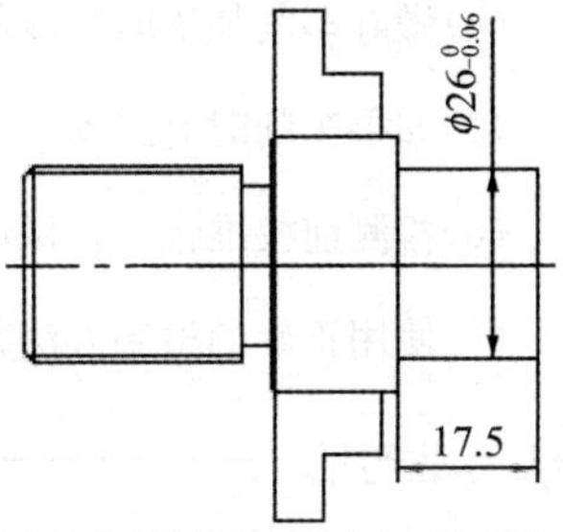

续表

序号	步骤	操作	图示
9	车槽、倒角	粗、精车槽宽 6 mm，槽径ϕ21.6至尺寸，并保证槽的定位尺寸5 mm，倒角、去毛刺	ϕ21.6 6
10	台钻钻孔	用平口钳装夹工件，利用台钻钻ϕ14 孔至尺寸，并保证孔的定位尺寸 14 mm	
11	整理并清洁	加工完毕后，正确放置零件，整理工、量具，清洁机床工作台	—

扫一扫：观看车削螺旋杆的学习视频。

三、 注意事项

(1)车刀安装时，要对准工件的回转中心，保证刀具正确的工作角度。

(2)车刀的伸出长度要适当，过长会引起振动，过短则会使刀架与工件发生碰撞。

(3)在车削轴类零件时，切削层深不能太大，否则会引起振动。

(4)做好车削加工时的冷却，保护刀具。

(5)如果车削时有振动，要及时调整切削用量或刃磨刀具，消除振动现象。

(6)检测前校准量具，保证量具测量可靠。

(7)使用正确的检测方法并做好数据记录。

专业对话

1. 谈一谈车削加工过程中影响零件表面质量的因素有哪些。

2. 结合自己实训情况，分析尺寸超差的原因有哪些。

任务评价

考核标准见表 4-5-3。

表 4-5-3　考核标准

序号	检测内容	检测项目	分值	检测量具	自测结果	得分	教师检测结果	得分
1	客观评分 A（主要尺寸）	M30×2	10					
2		$\phi38_{-0.03}^{0}$	10					
3		$\phi28_{-0.05}^{0}$	10					
4		$\phi21.6_{-0.1}^{0}$	10					
5		$\phi25$	10					
6		2—6	10					
7		$17.5_{-0.08}^{0}$	10					
8		$69.5_{-0.1}^{0}$	10					
9		$116_{-0.1}^{0}$	10					
10		C2	10					
11	客观评分 A（几何公差与表面质量）	*Ra* 3.2	10					
12	主观评分 B（设备及工、量、刃具的维修使用）	工、量、刃具的合理使用与保养	10					
13		车床的正确操作	10					
14		车床的正确润滑	10					
15		车床的正确保养	10					
16	主观评分 B（安全文明生产）	执行正确的安全操作规程	10					
17		正确“两穿两戴”	10					
18	客观 A 总分		110		客观 A 实际得分			
19	主观 B 总分		60		主观 B 实际得分			
20	总体得分率 AB				评定等级			

续表

序号	检测内容	检测项目	分值	检测量具	自测结果	得分	教师检测结果	得分
评分说明	1. 评分由客观评分 A 和主观评分 B 两部分组成，其中客观评分 A 占 85%，主观评分 B 占 15% 2. 客观评分 A 分值为 10 分、0 分，主观评分 B 分值为 10 分、9 分、7 分、5 分、3 分、0 分 3. 总体得分率 AB：(A 实际得分×85%＋B 实际得分×15%)/(A 总分×85%＋B 总分×15%)×100% 4. 评定等级：根据总体得分率 AB 评定，具体为 AB≥92%＝1，AB≥81%＝2，AB≥67%＝3，AB≥50%＝4，AB≥30%＝5，AB<30%＝6							

拓展活动

加工如图 4-5-5 所示的零件，达到图样所规定的要求。

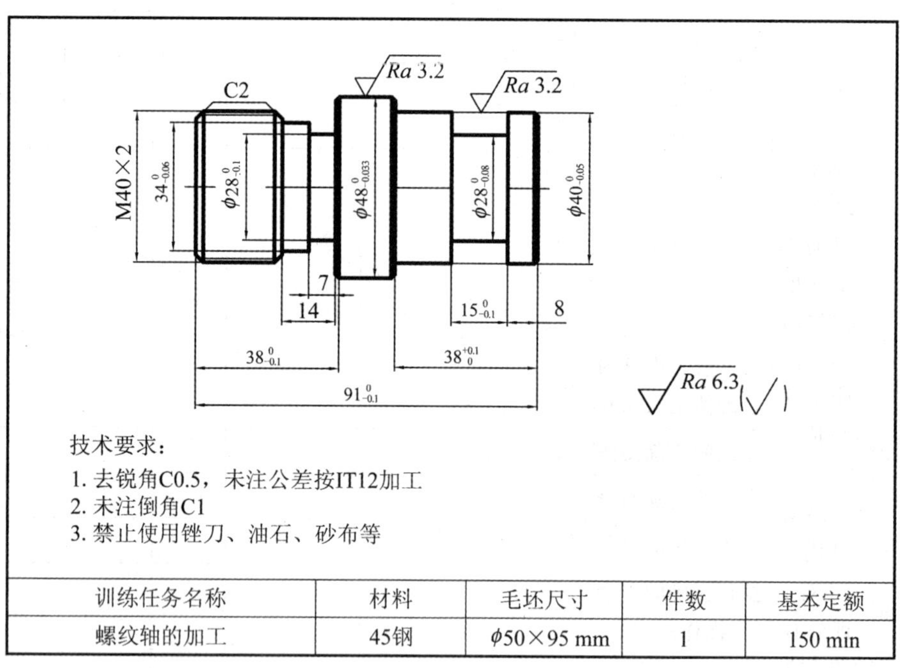

训练任务名称	材料	毛坯尺寸	件数	基本定额
螺纹轴的加工	45钢	ϕ50×95 mm	1	150 min

图 4-5-5　螺纹轴的加工

项目五
顶垫的加工

项目导航

主要介绍麻花钻和内孔车刀的刃磨方法、内孔的检测方法、套类零件的加工方法和千斤顶顶垫的加工过程。

学习要点

1. 了解常用量具的保养常识。
2. 了解内孔的检测方法。
3. 掌握麻花钻的基本知识及刃磨方法。
4. 掌握内孔车刀的基本知识及刃磨方法。
5. 掌握内孔的车削方法。
6. 掌握千斤顶顶垫的加工过程。

任务一　麻花钻的刃磨

任务目标

刃磨如图 5-1-1 所示的麻花钻，达到规定的要求。

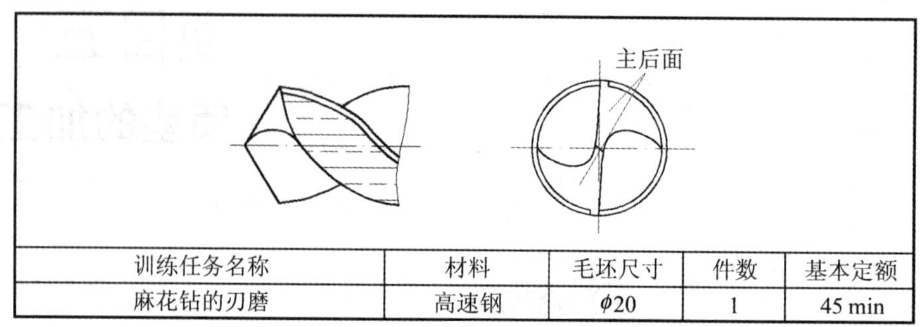

训练任务名称	材料	毛坯尺寸	件数	基本定额
麻花钻的刃磨	高速钢	ϕ20	1	45 min

图 **5-1-1** 麻花钻的刃磨

一、 麻花钻的基本知识

麻花钻工作部分结构如图 5-1-2 所示，它由两条对称的主切削刃、两条副切削刃和一条横刃组成。其切削部分可看成是正反两把车刀，所以其几何角度概念与车刀基本相同，但也有其特殊性。

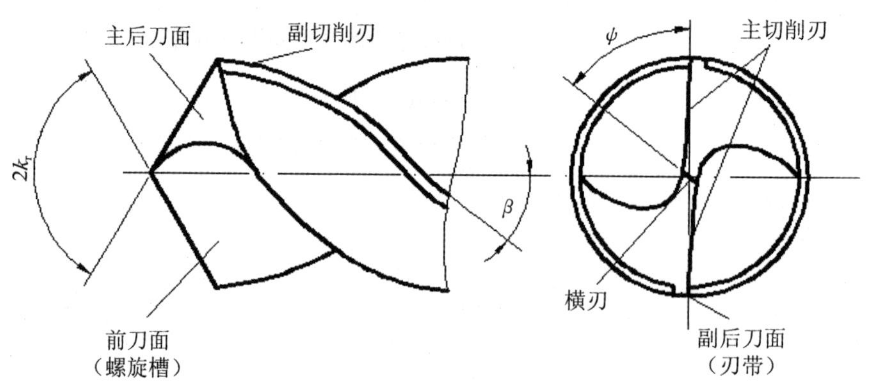

图 **5-1-2** 麻花钻工作部分结构

1. 螺旋槽

麻花钻的工作部分有两条螺旋槽，其作用是构成切削刃、排出切屑和流通切削液。螺旋角位于螺旋槽内不同直径处的螺旋线展开成直线后与钻头轴线成一定夹角，此夹角通称螺旋角。越靠近钻心处螺旋角越小，越靠近钻头外缘处螺旋角越大。标准麻花钻的螺旋角在 18°～30°之间。钻头上的名义螺旋角是指外缘处的螺旋角。

麻花钻切削刃上不同位置的螺旋角、前角和后角的变化见表 5-1-1。

表 5-1-1　麻花钻切削刃上不同位置的螺旋角、前角和后角的变化

角度	螺旋角	前角	后角
符号	β	γ_0	α_0
定义	螺旋槽上最外缘的螺旋线展开后与麻花钻轴线之间的夹角	基面与前刀面的夹角	切削平面与后刀面的夹角
变化规律	麻花钻切削刃上的位置不同，其螺旋角 β、前角 γ_0 和后角 α_0 也不同		
	自外缘向钻心逐渐减小	自外缘向钻心逐渐减小，并且在$\frac{d}{3}$处前角为 0°，再向钻心则为负前角	自外缘向钻心逐渐增大
靠近外缘处	最大(名义螺旋角)	最大	最小
靠近钻心处	较小	较小	较大
变化范围	18°～30°	－30°～＋30°	8°～12°
关系	对麻花钻前角的变化影响最大的是螺旋角，螺旋角越大，前角就越大		—

2. 前刀面

麻花钻的螺旋槽面称为前刀面。

3. 主后刀面

麻花钻钻顶的螺旋圆锥面称为主后刀面。

4. 主切削刃

前刀面和主后刀面的交线称为主切削刃，担任主要的钻削任务。

5. 顶角

在通过麻花钻轴线并与两主切削刃平行的平面上，两主切削刃投影间的夹角称为顶角，如图 5-1-2 所示。一般麻花钻的顶角 $2\kappa_r$ 为 100°～140°，标准麻花钻的顶角 $2k_r$ 为 118°。在刃磨麻花钻时，可根据表 5-1-2 来判断顶角的大小。

表 5-1-2 麻花钻顶角的大小对切削刃和加工的影响

顶角	$2\kappa_r > 118°$	$2\kappa_r > 118°$	$2\kappa_r > 118°$
图示	凹形切削刃	直线形切削刃	
两主切削刃的形状	凹曲线	直线	凸曲线
对加工的影响	顶角大，则切削刃短、定心差，钻出的孔容易扩大；同时前角也增大，使切削省力	适中	顶角小，则切削刃长、定心准，钻出的孔不容易扩大；同时前角也减小，使切削阻力增大
适用的材料	适用于钻削较硬的材料	适用于钻削中等硬度的材料	适用于钻削较软的材料

6. 前角

基面与前刀面的夹角，称为前角。其相关内容见表 5-1-1。

7. 横刃

麻花钻两主切削刃的连接线称为横刃，也就是两主后面的交线。横刃担负着钻心处的钻削任务。横刃太短会影响麻花钻的钻尖强度，横刃太长会使轴向的进给力增大，对钻削不利。

8. 后角

麻花钻上后角的有关内容见表 5-1-1。为了测量方便，后角在圆柱面内测量，如图 5-1-3。

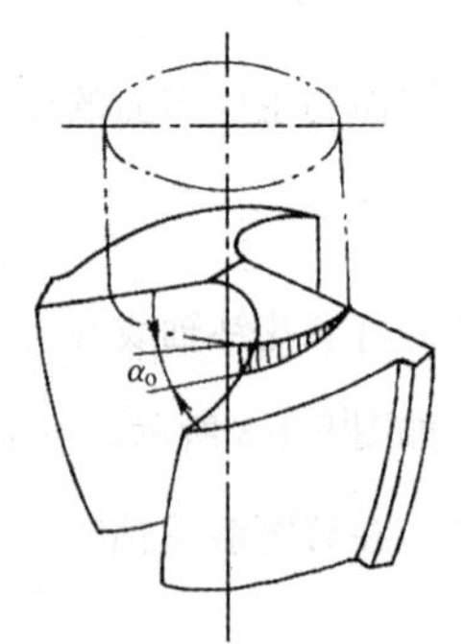

图 5-1-3 麻花钻后角的测量

9. 横刃斜角

在垂直于麻花钻轴线的端面投影图中，横刃与主切削刃之间的夹角称为横刃斜角(图 5-1-2)。它的大小由后角决定，后角大时，横刃斜角减小，横刃变长；后角小时，情况相反。横刃斜角一般为 55°。

10. 棱边

在麻花钻的导向部分特地制出了两条略带倒锥形的刃带，即棱边，如图 5-1-2 所示。它减少了钻削时麻花钻与孔壁之间的摩擦。

二、 麻花钻的刃磨方法

1. 麻花钻的刃磨要求

刃磨麻花钻时，一般只刃磨两个主后面(图 5-1-3)，但同时要保证后角、顶角和横刃斜角正确，所以麻花钻的刃磨是比较困难的。

麻花钻的刃磨要求如下。

(1)麻花钻的两主切削刃应对称，也就是两主切削刃与麻花钻的轴线成相同的角度，并且长度相等。

(2)横刃斜角为 55°。

2. 刃磨不正确的麻花钻对钻孔质量的影响

刃磨不正确的麻花钻对钻孔质量的影响很大，见表 5-1-3。

表 5-1-3 麻花钻刃磨情况对加工质量的影响

刃磨情况	麻花钻刃磨正确	麻花钻刃磨不正确		
		顶角不对称	切削刃长度不对称	顶角不对称且切削刃长度不对称
图示				
钻削情况	钻削时，两条主切削刃同时切削，两边受力平衡，麻花钻磨损均匀	切削时，只有一条主切削刃在切削，而另一条切削刃不起作用，两边受力不平衡，使麻花钻很快磨损	钻削时，麻花钻的工作中心偏移，切削不均匀，使麻花钻很快磨损	钻削时，两条切削刃受力不平衡，而且麻花钻的工作中心偏移，使麻花钻很快磨损
对钻孔质量影响	钻出的孔不会变大、倾斜和产生台阶	使钻出的孔扩大和倾斜	使钻出的孔扩大	钻出的孔不仅孔径扩大，而且还会产生台阶

三、 磨麻花钻安全注意事项

(1)使用砂轮前，检查砂轮是否有裂纹，表面是否平整，有无跳动，若不理想，用金刚笔修整或更换。

(2)磨麻花钻时，应戴防护眼镜，以免砂砾和铁屑飞入眼中。

(3)磨麻花钻时，不要正对砂轮的旋转方向站立，以防发生意外。

(4)砂轮支架与砂轮的间隙不得大于 3 mm，如发现过大，应适当调整。

实践活动

一、 实践条件

实践条件见表 5-1-4。

表 5-1-4　实践条件

类别	名称
设备	砂轮机
刀具	麻花钻
量具	万能角度尺
工具	金刚笔或砂轮修整器
其他	安全防护用品

二、 实践步骤

麻花钻的刃磨步骤见表 5-1-5。

表 5-1-5　麻花钻的实践步骤

序号	步骤	操作	图示
1	实践准备	安全教育，分析图样，制定工艺	—
2	刃磨第一个主后面	两手一前一后握住麻花钻，刃磨麻花钻的第一个主后面并保证角度和主切削刃平直；刃磨时用右手握住钻头前端作为支点，左手握住钻尾，以钻头前端支点为圆心，钻尾做上下摆动，并略带旋转，但不能转动过多，或上下摆动太大，以防磨出负后角，或把另一面主切削刃磨掉，特别是在刃磨小麻花钻时更应注意	

续表

序号	步骤	操作	图示
3	刃磨第二个主后面	将麻花钻翻转 180°，刃磨麻花钻的第二个主后面并保证角度和主切削刃平直，方法同上	
4	整理并清洁	刃磨完毕后，整理工、量具，清洁设备、场地	—

扫一扫：观看麻花钻刃磨的学习视频。

三、 注意事项

(1)使用砂轮前，检测砂轮是否正常运行，确认工作环境是否安全。

(2)为了保证顶角正确，刃磨时，要经常用万能角度尺测量顶角。

(3)为了保证顶角对称、主切削刃长度对称和横刃斜角角度正确，刃磨两个主后面的手法要相同。

(4)刃磨时，要时常将麻花钻放入冷却液冷却，避免麻花钻过热。

专业对话

1. 谈一谈在麻花钻刃磨训练中有什么收获。

2. 对比一下外圆车刀的刃磨与麻花钻刃磨有什么区别。

任务评价

考核标准见表 5-1-6。

表 5-1-6　考核标准

序号	检测内容	检测项目	分值	评分标准	自测结果	得分	教师检测结果	得分
1	主观评分 B（工作内容）	顶角角度	10	酌情扣分				
2		顶角是否对称	10	酌情扣分				
3		主切削刃长度是否对称	10	酌情扣分				
4		横刃斜角角度	10	酌情扣分				
5		磨刀姿势	10	酌情扣分				

续表

序号	检测内容	检测项目	分值	评分标准	自测结果	得分	教师检测结果	得分
6	主观评分B（安全文明生产）	正确“两穿两戴”	10	穿戴整齐、紧扣、紧扎				
7		执行正确的安全操作规程	10	视规范程度给分				
8	主观B总分		70		主观B实际得分			
9	总体得分率				评定等级			
评分说明	1. 客观评分A分值为10分、0分，主观评分B分值为10分、9分、7分、5分、3分、0分 2. 总体得分率：(B实际得分/B总分)×100% 3. 评定等级：根据总体得分率评定，具体为≥92%=1，≥81%=2，≥67%=3，≥50%=4，≥30%=5，<30%=6							

拓展活动

一、选择题

1. 麻花钻切削时的轴向力主要由(　　)产生。

A. 横刃　　B. 主刀刃　　C. 副刀刃　　D. 副后刀刃

2. 普通麻花钻靠外缘处前角为(　　)。

A. 负前角−54°　　B. 0°　　C. 正前角+30°　　D. 45°

3. 修磨麻花钻横刃的目的是(　　)。

A. 缩短横刃，降低钻削力　　B. 减小横刃处前角

C. 增大或减小横刃处前角　　D. 增加横刃强度

4. 修磨麻花钻前刀面的目的是(　　)前角。

A. 增大　　B. 减小　　C. 增大或减小　　D. 增大边缘处

5. 麻花钻由(　　)组成。

A. 柄部、颈部和螺旋槽

B. 柄部、切削部分和工作部分

C. 柄部、颈部和工作部分

D. 柄部、颈部和切削部分

6. 麻花钻的(　　)在钻削时主要起切削的导向作用。

A. 柄部　　B. 颈部　　C. 切削部分　　D. 工作部分

7. 标准麻花钻顶角一般为(　　)。

A. 118°　　B. 120°　　C. 130°　　D. 90°

8. 麻花钻的横刃太短，会影响钻尖的(　　)。

A. 耐磨性　　B. 强度　　C. 抗振性　　D. 韧性

二、判断题

(　　)1. 当麻花钻的顶角不等于118°时，两切削刃呈直线。

(　　)2. 麻花钻不仅能用来钻孔，也能用来扩孔。

(　　)3. 麻花钻的两切削刃呈曲线型，说明顶角不正确。

(　　)4. 麻花钻靠近边缘处的前角最大，螺旋角最小。

三、简答题

1. 企业中所用麻花钻的横刃斜角一般为多少度?

2. 简述麻花钻刃磨的步骤。

任务二　内孔车刀的刃磨

任务目标

刃磨如图 5-2-1 所示的内孔车刀，达到图样所规定的要求。

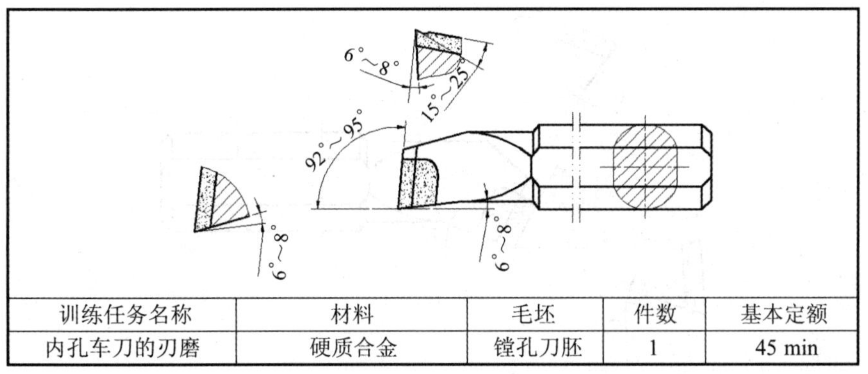

训练任务名称	材料	毛坯	件数	基本定额
内孔车刀的刃磨	硬质合金	镗孔刀胚	1	45 min

图 5-2-1　内孔车刀的刃磨

学习活动

车孔的方法基本上和车外圆相同，但内孔车刀和外圆车刀相比有差别。根据不同的加工情况，内孔车刀可分为通孔车刀和盲孔车刀两种。

一、 通孔车刀

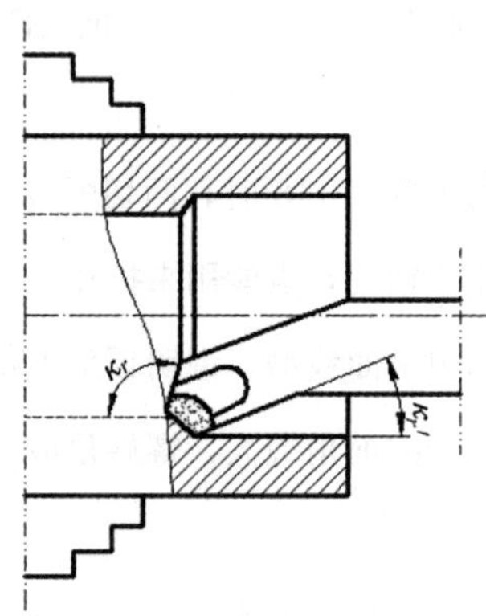

图 5-2-2　通孔车刀

从图 5-2-2 中可以看出，通孔车刀的几何形状基本上与 75°外圆车刀相似，为了减小背向力 F_p，防止振动，主偏角 κ_r 应取较大值，一般取 $\kappa_r=60°\sim75°$，取副偏角 $\kappa_r'=15°\sim30°$。

图 5-2-3 为典型的前排屑通孔车刀，其几何参数为 $\kappa_r=75°$，$\kappa_r'=15°$，$\lambda_s=6°$，在该车刀上磨出断屑槽，使切屑排向孔的待加工表面，即向前排屑。

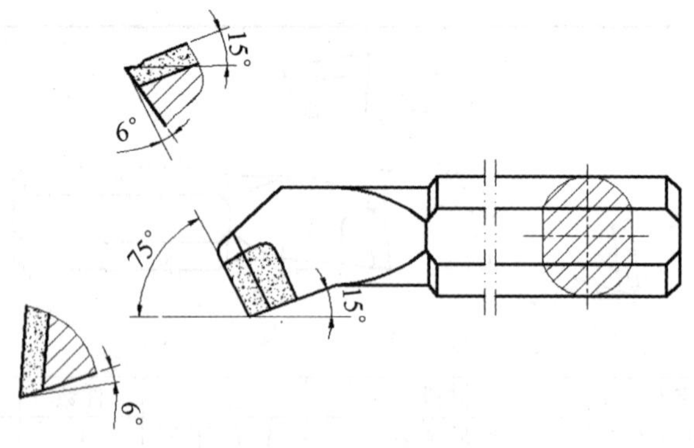

图 5-2-3　典型的前排屑通孔车刀

为了节省刀具的材料和增加刀柄的刚度，可以把高速钢或硬质合金做成大小适当的刀头，装在碳钢或合金钢铁制成的刀柄上，在前端或上面用螺钉紧固，如图 5-2-4 所示。

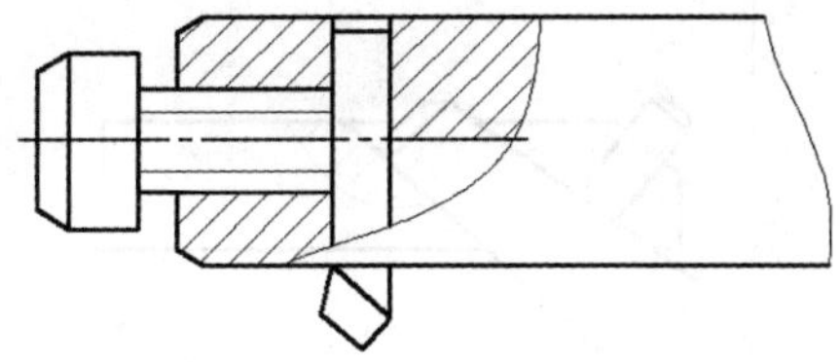

图 **5-2-4**　自制刀柄

二、盲孔车刀

盲孔车刀是用来车盲孔或台阶孔的，切削部分的几何形状基本上与偏刀相似。图 5-2-5 为最常用的一种盲孔车刀，其主偏角 κ_r 一般取＝90°～95°。车平底盲孔时，刀尖在刀柄的最前端，刀尖与刀柄外端的距度 a 应小于内孔半径 R，否则孔的底平面就无法车平。车内孔台阶时，只要与孔壁不碰撞即可。

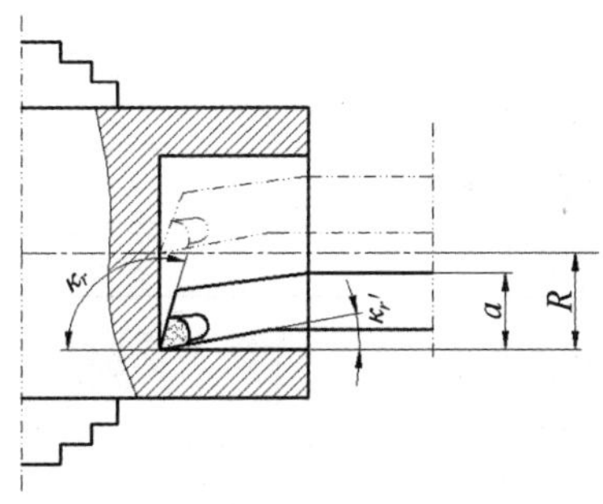

图 **5-2-5**　盲孔车刀

后排屑盲孔车刀的形状如图 5-2-6 所示，其几何参数为：$\kappa_r = 93°$，$\kappa_r' = 6°$，$\lambda_s = -2°～0°$。其上磨有卷屑槽，使切屑成螺旋状沿尾座方向排出孔外，即后排屑。

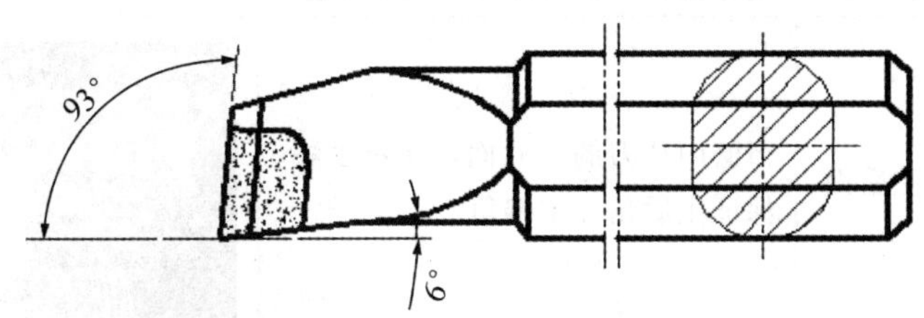

图 **5-2-6**　后排屑盲孔车刀

图 5-2-7 为盲孔刀柄，其上的方孔应加工成斜的。

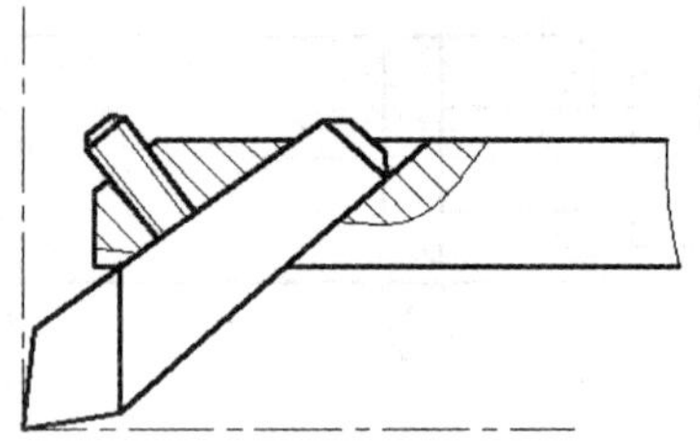

图 5-2-7 盲孔刀柄

实践活动

一、 实践条件

实践条件见表 5-2-1。

表 5-2-1 实践条件

类别	名称
设备	砂轮机
量具	0～150 mm 游标卡尺
工具	金刚笔或砂轮修整器
其他	安全防护用品

二、 实践步骤

内孔车刀的实践步骤见表 5-2-2。

表 5-2-2 内孔车刀的实践步骤

序号	步骤	操作	图示
1	实践准备	安全教育，分析图样，制定工艺	—
2	刃磨主后面	刃磨内孔刀的主后面，注意手法，保证主后角和主偏角	

续表

序号	步骤	操作	图示
3	刃磨副后面	刃磨内孔刀的副后面，注意手法，保证副后角和副偏角	
4	刃磨前刀面	刃磨内孔刀的前刀面，注意手法，保证前角	
5	刃磨断屑槽	刃磨内孔刀的断屑槽，注意手法，保证深度和宽度	
6	刃磨过渡刃	刃磨内孔刀的过渡刃，注意手法，可以是直线型或圆弧型过渡刃，但不能太大	
7	精磨	精磨内孔刀各刀面，保证切削刃平直，刀面光洁，角度正确，刀具锋利	—
8	整理并清洁	刃磨完毕后，整理工、量具，清洁设备、场地	—

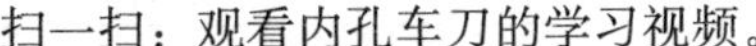
扫一扫：观看内孔车刀的学习视频。

三、 注意事项

(1)使用砂轮前，检查砂轮是否有裂纹，表面是否平整，有无跳动。若不理想，用金刚笔修整或更换。

(2)刃磨刀具各刀面时，要使刀具左右不停移动，这样可保证刀面平整、切削刃平直。

(3)为了保证各角度正确，刃磨时，要经常用万能角度尺测量各角度。

(4)刃磨时，刀具硬质合金部分不能放入冷却液中冷却，要使其自然冷却，待其冷却后方可刃磨。

专业对话

1. 说一说在工厂实际加工中如何提高内孔车刀的使用寿命。

2. 想一想通过什么方法可以增加内孔车刀的刚性。

任务评价

考核标准见表 5-2-3。

表 5-2-3 考核标准

序号	检测内容	检测项目	分值	评分标准	自测结果	得分	教师检测结果	得分
1	主观评分 B（工作内容）	主偏角	10	酌情扣分				
2		副偏角	10	酌情扣分				
3		主后角	10	酌情扣分				
4		副后角	10	酌情扣分				
5		断屑槽	10	酌情扣分				
6		前角	10	酌情扣分				
7		过渡刃	10	酌情扣分				
8		磨刀姿势及手法	10	酌情扣分				
9	主观评分 B（安全文明生产）	正确“两穿两戴”	10	穿戴整齐、紧扣、紧扎				
10		执行正确的安全操作规程	10	视规范程度给分				

续表

序号	检测内容	检测项目	分值	评分标准	自测结果	得分	教师检测结果	得分
11	主观 B 总分		100		主观 B 实际得分			
12	总体得分率				评定等级			
评分说明	1. 主观评分 B 分值为 10 分、9 分、7 分、5 分、3 分、0 分 2. 总体得分率：(B 实际得分/B 总分)×100％ 3. 评定等级：根据总体得分率评定，具体为≥92％=1，≥81％=2，≥67％=3，≥50％=4，≥30％=5，<30％=6							

拓展活动

一、选择题

1. 车孔刀，为了防止振动，主偏角一般为(　　)。

A. 45°　　B. 60°～75°　　C. 30°　　D. 90°

2. 通孔车刀的主偏角一般取(　　)，盲孔车刀的主偏角一般取(　　)。

A. 35°～45°　　B. 60°～75°　　C. 90°～95°　　D. 120°～125°

3. 车孔的关键技术是解决内孔(　　)问题。

A. 车刀的刚性　　B. 排屑

C. 车刀的刚性和排屑　　D. 车刀的刚性和冷却

4. 车孔刀可分为通孔车刀和盲孔车刀两种，通孔车刀的几何形状与外圆车刀基本上相似，主偏角一般在(　　)。

A. 60°～75°　　B. 90°　　C. 大于 90°　　D. 15°～30°

5.(　　)是常用的孔加工方法之一，可以做粗加工和精加工。

A. 钻孔　　B. 扩孔　　C. 铰孔　　D. 车孔

6. 扩孔钻的特点之一是(　　)。

A. 钻心精，刚性好，不可选用较大切削用量

B. 钻心粗，刚性好，可选用较大切削用量

C. 钻心差，刚性差，不可选用较大切削用量

D. 钻心差，刚性差，但可选用较大切削用量

二、判断题

(　　)1. 为了防止工件在车削时松动，夹紧力越大越好。

(　　)2. 只要工件被夹紧，就实现了工件的定位。

(　　)3. 车削盲孔时，应采用负值的刃倾角，使切屑从孔口排出。

三、简答题

1. 说一说内孔车刀刃磨的步骤及注意事项。

2. 谈一谈 90°外圆车刀与内孔车刀在刃磨时有什么不同。

任务三 内径百分表的使用

任务目标

1. 了解内径百分表的工作原理。

2. 学会内径百分表的调整、校对和使用方法。

3. 熟练掌握使用内径百分表测量内孔尺寸。

4. 掌握内径百分表的保养常识。

学习活动

对内孔进行检测时，应根据工件的尺寸、数量及工件的精度等要求，合理选择量具进行测量。内径百分表是在内孔零件加工中比较常用且实用的精密量具。

图 5-3-1 为内径百分表的实物图。

图 **5-3-1**　内径百分表的实物图

一、 钟面式内径百分表

内径百分表由百分表测量杆和百分表组成，用相对测量法来测量孔径和形状误差。它的结构如图 5-3-2 所示。

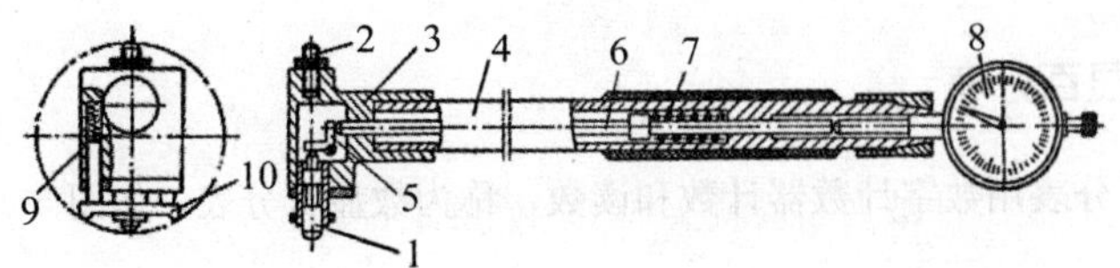

1—活动测头 2—可换侧头 3—测架 4—测杆 5—杠杆
6—传动杆 7—弹簧 8—百分表 9—定位弹簧 10—定心器

图 **5-3-2** 内径百分表

测量时，将内径百分表的测头先压入被测孔中，活动测头 1 的微小位移通过杠杆 5 按 1∶1 的比例传递给传动杆 6，而百分表测头与传动杆 6 是始终接触的，因此活动测头移动0.01 mm，使传动杆也移动 0.01 mm，百分表指针转动 1 格。故测头移动量可在百分表上读得。定心器 10 起找正径向直径位置的作用，它保证了活动测头 1 和可换测头 2 的轴线位于被测孔的直径位置中间。

使用内径百分表测量属于比较测量法。测量时必须摆动内径百分表，所得的最小尺寸是孔的实际尺寸，如图 5-3-3 所示。

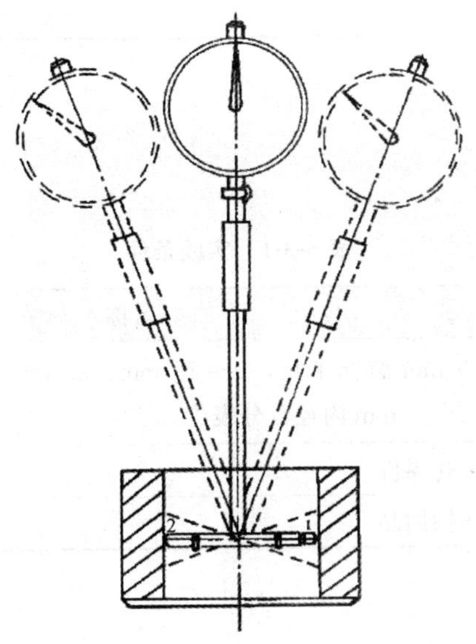

图 **5-3-3** 内径百分表的测量方法

内径百分表可与千分尺配合使用，可以比较测量出孔径的实际尺寸。

二、 数显百分表

新式的百分表用数字计数器计数和读数，称为数显百分表，如图 5-3-4 所示。

图 5-3-4　数显百分表

数显百分表可在其测量范围内任意给定位置，按动表体上的置零钮使显示屏上的读数置零，然后直接读出被测工件尺寸的正、负偏差值。保持置零钮不动可以使正、负偏差值保持不变。

数显百分表的测量范围是 0～30 mm，分辨率为 0.01 mm。数显百分表的特点是体积小、质量小、功耗小、测量速度快、结构简单，便于实现机电一体化，且对环境要求不高。

实践活动

一、 实践条件

实践条件见表 5-3-1。

表 5-3-1　实践条件

类别	名称
量具	0～150 mm 游标卡尺，0～25 mm、25 mm～50 mm 外径千分尺，18 mm～35 mm 内径百分表
工具	各种带孔零件
其他	安全防护用品

二、 实践步骤

使用前，先用清洁纱布将内径百分表擦干净，然后检查其各活动部分是否灵活可靠。测量时，要双手配合使用内径百分表，见表 5-3-2。

表 5-3-2　内径百分表的实践步骤

序号	步骤	操作	图示
1	实践准备	安全教育，分析图样，制定工艺	—
2	组装内径百分表	将表头安装在直管上，根据表针示值使表头压入 0.5 mm 即可，选择合适的可换测头并安装	
3	粗调	用游标卡尺调整测量尺寸，比测量尺寸大 0.5 mm 即可	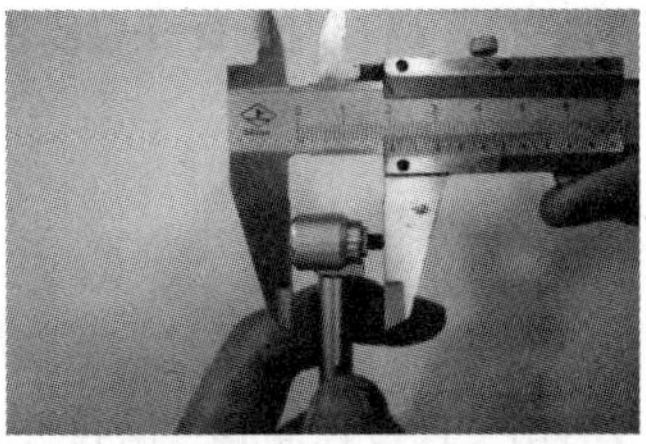
4	调整千分尺	让外径千分尺准确调整至所要测量的尺寸值，操作时可用一手指顶住外径千分尺螺杆，以消除间隙误差	
5	对零位（精调）	用内径百分表配合千分尺精确对零位，使测头进入测量面内，摆动直管，观察百分表的示值变化，反复几次；当百分表指针在最小值处转折摆向时(即表针上的拐点)，用手旋转百分表盘，使指针对零位	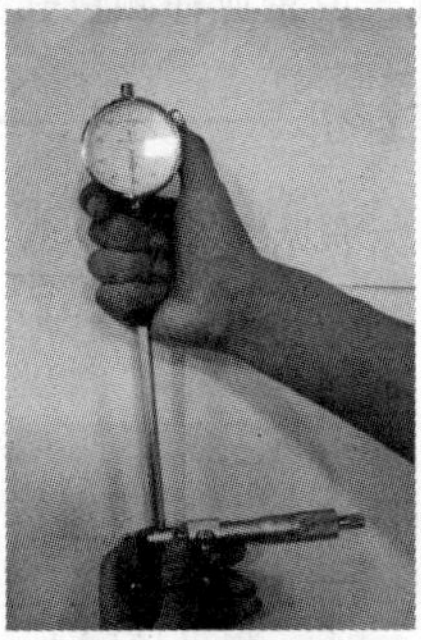
6	测量	用调整好的百分表测量带孔零件，测量时要摆动量表，观察指针转折点的位置，记录相对于零点的差值，即孔的误差	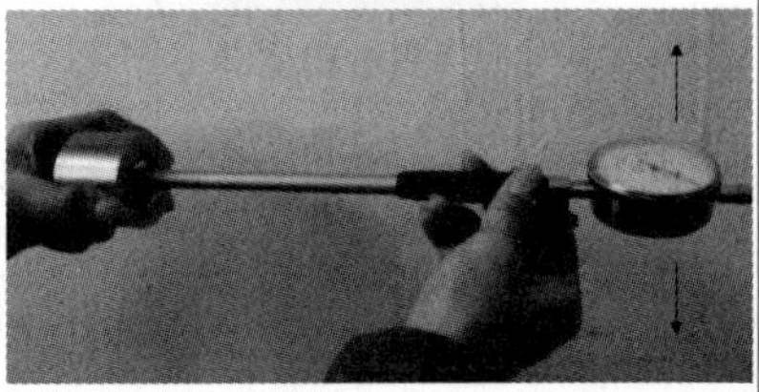

续表

序号	步骤	操作	图示
7	整理并清洁	内径百分表使用后要将各部分拆卸下来并擦拭干净，上油，放入盒内保存	

扫一扫：观看内径百分表使用的学习视频。

三、 注意事项

(1)用游标卡尺粗调时，调整尺寸要大于测量尺寸 0.5 mm。

(2)用千分尺精调时，内径百分表在校零时应注意手握直管上的隔热手柄，多摆动几次观察指针是否在同一零点转折。

(3)测量时可先按几次活动杆，试一下表针的运动情况和示值稳定性。

专业对话

1. 结合使用情况，谈一谈内径百分表在使用过程中的注意事项。

2. 说一说企业在测量孔方面可以使用哪些测量工具。

任务评价

考核标准见表 5-3-3。

表 5-3-3　考核标准

序号	检测内容	检测项目	分值	评分标准	自测结果	得分	教师检测结果	得分
1	客观评分 A（工作内容）	测量精度 1	10	超差不得分				
2		测量精度 2	10	超差不得分				
3		测量精度 3	10	超差不得分				
4		测量精度 4	10	超差不得分				
5		测量精度 5	10	超差不得分				

续表

<table>
<tr><th>序号</th><th>检测内容</th><th>检测项目</th><th>分值</th><th>评分标准</th><th>自测结果</th><th>得分</th><th>教师检测结果</th><th>得分</th></tr>
<tr><td>6</td><td rowspan="2">主观评分 B（工作内容）</td><td>测量姿势</td><td>10</td><td>酌情扣分</td><td></td><td></td><td></td><td></td></tr>
<tr><td>7</td><td>测量速度</td><td>10</td><td>酌情扣分</td><td></td><td></td><td></td><td></td></tr>
<tr><td>8</td><td rowspan="2">主观评分 B（安全文明生产）</td><td>正确“两穿两戴”</td><td>10</td><td>穿戴整齐、紧扣、紧扎</td><td></td><td></td><td></td><td></td></tr>
<tr><td>9</td><td>执行正确的安全操作规程</td><td>10</td><td>视规范程度给分</td><td></td><td></td><td></td><td></td></tr>
<tr><td>10</td><td colspan="2">客观 A 总分</td><td colspan="2">50</td><td colspan="2">客观 A 实际得分</td><td colspan="2"></td></tr>
<tr><td>11</td><td colspan="2">主观 B 总分</td><td colspan="2">40</td><td colspan="2">主观 B 实际得分</td><td colspan="2"></td></tr>
<tr><td>12</td><td colspan="2">总体得分率 AB</td><td colspan="2"></td><td colspan="2">评定等级</td><td colspan="2"></td></tr>
<tr><td>评分说明</td><td colspan="8">1. 评分由客观评分 A 和主观评分 B 两部分组成，其中客观评分 A 占 85%，主观评分 B 占 15%
2. 客观评分 A 分值为 10 分、0 分，主观评分 B 分值为 10 分、9 分、7 分、5 分、3 分、0 分
3. 总体得分率 AB：(A 实际得分×85%＋B 实际得分×15%)/(A 总分×85%＋B 总分×15%)×100%
4. 评定等级：根据总体得分率 AB 评定，具体为 AB≥92%＝1，AB≥81%＝2，AB≥67%＝3，AB≥50%＝4，AB≥30%＝5，AB<30%＝6</td></tr>
</table>

拓展活动

一、选择题

1. 用百分表测量时，测量杆应预先压缩 0.3 mm～1 mm，以保证一定的初始测力，避免（　　）测不出来。

A. 尺寸　　B. 公差

C. 形状公差　　D. 负偏差

2. 用内径百分表测量时，为得到准确的尺寸，活动测量头应在径向摆动，找出（　　）值，轴向摆动找出（　　）值，这两个重合尺寸就是孔的实际尺寸。

A. 最大　最小　　B. 最小　最大

C. 最大　最大　　D. 最小　最小

3. 内径千分尺测量孔径时，在直径方向上应找出最(　　)值，在轴向应找出最(　　)值，这两个重合尺寸就是孔的实际尺寸。

A. 大　小　　B. 小　大　　C. 大　大　　D. 小　小

4. 用游标卡尺测量轴的外径时，若测量爪与测量面不平行，则卡尺读数值比实际尺寸(　　)。

A. 小　　B. 大　　C. 相等　　D. 不一定

二、简答题

1. 简述内径百分表的使用步骤。

2. 简述内径百分表的种类。

任务四　内孔的加工

任务目标

加工如图 5-4-1 所示的零件，达到图样所规定的要求。

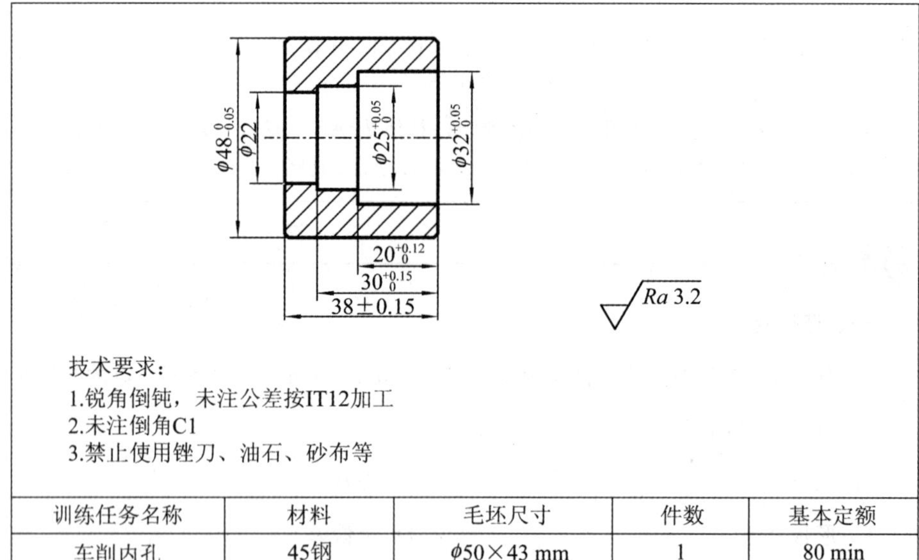

训练任务名称	材料	毛坯尺寸	件数	基本定额
车削内孔	45钢	$\phi50\times43$ mm	1	80 min

图 5-4-1　车削内孔

学习活动

一、 钻孔

(一)麻花钻的装夹

1. 直柄麻花钻的装夹

安装时，用钻夹头夹住麻花钻直柄，然后将钻夹头的锥柄用力装入尾座套筒内即可使用。拆卸钻头时动作相反。

2. 锥柄麻花钻的装夹

麻花钻的锥柄如果和尾座套筒锥孔的规格相同，可直接将钻头插入尾座套筒锥孔内进行钻孔，如果麻花钻的锥柄和尾座套筒锥孔的规格不相同，可采用锥套作为过渡。拆卸时，用斜铁插入腰形孔，敲击斜铁就可把钻头卸下来。

(二)钻孔时的切削用量

1. 背吃刀量 a_p

钻孔时的背吃刀量为麻花钻的半径，即，

$$a_p=\frac{d}{2}$$

式中 a_p——背吃刀量(mm)；

d——麻花钻直径(mm)。

2. 切削速度 v_c

可按下式计算，

$$v_c=\frac{\pi dn}{1000}$$

式中 v_c——切削速度(m/min)；

d——麻花钻直径(mm)；

n——车床主轴转速(r/min)。

用高速钢麻花钻钻钢料时，切削速度 v_c 取(15～30)m/min；钻铸铁时，v_c 取(10～25)m/min；钻铝合金时，v_c 取(75～90)m/min。

3. 进给量 f

在车床上钻孔时的进给量是用手转动车床尾座手轮来实现的。用小直径麻花钻钻孔时，进给量太大会折断麻花钻。用直径为 12 mm～15 mm 的麻花钻钻钢料时，选进给量 f 为(0.15～0.35)mm/r，钻铸铁时进给量可略大些。

(三)钻孔时切削液的选用

1. 切削液的分类与作用

切削液主要分为水溶液、乳化液和切削油三大类。切削液的作用见表 5-4-1。

表 5-4-1　切削液的作用

切削液的作用	解释
冷却	切削液的输入能吸附和带走大量的切削热，降低工件和钻头的温度，限制积屑瘤的产生，防止加工表面硬化，减少因受热变形产生的尺寸误差
润滑	由于切削液能渗透到工件与钻头的切削部分形成有吸附性的油膜，起到减小磨擦的作用，从而降低钻削阻力和钻削温度，使切削性能及钻孔质量得到提高
清洗	流动的切削液能冲走切屑，避免切屑划伤已加工的表面
防锈	切削液中加入防锈剂，保护工件、车床、刀具免受腐蚀

2. 切削液的选用

在车床上钻孔属于半封闭，加上切削液很难深入到切削区域。因此，对钻孔时切削液的要求较高，其选用见表 5-4-2。加工过程中，浇注量和压力也要大一些；同时还应经常退出钻头，以利于排屑和冷却。

表 5-4-2　钻孔时切削液的选用

麻花钻的种类	被钻削的材料		
	低碳钢	中碳钢	淬硬钢
高速钢麻花钻	用 1%～2%的低浓度乳化液、电解质水溶液或矿物油	用 3%～5%的中等浓度乳化液或极压切削油	用极压切削油
镶硬质合金麻花钻	一般不用，如用可选 3%～5%的中等浓度乳化液		用 10%～20%的高浓度乳化液或极压切削油

二、 车孔

铸造孔、锻造孔或用钻头钻出的孔，为了达到尺寸精度和表面粗糙度的要求，还需要车孔。车孔是常用的孔加工方法之一，既可以作为粗加工，也可以作为精加工，加工范围很广。车孔精度可达IT7～IT8，表面粗糙度值可达Ra 1.6～Ra 3.2，精细车削可以达到更小(Ra 0.8)，车孔还可以修正孔的直线度。

(一)车孔的关键技术

车孔的关键技术是解决内孔车刀的刚度和排屑问题，增加内孔车刀的刚度主要采取以下两项措施。

1. 尽量增加刀杆截面积

一般的内孔车刀的刀尖位于刀柄的上面，这样车刀有一个缺点，即刀柄的截面积小于孔截面积的$\frac{1}{4}$，如图5-4-2(a)所示。如果使内孔车刀的刀尖位于刀柄的中心线上，如图5-4-2(b)所示，则刀柄的截面积可大大增加。

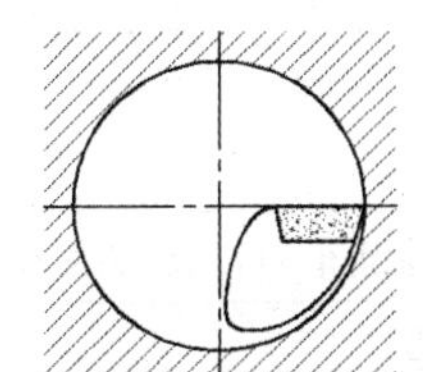
(a) 刀尖位于刀柄的上面

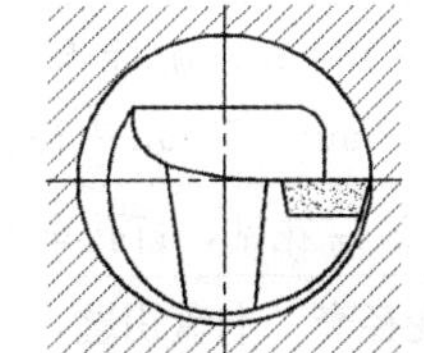
(b) 刀尖位于刀柄的中心

图5-4-2 内孔车刀刀尖的位置

内孔车刀的后刀面如果刃磨成一个大后角，如图5-4-3(a)所示，则刀柄的截面积必然减少。如果刃磨成两个后角，如图5-4-3(b)所示，或将后面磨成圆弧状，则既可防止内孔车刀的后面与孔壁摩擦，又可使刀柄的截面积增大。

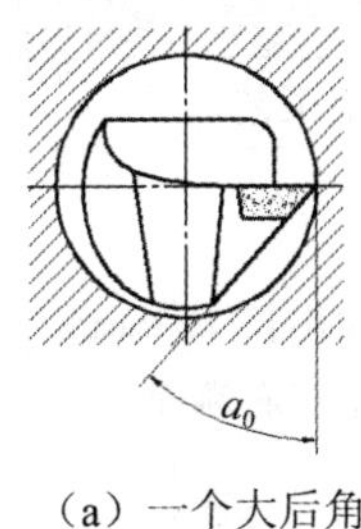

(a) 一个大后角

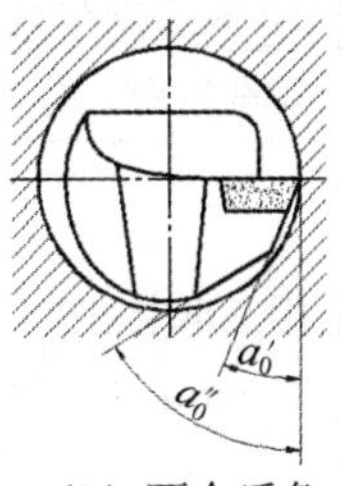

(b) 两个后角

图5-4-3 内孔车刀的后角

2. 刀杆的伸出长度尽可能缩短

如果刀柄伸出太长，就会降低刀柄的刚度，容易引起振动。使用时要根据不同的孔深调节刀柄的伸出长度。调节时只要刀柄的伸出长度大于孔深即可，这样有利于使刀柄以最大刚度的状态工作。

(二)解决排屑问题

排屑问题主要是控制切屑流出的方向。精车孔时，要求切屑流向待加工表面(即前排屑)，前排屑主要是采用正值刃倾角的内孔车刀。车削盲孔时，切屑从孔口排出(后排屑)，后排屑主要是采用负值刃倾角内孔车刀。

实践活动

一、 实践条件

实践条件见表 5-4-3。

表 5-4-3 实践条件

类别	名称
设备	CA6140 型卧式车床或同类型的车床
量具	0～150 mm 游标卡尺，0～25 mm、25 mm～50 mm 外径千分尺，18 mm～35 mm 内径百分表
刀具	ϕ20 麻花钻，盲孔车刀，90°外圆车刀，45°端面车刀
工具	变径套，卡盘钥匙，刀架钥匙
其他	安全防护用品

二、 实践步骤

车孔的实践步骤见表 5-4-4。

表 5-4-4 车孔的实践步骤

序号	步骤	操作	图示
1	实践准备	安全教育，分析图样，制定工艺	—
2	装夹工件 车右端面	用三爪卡盘夹住毛坯外圆伸出长 10 mm～20 mm，找正夹紧，粗、精车右端面	

续表

序号	步骤	操作	图示
3	钻孔	手动进给钻孔 参考：$n=400$ r/min、$a_p=11$ mm、$f=$手动进给	
4	车内孔	粗、精车内孔$\phi22$、$\phi25$、$\phi32$至尺寸，长度30、20 mm至尺寸 参考：粗车$n=400$ r/min，$a_p=1$ mm，$f=0.2$ mm/r；精车$n=600$ r/min，$a_p=0.15$ mm，$f=0.1$ mm/r	
5	调头车端面	粗、精车左端面保总长38 mm至尺寸	
6	整理并清洁	加工完毕后，正确放置零件，整理工、量具，清洁机床工作台	—

扫一扫：观看车削内孔的学习视频。

三、注意事项

(1)内孔车刀安装时要对准工件的回转中心，保证刀具正确的工作角度。

(2)内孔车刀的伸出长度要适当，过长会引起振动，过短则会使刀架与工件发生碰撞。

(3)在车削内孔的端面时，切削深度不能太大，否则会引起振动。

(4)因为车削内孔时，刀具在工件的内部，观察比较困难，所以一定要注意观察车床大拖板的刻度，及时将自动走刀改为手动走刀，控制好车削的深度，避免发生撞刀事故。

(5)如果车削时有振动，要及时调整切削用量或刃磨刀具，消除振动现象。

专业对话

1. 说一说企业中有关孔加工的零件有哪些。

2. 谈一谈孔加工时出现的问题及解决方法。

任务评价

考核标准见表 5-4-5。

表 5-4-5 考核标准

序号	检测内容	检测项目	分值	检测量具	自测结果	得分	教师检测结果	得分
1	客观评分 A（主要尺寸）	38±0.15	10					
2		$30^{+0.15}_{0}$	10					
3		$20^{+0.12}_{0}$	10					
4		$\phi48^{0}_{-0.06}$	10					
5		$\phi25^{+0.05}_{0}$	10					
6		$\phi32^{+0.05}_{0}$	10					
7		$\phi22$	10					
8		C1	10					
9	客观评分 A（几何公差与表面质量）	*Ra* 3.2	10					
10	主观评分 B（设备及工、量、刃具的维修使用）	工、量、刃具的合理使用与保养	10	酌情扣分				
11		车床的正确操作	10	酌情扣分				
12		车床的正确润滑	10	酌情扣分				
13		车床的正确保养	10	酌情扣分				
14	主观评分 B（安全文明生产）	执行正确的安全操作规程	10	穿戴整齐、紧扣、紧扎				
15		正确“两穿两戴”	10	视规范程度给分				
16	客观 A 总分		90		客观 A 实际得分			
17	主观 B 总分		60		主观 B 实际得分			
18	总体得分率 AB				评定等级			

续表

序号	检测内容	检测项目	分值	检测量具	自测结果	得分	教师检测结果	得分
评分说明	1. 评分由客观评分 A 和主观评分 B 两部分组成，其中客观评分 A 占 85%，主观评分 B 占 15% 2. 客观评分 A 分值为 10 分、0 分，主观评分 B 分值为 10 分、9 分、7 分、5 分、3 分、0 分 3. 总体得分率 AB：(A 实际得分×85%＋B 实际得分×15%)/(A 总分×85%＋B 总分×15%)×100% 4. 评定等级：根据总体得分率 AB 评定，具体为 AB≥92%＝1，AB≥81%＝2，AB≥67%＝3，AB≥50%＝4，AB≥30%＝5，AB<30%＝6							

拓展活动

加工如图 5-4-4 所示的零件，达到图样所规定的要求。

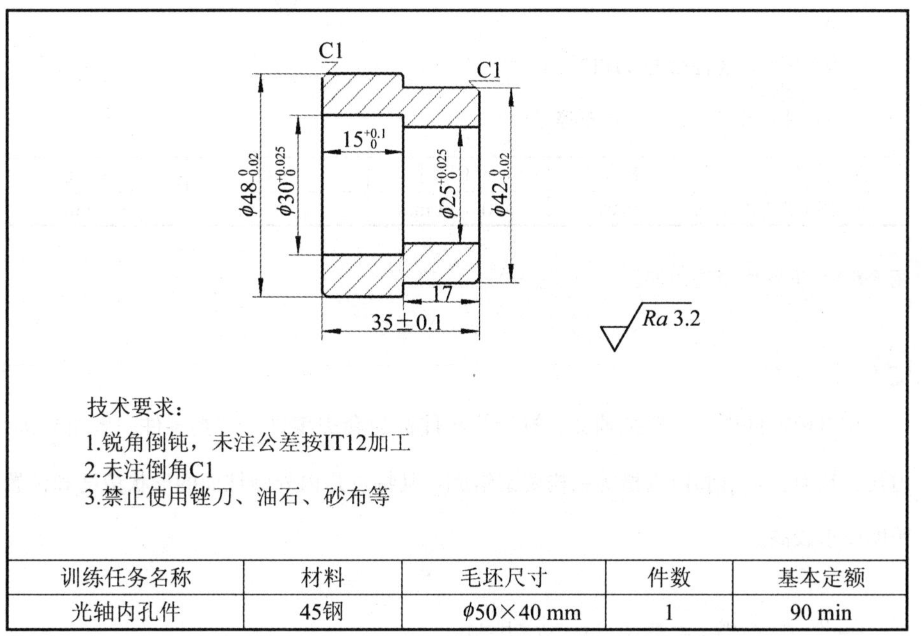

图 **5-4-4**　光轴内孔件

任务五 千斤顶顶垫的加工

任务目标

完成顶垫的加工，如图 5-5-1 所示，达到图样所规定的要求。

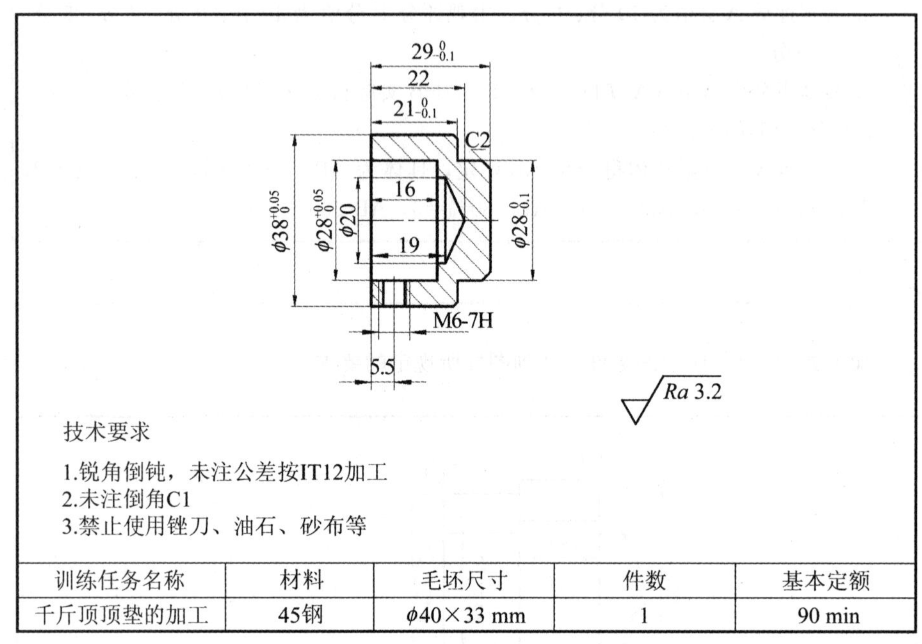

训练任务名称	材料	毛坯尺寸	件数	基本定额
千斤顶顶垫的加工	45钢	φ40×33 mm	1	90 min

图 5-5-1 千斤顶顶垫的加工

学习活动

在机械零件中，一般把轴套、衬套等零件称为套类零件。套类零件一般由外圆、内孔、端面、台阶和内沟槽等结构要素组成，其特点是内外圆柱面的形状精度和位置精度要求较高。

一、 套类工件主要表面的加工方法

对于轴套类零件，通常孔的加工方案如下。

(1)当孔径较小时($D<25$ mm)，大多采用钻、扩、铰的方案，精度和生产效率均很高。

(2)当孔径较大时($D>25$ mm)，大多采用钻孔后车孔或对已铸、锻孔直接车孔。

(3)箱体上的孔多采用粗车、精车和浮动镗孔。

(4)淬硬套筒工件，多采用磨孔的方法加工。

二、 套类工件加工工序的安排

车削套类工件时，虽然工艺方案各异，但也有一定的规律可循。

(1)车削短而小的套类零件时，为保证内外圆的同轴度，最好在一次装夹中把内孔、外圆及端面都加工完毕。

(2)内沟槽应在半精加工之后、精加工前加工，还应注意内孔精车余量对槽深的影响。

(3)对于要求较高的孔可以考虑如下方案。

粗车端面—钻孔—粗车孔—半精车孔—精车端面—铰孔；

粗车端面—钻孔—粗车孔—半精车孔—精车端面—磨孔。

三、 套类工件加工常见问题

(1)在切削力(特别是径向切削力)的作用下容易产生振动和变形，影响工件的尺寸精度、形位精度和表面粗糙度。

(2)工件薄壁，车削时容易产生热变形，不易控制工件的尺寸精度。

(3)工件在夹紧力的作用下容易产生变形，影响工件的尺寸精度和形位精度。

四、 套类工件加工常见问题的预防措施

(1)合理选择刀具几何角度、切削用量和切削液。

(2)合理选择夹紧力的方向和作用点，减小夹紧力对工件的变形影响。

(3)工件分粗车、精车，消除粗车时切削力过大而产生的变形。

(4)增加辅助支撑和工艺肋，减小薄壁工件的变形。

五、 套类工件切削用量选择

粗车时，根据所选设备性能，选择适当的切削速度，采用较大的切削用量，尤其是大走刀量，以提高加工效率。

精车时，应选择较小的切削深度和较小的进给量，尽可能减小工件的变形，保证加工质量。

实践活动

一、实践条件

实践条件见表 5-5-1。

表 5-5-1　实践条件

类别	名称
设备	CA6140 型卧式车床或同类型的车床
量具	0～150 mm 游标卡尺，0～25 mm、25 mm～50 mm 外径千分尺，18 mm～35 mm 内径百分表
刀具	ϕ20 麻花钻，盲孔车刀，90°外圆车刀，45°端面车刀
工具	变径套，卡盘钥匙，刀架钥匙
其他	安全防护用品

二、实践步骤

加工顶垫的实践步骤见表 5-5-2。

表 5-5-2　加工顶垫的实践步骤

序号	步骤	操作	图示
1	实践准备	安全教育，分析图样，制订工艺	—
2	装夹工件，车端面、外圆	用三爪卡盘夹住毛坯，工件伸出 24 mm 左右，粗、精车车端面，粗、精车外圆ϕ38 至尺寸，倒角	1×45° ϕ38 21
3	钻孔、车孔	用ϕ20 麻花钻钻孔，粗、精车内孔ϕ28 至尺寸，长度 16 mm 至尺寸，倒角	ϕ28 16

续表

序号	步骤	操作	图示
4	掉头装夹，车端面，粗、精车外圆	掉头装夹，找正并夹紧，车端面，粗、精车外圆ϕ28至尺寸，倒角	
5	台钻钻立孔，手动攻螺纹	用台钻手动钻立孔ϕ5.1，手动攻M6内螺纹至尺寸	
6	整理并清洁	加工完毕后，正确放置零件，整理工量具，清洁机床工作台	—

扫一扫：观看车削顶垫加工的学习视频。

三、注意事项

(1)车孔时要做到仔细测量和进行试车削。

(2)刀具选择要符合刚度要求，保证车刀锋利。

(3)掉头装夹时需合理选择夹紧力，以免夹伤已加工表面。

(4)时刻注意车刀伸入盲孔的长度，以免撞车。

(5)如果车削时有振动，要及时调整切削用量或刃磨刀具，消除振动现象。

专业对话

1. 说一说套类工件加工常见问题。

2. 说一说套类工件加工工序的安排。

任务评价

考核标准见表5-5-3。

表 5-5-3 考核标准

序号	检测内容	检测项目	分值	检测量具	自测结果	得分	教师检测结果	得分
1	客观评分 A（主要尺寸）	$29_{-0.1}^{0}$	10					
2		$21_{-0.1}^{0}$	10					
3		16	10					
4		$\phi28_{0}^{+0.05}$	10					
5		$\phi38_{0}^{+0.05}$	10					
6		$\phi28_{-0.1}^{0}$	10					
7		C2	10					
8		M6－7H	10					
9		22	10					
10	客观评分 A（几何公差与表面质量）	*Ra* 3.2	10					
11	主观评分 B（设备及工、量、刃具的维修使用）	工、量、刃具的合理使用与保养	10	酌情扣分				
12		车床的正确操作	10	酌情扣分				
13		车床的正确润滑	10	酌情扣分				
14		车床的正确保养	10	酌情扣分				
15	主观评分 B（安全文明生产）	执行正确的安全操作规程	10	穿戴整齐、紧扣、紧扎				
16		正确“两穿两戴”	10	视规范程度给分				
17	客观 A 总分		100		客观 A 实际得分			
18	主观 B 总分		60		主观 B 实际得分			
19	总体得分率 AB				评定等级			
评分说明	1. 评分由客观评分 A 和主观评分 B 两部分组成，其中客观评分 A 占 85%，主观评分 B 占 15% 2. 客观评分 A 分值为 10 分、0 分，主观评分 B 分值为 10 分、9 分、7 分、5 分、3 分、0 分 3. 总体得分率 AB：(A 实际得分×85%＋B 实际得分×15%)/(A 总分×85%＋B 总分×15%)×100% 4. 评定等级：根据总体得分率 AB 评定，具体为 AB≥92%＝1，AB≥81%＝2，AB≥67%＝3，AB≥50%＝4，AB≥30%＝5，AB<30%＝6							

拓展活动

加工如图 5-5-2 所示的零件，达到图样所规定的要求。

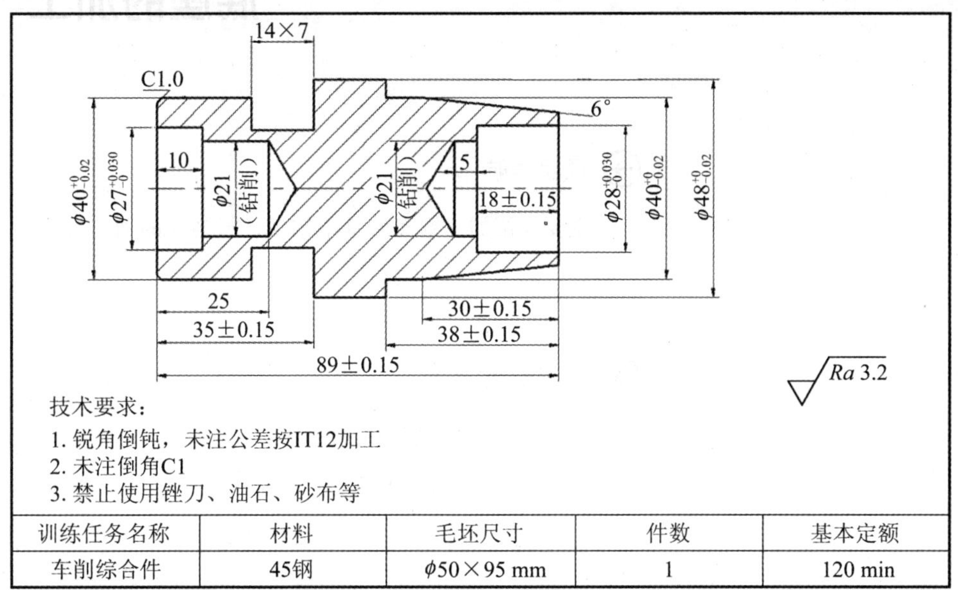

技术要求：

1. 锐角倒钝，未注公差按IT12加工
2. 未注倒角C1
3. 禁止使用锉刀、油石、砂布等

训练任务名称	材料	毛坯尺寸	件数	基本定额
车削综合件	45钢	φ50×95 mm	1	120 min

图 5-5-2　车削综合件

项目六
底座的加工

项目导航

主要介绍加工锥面的基本知识、圆锥面的加工方法、测量锥度的方法、千斤顶底座的加工。

学习要点

1. 巩固圆锥角度计算方法。
2. 掌握锥度检测的方法。
3. 掌握转动小滑板车削圆锥体的方法。
4. 根据工件的锥度，会计算小滑板的旋转角度。
5. 熟练掌握使用万能角度尺和卡尺检查。
6. 掌握转动小滑板法车削圆锥体。
7. 合理安排综合件千斤顶底座加工的工艺。

任务一 锥面的基础知识

任务目标

1. 巩固圆锥的知识。
2. 认识常用标准圆锥的类型。
3. 熟练掌握锥度的测量。

学习活动

一、锥度

在机床与夹具中，有很多地方应用圆锥作为配合面。例如，车床主轴锥孔与前顶尖的配合，车床尾座套筒与后顶尖的配合，麻花钻锥柄与钻套的配合等。

圆锥表面几何参数如图 6-1-1 所示。

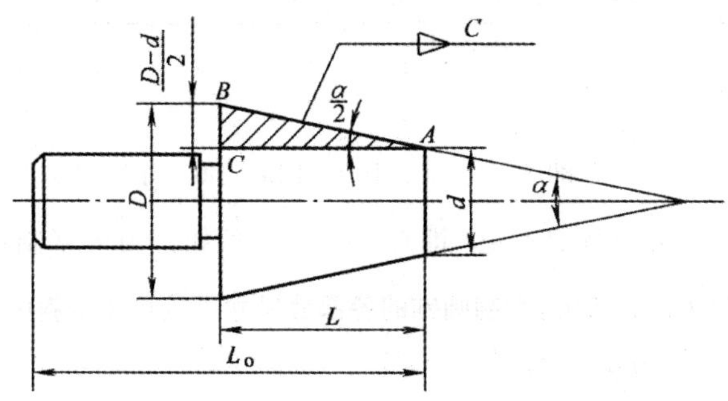

图 **6-1-1**　圆锥几何参数

二、标准圆锥

为了降低生产成本以及使用的方便，把常用的工具圆锥表面也做成标准化，即圆锥表面的各部分尺寸，按照规定的几个号码来制造，使用时只要号码相同，圆锥表面就能紧密配合和互换。

根据标准尺寸制成的圆锥表面叫作标准圆锥。常用的标准圆锥有以下两种。

1. 莫氏圆锥

莫氏圆锥是在机器制造业中应用最广泛的一种，如车床主轴锥孔、顶尖、钻头柄、铰刀柄等都用莫氏圆锥。莫氏圆锥分成 7 个号码，即 0、1、2、3、4、5 和 6 号，最小的是 0 号，最大的是 6 号，其号码不同，锥度也不相同，如表 6-1-1 所示。由于锥度不同，斜角也不同。莫氏圆锥的各部分尺寸可从相关资料中查出。

表 6-1-1　莫氏圆锥的锥度

号数	锥度	圆锥锥角 α	圆锥斜角 $\alpha/2$
0	1∶19.212≈0.05205	2°58′46″	1°29′23″
1	1∶20.048≈0.04988	2°51′20″	1°25′40″

续表

号数	锥度	圆锥锥角 α	圆锥斜角 $\alpha/2$
2	1∶20.020≈0.04995	2°51′32″	1°25′46″
3	1∶19.922≈0.050196	2°52′25″	1°26′12″
4	1∶19.254≈0.051937	2°58′24″	1°29′12″
5	1∶19.002≈0.052626	3°0′45″	1°30′22″
6	1∶19.180≈0.052138	2°59′4″	1°29′32″

2. 米制圆锥

米制圆锥有8个号码，即4、6、80、100、120、140、160和200号。这8个号码就是大端的直径，而锥度固定不变，即 C=1∶20。例如，80号米制圆锥，其大端直径是80 mm，锥度 C=1∶20。米制圆锥的各部分尺寸可从相关资料中查出。

3. 专用标准圆锥锥度

除常用的标准圆锥外，生产中还会经常遇到一些专用的标准锥度，如表6-1-2所示。

表6-1-2　专用标准圆锥锥度

锥度 C	圆锥锥角 α	应用实例
1∶4	14°15′	车床主轴法兰及轴头
1∶5	11°25′16″	易于拆卸的连接，砂轮主轴与砂轮法兰的结合，锥形摩擦离合器等
1∶7	8°10′16″	管件的开关塞、阀等
1∶12	4°46′19″	部分滚动轴承内环锥孔
1∶15	3°49′6″	主轴与齿轮的配合部分
1∶16	3°34′47″	圆锥管螺纹
1∶20	2°51′51″	米制工具圆锥，锥形主轴颈
1∶30	1°54′35″	装柄的铰刀和扩孔钻与柄的配合
1∶50	1°8′45″	圆锥定位销几锥铰刀
7∶24	16°35′3″	铣床主轴孔及刀杆的锥体
7∶64	6°15′38″	刨齿机工作台的心轴孔

三、 锥度的测量

万能角度尺测量(适用于精度不高的圆锥表面)。

根据工件角度调整量角器的安装，量角器基尺与工件端面通过中心靠平，直尺与圆锥母线接触，利用透光法检查，人视线与检测线等高，在检测线后方衬一白纸以增加透视效果，若合格，即为一条均匀的白色光线。当检测线从小端到大端逐渐增宽，即锥度小；反之，则锥度大，需要调整小滑板角度，如图 6-1-2 所示。

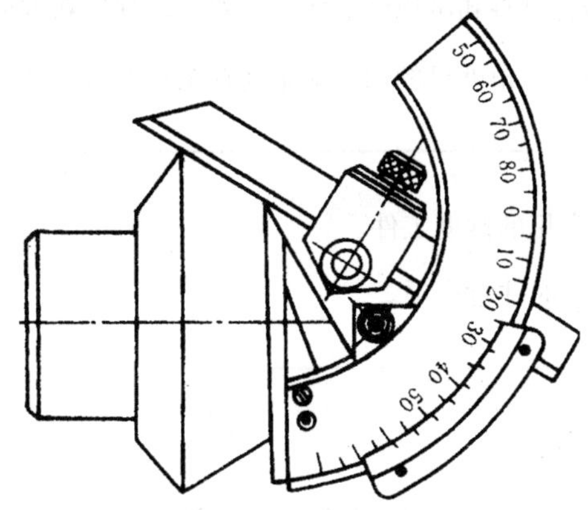

图 **6-1-2**　用万能角度尺检验角度

实践活动

一、 实践条件

实践条件见表 6-1-3。

表 **6-1-3**　实践条件

类别	名称
工件	不同锥度的变径套若干个
量具	万能角度尺
其他	安全防护用品

二、 实践步骤

步骤 1：安全教育，按“两穿两戴”要求，正确完成工作服、工作帽、工作鞋、工作镜的穿戴。

步骤 2：分组领取不同锥度的标准型号变径套及万能角度尺。

步骤 3：使用万能角度尺测量变径套的锥度大小并记录。

步骤 4：查看变径套上的型号，对照表 6-1-1 查找相应型号对应的角度。

步骤 5：万能角度尺测量的角度与标准角度对比，检测测量是否正确。

步骤 6：按“7S”规范要求，整理工、量、刃具。

三、 注意事项

(1)锥度测量前检查尺身和游标的零线是否对齐，基尺和直尺是否漏光。

(2)测量时，工件应与角度尺的两个测量面在全长上接触良好，避免误差。

专业对话

1. 谈一谈生活中常见的锥度工件。

2. 说一说锥度测量时注意事项。

任务评价

考核标准见表 6-1-4。

表 6-1-4 考核标准

序号	检测内容	检测项目	分值	评分标准	自测结果	得分	教师检测结果	得分
1	客观评分 A（工作内容）	测量的准确度（±5′）	10	不合要求不得分				
2	主观评分 B（工作内容）	动作的规范性	10	酌情扣分				
3		测量速度	10	酌情扣分				
4	主观评分 B（安全文明生产）	正确“两穿两戴”	10	穿戴整齐、紧扣、紧扎				
5		执行正确的安全操作规程	10	视规范程度给分				

续表

<table>
<tr><th>序号</th><th>检测内容</th><th>检测项目</th><th>分值</th><th>评分标准</th><th>自测结果</th><th>得分</th><th>教师检测结果</th><th>得分</th></tr>
<tr><td>6</td><td colspan="2">客观 A 总分</td><td colspan="2">10</td><td>客观 A 实际得分</td><td colspan="3"></td></tr>
<tr><td>7</td><td colspan="2">主观 B 总分</td><td colspan="2">40</td><td>主观 B 实际得分</td><td colspan="3"></td></tr>
<tr><td>8</td><td colspan="2">总体得分率 AB</td><td colspan="2"></td><td>评定等级</td><td colspan="3"></td></tr>
<tr><td>评分说明</td><td colspan="8">1. 评分由客观评分 A 和主观评分 B 两部分组成，其中客观评分 A 占 85%，主观评分 B 占 15%
2. 客观评分 A 分值为 10 分、0 分，主观评分 B 分值为 10 分、9 分、7 分、5 分、3 分、0 分
3. 总体得分率 AB：(A 实际得分×85%＋B 实际得分×15%)/(A 总分×85%＋B 总分×15%)×100%
4. 评定等级：根据总体得分率 AB 评定，具体为 AB≥92%＝1，AB≥81%＝2，AB≥67%＝3，AB≥50%＝4，AB≥30%＝5，AB<30%＝6</td></tr>
</table>

拓展活动

一、选择题

1. 圆锥面配合当圆锥角在(　　)时，可传递较大转矩。

A. 小于 3°　　B. 小于 6°　　C. 小于 9°　　D. 大于 10°

2. 通过圆锥轴线的截面内，两条素线间的夹角称为(　　)。

A. 顶角　　B. 圆锥半角　　C. 锐角　　D. 圆锥角

3. 莫氏圆锥号码不同，锥度角(　　)。

A. 不同　　B. 相同　　C. 任意　　D. 相似

4. 加工锥度较大、长度较短的圆锥面，常采用(　　)法。

A. 转动小滑板　　B. 偏移尾座　　C. 仿形　　D. 宽切削刃车削

5. 偏移尾座法可加工(　　)的圆锥。

A. 长度较长、锥度较小　　B. 内、外

C. 有多个圆锥面　　D. 长度较长、任意圆锥

6. 加工锥较小、锥形部分较长的外圆锥时，常采用(　　)法。

A. 转动小滑板　　B. 偏移尾座

C. 宽刃车刀车圆锥　　D. 仿形

7. 用仿形法车圆锥，由于仿形装置的角度调整范围小，一般应用于圆锥半角在(　　)以内的工件。

A. 3°　　B. 6°　　C. 10°　　D. 12°

8. 铰圆锥孔时，对锥度和直径较小的内圆锥采用(　　)的方法较好。

A. 钻孔后直接铰锥孔

B. 钻孔后粗铰锥孔，然后精铰锥孔

C. 钻孔后车锥孔

D. 钻孔后粗车锥孔，然后精铰锥孔

二、判断题

(　　)1. 圆锥角是圆锥母线与圆锥轴线之间的夹角。

(　　)2. 米制圆锥的号码是指大端直径。

(　　)3. 对于长度较长、精度要求较高的圆锥面，一般不宜采用靠模法车削。

(　　)4. 加工锥齿轮时，除采用转动小滑板法外，也可以采用靠模法车圆锥面。

(　　)5. 用转动小滑板法车削圆锥体时，由于受小滑板行程的限制，且只能手动进给，零件表面粗糙度难控制。

(　　)6. 采用偏移尾座法车削圆锥体，因为受尾座偏移量的限制，不能车削锥度很大的零件。

(　　)7. 靠模法车削锥度，适合于单件生产。

三、简答题

1. 转动小滑板法车锥度有什么优缺点？怎样来确定小滑板转动的角度？

2. 靠模法车削锥度有哪些特点？

任务二　外圆锥面的加工

任务目标

加工如图 6-2-1 所示零件，达到图样所规定的要求。

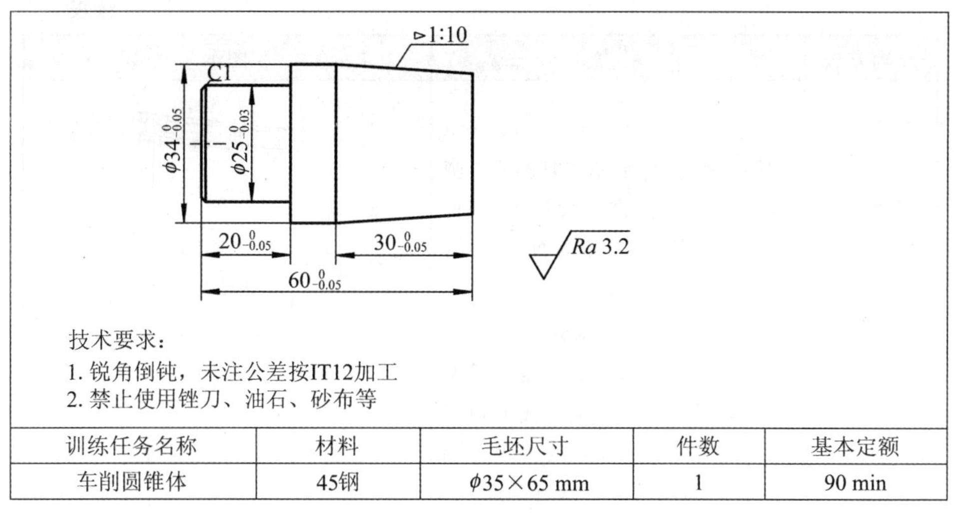

技术要求：
1. 锐角倒钝，未注公差按IT12加工
2. 禁止使用锉刀、油石、砂布等

训练任务名称	材料	毛坯尺寸	件数	基本定额
车削圆锥体	45钢	ϕ35×65 mm	1	90 min

图 **6-2-1**　车削圆锥体

学习活动

根据车削锥度零件的锥度大小和车削精度等要求的不同，在车削锥度时应合理选择车削方法。下面介绍一下外圆锥的车削方法。

一、 外圆锥车削方法

外圆锥车削方法见表 6-2-1。

表 6-2-1　外圆锥车削方法

车削方法	特点	图示
转动小滑板法	车削较短和斜角大于$\frac{\alpha}{2}$（$\frac{\alpha}{2}$也可以）的内外锥体时，可以用转动小滑板的方法，即将小滑板转到与零件中心线成$\frac{\alpha}{2}$的角度	
偏移尾座法	较长和斜角$\frac{\alpha}{2}$较小的外圆锥表面，可以用偏移车床尾座法来车削	

续表

车削方法	特点	图示
靠模法	零件要求较高（如车工具圆锥、圆锥螺纹等），或进行大量生产时，可以用靠模法车圆锥表面	
宽刃车削法	要求车刀切削刃平直，装刀后保证切削刃与车床主轴轴线夹角等于零件的圆锥半角，要求车床刚性良好，适用车削较短外圆锥	

二、 小滑板转动角度的计算

根据被加工零件给定的已知条件，可应用下面公式计算圆锥半角，

$$\tan\frac{\alpha}{2}=\frac{C}{2}=(D-d)/2l$$

式中 $\frac{\alpha}{2}$——圆锥半角；

C——锥度；

D——最大圆锥直径；

d——最小圆锥直径；

l——最大圆锥直径与最小圆锥直径之间的轴向距离。

应用上面公式计算出$\frac{\alpha}{2}$，需查三角函数表得出角度，比较麻烦，因此如果$\frac{\alpha}{2}$较小，为1°～13°，可用乘一个常数的近似方法来计算。即：$\frac{\alpha}{2}$=常数×$(D-d)/L$，其常数可从表 6-2-2 中查出。

表 6-2-2 小滑板转动角度近似公式常数

圆锥半角 $\alpha/2$	$(D-d)/L$ 或 C	常数
C×常数	0.10～0.20	28.6°
C×常数	0.20～0.29	28.5°

续表

圆锥半角 $\alpha/2$	$(D-d)/L$ 或 C	常数
$C\times$常数	0.29～0.36	28.4°
$C\times$常数	0.36～0.40	28.3°
$C\times$常数	0.40～0.45	28.2°

备注：本表适用$\frac{\alpha}{2}$为 6°～13°，6°以下常数值为 28.7°。

三、 尺寸的控制方法

通常采用计算法来保证圆锥的尺寸，具体方法见图 6-2-2。

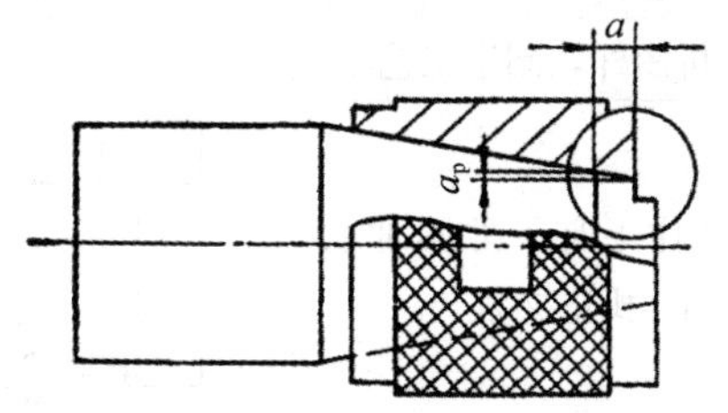

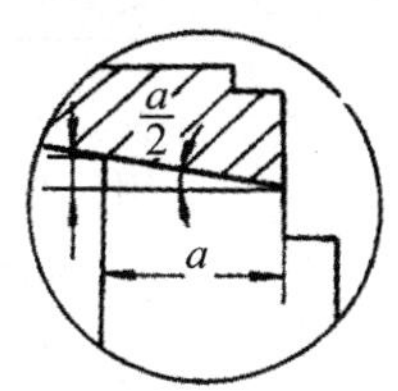

图 6-2-2 车圆锥体控制尺寸的方法

其计算公式为

$$a_p=a\times\frac{C}{2}$$

式中 a_p——切削深度；

a——为锥体剩余长度；

C——锥度。

实践活动

一、 实践条件

实践条件见表 6-2-3。

表 6-2-3 实践条件

类别	名称
设备	CA6140 型卧式车床或同类型的车床
量具	0～150 mm 游标卡尺，外径千分尺，万能角度尺

续表

类别	名称
刀具	90°外圆车刀，45°端面车刀，切断刀
工具	一字螺钉旋具、活络扳手、卡盘钥匙、刀架钥匙
其他	安全防护用品

二、 实践步骤

图 6-2-1 所示零件的实践步骤见表 6-2-4。

表 6-2-4　车圆锥体的实践步骤

序号	步骤	操作	图示
1	实践准备	安全教育，分析图样，制定工艺	—
2	装夹工件	用三爪卡盘夹住毛坯，外圆伸长 35 mm～40 mm，找正夹紧	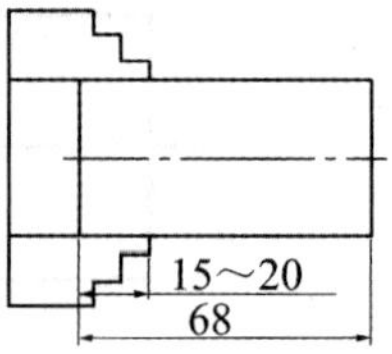 15～20 68
3	平端面和车外圆	粗、精车右端面、外圆 ϕ25 长度 20 mm，并倒角 1×45°	1×45° $\phi 25_{-0.03}^{0}$ 20
4	掉头装夹、平端面和车外圆	掉头夹住ϕ25 外圆，长度在 15 mm 左右，并找正夹紧后，粗、精车端面，保证总长 L，粗、精车外圆 D 至尺寸要求	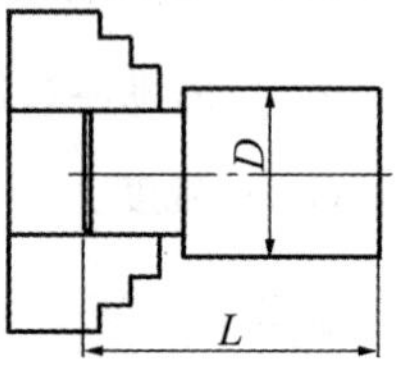 D L
5	车锥度	根据图样得出角度，将小滑板转盘上的两个螺母松开，转动一个圆锥半角后固定两个螺母，进行试切削并控制尺寸，要求锥度在五次以内合格	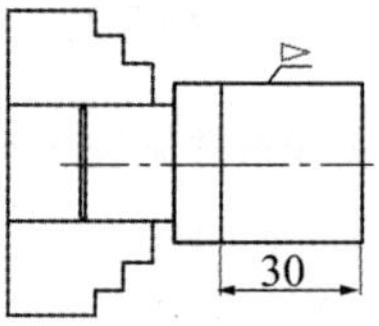 30
6	检查锥度	用万能角度尺检查，合格卸车	—
7	整理并清洁	加工完毕后，正确放置零件，整理工、量具，清洁机床工作台	—

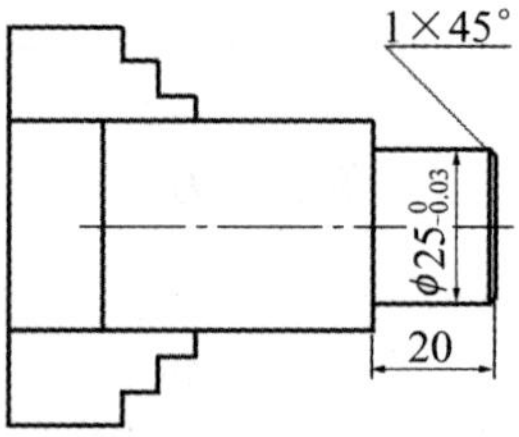

扫一扫：观看车削锥面的学习视频。

三、注意事项

(1)车削前需要调整小滑板的镶条，车刀必须对准工件旋转中心，避免产生双曲线(母线不直)误差。

(2)应两手握小滑板手柄，均匀移动小滑板。

(3)车时，进刀量不宜过大，应先找正锥度，以防车刀报废，精车余量 0.5 mm。

(4)当车刀在中途刃磨以后装夹时，必须重新调整，使刀尖严格对准中心。

(5)注意扳紧固螺钉时打滑伤手。

专业对话

1. 结合自己的实训情况，分析一下车削锥面的难点在哪。

2. 谈一谈保证锥度正确的技巧是什么。

3. 说一说如何保证锥面表面粗糙度。

任务评价

考核标准见表 6-2-5。

表 6-2-5 考核标准

序号	检测内容	检测项目	分值	检测量具	自测结果	得分	教师检测结果	得分
1	客观评分 A（主要尺寸）	$\phi25_{-0.03}^{0}$	10					
2		$\phi34_{-0.05}^{0}$	10					
3		$20_{-0.05}^{0}$	10					
4		$30_{-0.05}^{0}$	10					
5		$60_{-0.05}^{0}$	10					
6		倒角 1×45°	10					
7		锥度	10					
8	客观评分 A（几何公差与表面质量）	*Ra* 3.2	10					

续表

序号	检测内容	检测项目	分值	检测量具	自测结果	得分	教师检测结果	得分
9	主观评分 B（设备及工、量、刃具的维修使用）	工、量、刃具的合理使用与保养	10	酌情扣分				
		车床的正确操作	10	酌情扣分				
		车床的正确润滑	10	酌情扣分				
		车床的正确保养	10	酌情扣分				
10	主观评分 B（安全文明生产）	正确“两穿两戴”	10	酌情扣分				
		执行正确的安全操作规程	10	酌情扣分				
11	客观 A 总分		80	客观 A 实际得分				
12	主观 B 总分		60	主观 B 实际得分				
13	总体得分率 AB			评定等级				
评分说明	1. 评分由客观评分 A 和主观评分 B 两部分组成，其中客观评分 A 占 85%，主观评分 B 占 15% 2. 客观评分 A 分值为 10 分、0 分，主观评分 B 分值为 10 分、9 分、7 分、5 分、3 分、0 分 3. 总体得分率 AB：（A 实际得分×85%＋B 实际得分×15%）/（A 总分×85%＋B 总分×15%）×100% 4. 评定等级：根据总体得分率 AB 评定，具体为 AB≥92%＝1，AB≥81%＝2，AB≥67%＝3，AB≥50%＝4，AB≥30%＝5，AB<30%＝6							

拓展活动

加工如图 6-2-3 所示的零件，达到图样所规定的要求。

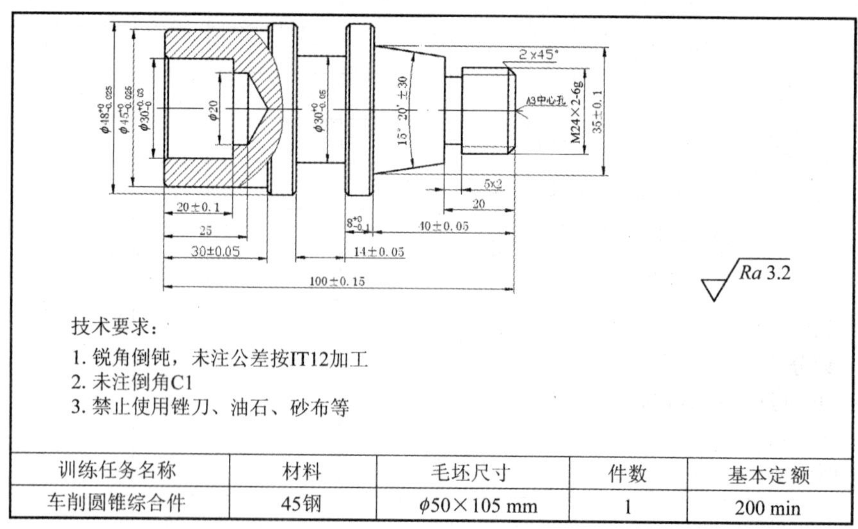

图 6-2-3 车削圆锥综合件

任务三　千斤顶底座的加工

任务目标

加工如图 6-3-1 所示零件，达到图样所规定的要求。

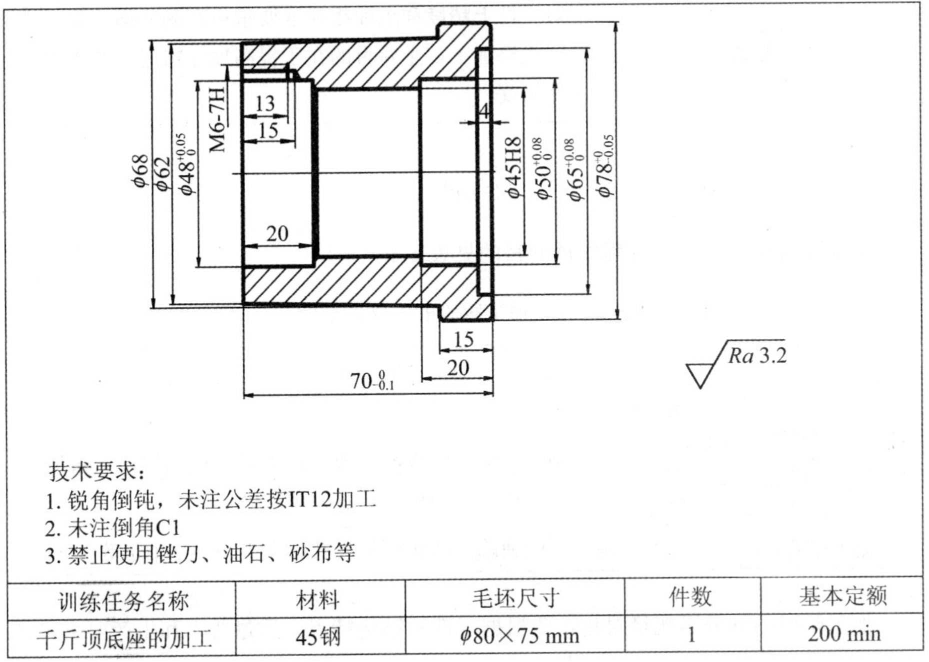

技术要求：
1. 锐角倒钝，未注公差按IT12加工
2. 未注倒角C1
3. 禁止使用锉刀、油石、砂布等

训练任务名称	材料	毛坯尺寸	件数	基本定额
千斤顶底座的加工	45钢	ϕ80×75 mm	1	200 min

图 **6-3-1**　千斤顶底座的加工

学习活动

千斤顶底座的加工过程中，加工项目包括了端面、外圆、外锥、内孔等。如何把各项目合理地联系在一起，就需要在加工前合理地安排工艺，选择合适的刀、量具及切削要素。在单个项目加工时要注意细节，做到思路清晰、操作规范、动作连贯。

一、 千斤顶底座加工工艺安排

千斤顶底座加工工艺过程的四个阶段见表 6-3-1。

表 6-3-1 加工阶段的安排

加工阶段	加工内容
粗加工	切除毛坯上大部分余量，主要在于提高生产效率
半精加工	使主要表面达到一定精度，留有一定精加工余量
精加工	保证各主要表面达到规定的尺寸和表面粗糙度要求
光整加工	对工件上精度和表面粗糙度要求很高的表面，需要进行光整加工，主要目的在于提高尺寸精度、减小表面粗糙度

二、 千斤顶底座加工工艺安排的目的

千斤顶底座加工工艺过程安排的目的见表 6-3-2。

表 6-3-2 加工阶段的安排的目的

保证加工质量	按加工阶段加工，粗加工造成的加工误差通过半精加工和精加工可以纠正过来
合理使用机床	粗加工可采用功率大、刚度高、效率高而精度低的机床；精加工可采用高精度机床；发挥机床特点，延长设备寿命
及时发现缺陷	及时发现毛坯的缺陷，如铸件的气孔、夹砂和余量不足等

加工阶段的划分不能绝对化，要根据工件的结构特点，质量要求和生产要求灵活掌握。

三、 千斤顶底座车削常见问题

(1)加工孔时，由于孔深比较长，内孔车刀在车削时伸出较长，容易产生振纹。

(2)锥度加工时表面质量不易保证。

(3)由于底孔较大，为提高效率，转孔时要选用较大直径的转头。

实践活动

一、 实践条件

实践条件见表 6-3-3。

表 6-3-3 实践条件

类别	名称
设备	CA6140 型卧式车床或同类型的车床
量具	0～150 mm 游标卡尺，25 mm～50 mm 外径千分尺，35 mm～50 mm 内径百分表，万能角度尺
刀具	ϕ40 麻花钻，内孔车刀，45°端面车刀，90°外圆车刀
工具	变径套，卡盘钥匙，刀架钥匙
其他	安全防护用品

二、 实践步骤

车孔的实践步骤见表 6-3-4。

表 6-3-4 车孔的实践步骤

序号	步骤	操作	图示
1	实践准备	安全教育，分析图样，制定工艺	—
2	装夹工件，车削右端	用三爪卡盘夹住毛坯，工件伸出 25 mm，车端面，用ϕ40 麻花钻钻通孔，粗、精车外圆ϕ78 至尺寸，粗、精车内孔ϕ45、ϕ50、ϕ65 至尺寸，倒角	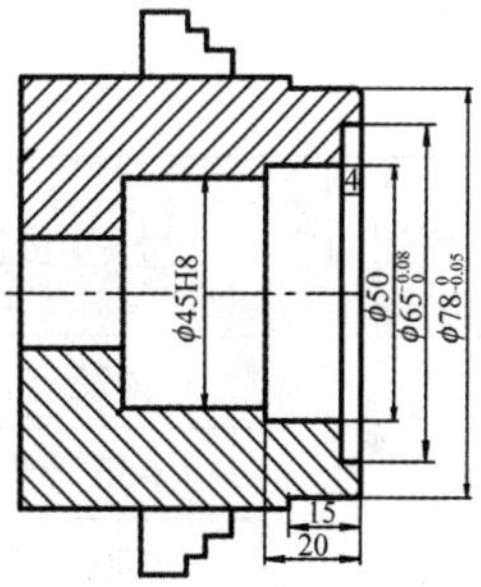 ϕ45H8, ϕ50, ϕ65$^{+0.08}_{0}$, ϕ78$^{0}_{-0.05}$, 4, 15, 20
3	掉头加工另一端	粗、精车端面，粗、精车锥面和内孔ϕ48 至尺寸，倒角	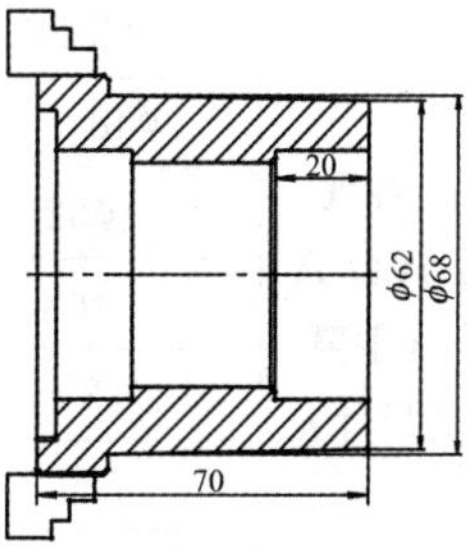 20, ϕ62, ϕ68, 70
4	攻丝	钻底孔ϕ5.1、手动攻丝 M6 螺纹至尺寸	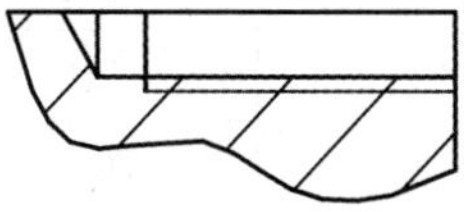
5	整理并清洁	加工完毕后，正确放置零件，整理工、量具，清洁机床工作台	—

扫一扫：观看加工底座的学习视频。

三、 注意事项

(1)孔加工时，要做到仔细测量和进行试车削。

(2)刀具选择要符合刚度要求，保证车刀锋利，尤其是要保证内孔车刀的刚性。

(3)掉头装夹时，需合理选择夹紧力，垫上铜皮，以免夹伤已加工表面。

(4)如果车削时有振动，要及时调整切削用量或刃磨刀具，消除振动现象。

(5)由于钻孔时吃刀量较大，要做到及时冷却。

专业对话

1. 说一说在底座加工过程中存在的问题及解决方法。

2. 说一说零件加工时工艺安排的目的。

任务评价

考核标准见表 6-3-5。

表 6-3-5　考核标准

序号	检测内容	检测项目	分值	检测量具	自测结果	得分	教师检测结果	得分
1	客观评分 A（主要尺寸）	$\phi78_{-0.05}^{0}$	10					
2		$\phi65_{0}^{+0.08}$	10					
3		$\phi50_{0}^{+0.08}$	10					
4		$\phi45H8$	10					
5		$\phi48_{0}^{+0.05}$	10					
6		$\phi62$	10					
7		$\phi68$	10					
8		20	10					
9		20	10					
10		15	10					
11		15	10					
12		$70_{-0.1}^{0}$	10					
13		C1	10					

续表

序号	检测内容	检测项目	分值	检测量具	自测结果	得分	教师检测结果	得分
14	客观评分A（几何公差与表面质量）	Ra 3.2	10					
15	主观评分B（设备及工、量、刃具的维修使用）	工、量、刃具的合理使用与保养	10	酌情扣分				
16		车床的正确操作	10	酌情扣分				
17		车床的正确润滑	10	酌情扣分				
18		车床的正确保养	10	酌情扣分				
19	主观评分B（安全文明生产）	执行正确的安全操作规程	10	穿戴整齐、紧扣、紧扎				
20		正确“两穿两戴”	10	视规范程度给分				
21	客观A总分		140		客观A实际得分			
22	主观B总分		60		主观B实际得分			
23	总体得分率AB				评定等级			
评分说明	1. 评分由客观评分A和主观评分B两部分组成，其中客观评分A占85%，主观评分B占15% 2. 客观评分A分值为10分、0分，主观评分B分值为10分、9分、7分、5分、3分、0分 3. 总体得分率AB：（A实际得分×85%＋B实际得分×15%）/（A总分×85%＋B总分×15%）×100% 4. 评定等级：根据总体得分率AB评定，具体为AB≥92%＝1，AB≥81%＝2，AB≥67%＝3，AB≥50%＝4，AB≥30%＝5，AB<30%＝6							

拓展活动

利用机动进给加工如图 6-3-2 所示的零件，达到图样所规定的要求。

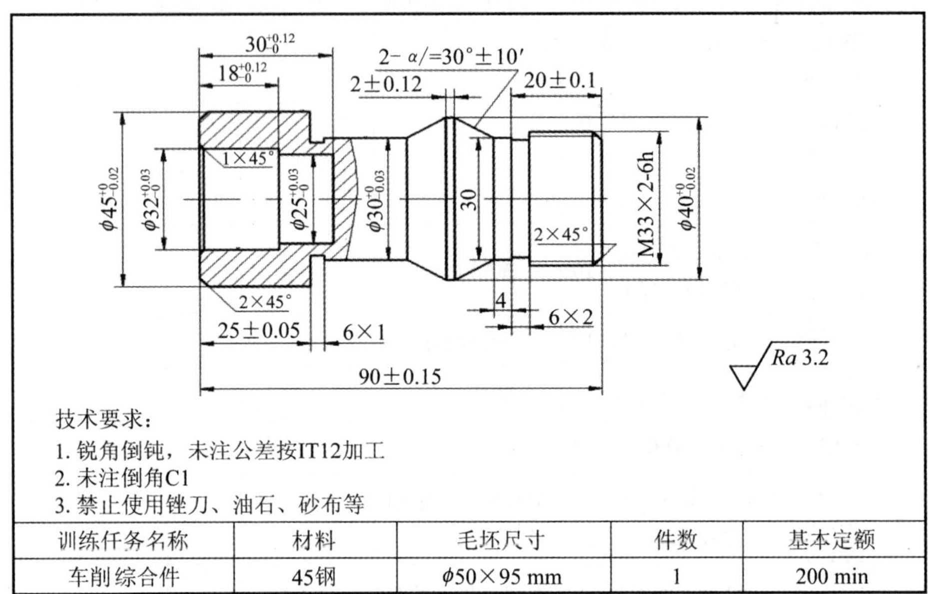

技术要求：
1. 锐角倒钝，未注公差按IT12加工
2. 未注倒角C1
3. 禁止使用锉刀、油石、砂布等

训练任务名称	材料	毛坯尺寸	件数	基本定额
车削综合件	45钢	φ50×95 mm	1	200 min

图 6-3-2　车削综合件

项目七
螺套的加工

项目导航

本项目主要介绍内螺纹车刀的刃磨、内螺纹的加工和千斤顶螺套的加工等内容。

学习要点

1. 理解内三角螺纹车刀的几何角度。
2. 掌握内三角螺纹车刀的刃磨方法。
3. 掌握内三角螺纹的车削方法和测量方法。
4. 合理安排综合件螺套的加工工艺。

任务一　内三角螺纹车刀的刃磨

任务目标

刃磨如图 7-1-1 所示的内三角螺纹车刀，达到图样所规定的要求。

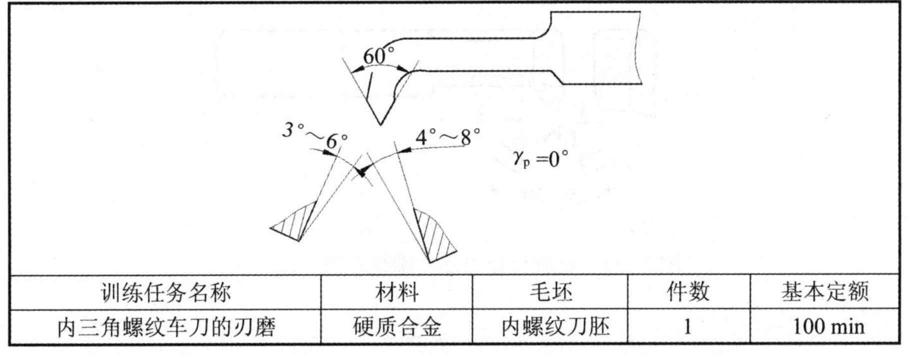

训练任务名称	材料	毛坯	件数	基本定额
内三角螺纹车刀的刃磨	硬质合金	内螺纹刀胚	1	100 min

图 **7-1-1**　内三角螺纹车刀的刃磨

学习活动

内三角螺纹车刀

1. 内三角螺纹车刀的种类

内三角螺纹车刀按刀具材料分为高速钢和硬质合金两种。根据所加工内孔的结构特点来选择合适的内螺纹车刀。由于内螺纹车刀的大小受内螺纹孔径的限制，所以内螺纹车刀的刀体的径向尺寸应比螺纹孔径小 3 mm～5 mm，否则退刀时易碰伤牙顶，甚至无法车削。

此外，在介绍车内圆柱面时，曾重点提到有关内孔车刀的刚性和解决排屑问题的有效措施，在选择内螺纹车刀的结构和几何形状时也应给予充分的注意。

高速钢内三角螺纹车刀的几何角度如图 7-1-2 所示，硬质合金内三角螺纹车刀的几何角度如图 7-1-3 所示。内三角螺纹车刀除了其刀刃几何形状应具有外螺纹刀尖的几何特点外，还应具有内孔刀的特点。

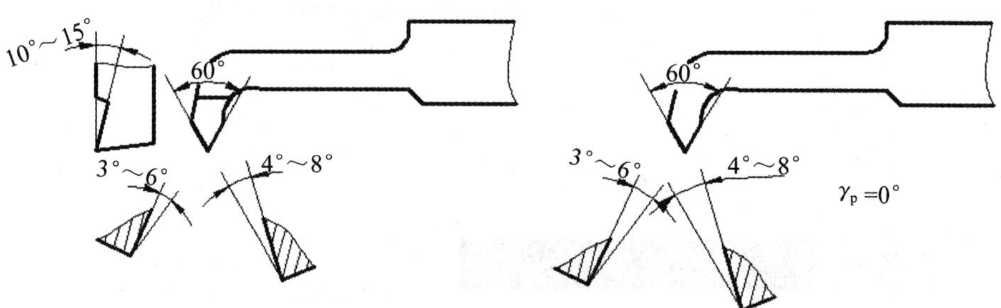

图 7-1-2　高速钢内三角螺纹车刀

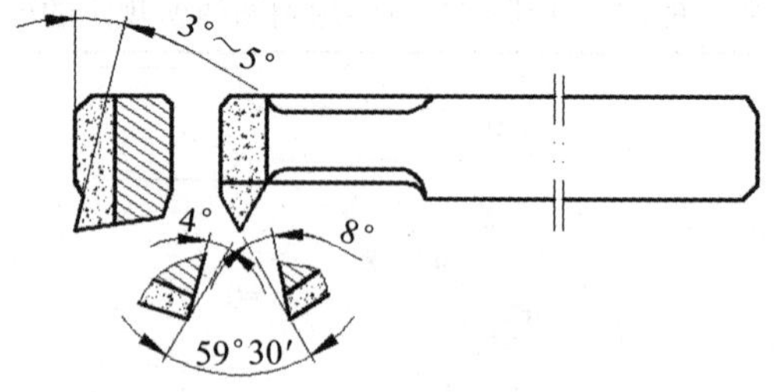

图 7-1-3　硬质合金内三角螺纹车刀

2. 内三角形螺纹车刀的刃磨

由于螺纹车刀的刀尖受刀尖角限制，刀体面积较小，因此刃磨时比一般车刀难以正确掌握，内螺纹车刀又受到刀杆的限制，使刃磨更加困难。

刃磨内螺纹车刀有如下四点要求。

(1)当螺纹车刀径向前角 $\gamma_P=0°$时，刀尖角应等于牙型角；当螺纹车刀径向前角 $\gamma_P>0°$时，刀尖角必须修正。

(2)螺纹车刀两侧切削刃必须是直线。

(3)螺纹车刀切削刃应具有较小的表面粗糙度值。

(4)螺纹车刀两侧后角是不相等的，应考虑车刀进给方向的后角受螺纹升角的影响，加减一个螺纹升角 φ。

实践活动

一、 实践条件

实践条件见表 7-1-1。

表 7-1-1　实践条件

类别	名称
设备	砂轮机
量具	0～150 mm 游标卡尺，螺纹样板
工具	金刚笔或砂轮修整器
其他	安全防护用品

二、 实践步骤

内三角螺纹车刀的实践步骤见表 7-1-2。

表 7-1-2　内三角螺纹车刀的实践步骤

序号	步骤	操作	图示
1	实践准备	安全教育，分析图样，制定工艺	—

续表

序号	步骤	操作	图示
2	粗磨	将高速钢刀具粗磨成内三角螺纹车刀的形状	
3	磨两个后刀面	形成刀尖角	
4	样板检验	刀尖角用螺纹车刀样板来测量，能够得到正确的刀尖角	
5	修磨刀尖	磨出一定的刀尖圆弧	
6	整理并清洁	刃磨完毕后，整理工、量具，清洁设备、场地	—

扫一扫：观看内三角螺纹车刀的刃磨的学习视频。

【小技巧】

在使用样板测量刀具角度时可采用图 7-1-4 的方法，把刀具的一条切削刃与样板的一边靠紧，观察刀具另一条切削刃与样板另一边的间隙，如果间隙均匀，则证明刀具角度正确。这种方法要比把刀具两条切削刃同时靠在样板上要准确。

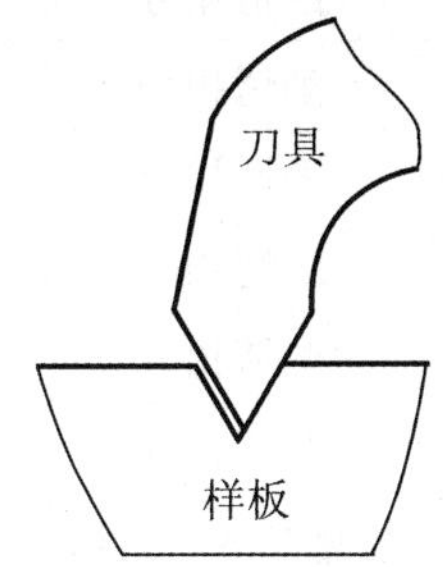

图 **7-1-4**　用样板测量刀尖角

三、 注意事项

(1)刃磨时，人的站立姿势要正确。在刃磨整体式内螺纹车刀内侧时，易将刀尖磨歪斜。

(2)磨削时，两手握着车刀与砂轮接触的径向压力应不小于一般车刀。

(3)磨外螺纹车刀时，刀尖角平分线应平行于刀体中线；磨内螺纹车刀时，刀尖角平分线应垂直于刀体中线。

(4)粗磨时也要用车刀样板检查。对径向前角大于 0°的螺纹车刀，粗磨时两刃夹角应略大于牙型角。待磨好前角后，再修磨两刃夹角。

(5)刃磨刀刃时要稍带做左、右、上、下的移动，这样容易使刀刃平直。

专业对话

1. 谈一谈内螺纹车刀各角度的大小。

2. 结合实践情况，谈一谈内螺纹车刀刃磨的操作要领有哪些。

任务评价

考核标准见表 7-1-3。

表 7-1-3 考核标准

<table>
<tr><th>序号</th><th>检测内容</th><th>检测项目</th><th>分值</th><th>评分标准</th><th>自测结果</th><th>得分</th><th>教师检测结果</th><th>得分</th></tr>
<tr><td>1</td><td rowspan="7">主观评分 B（工作内容）</td><td>主后角</td><td>10</td><td>酌情扣分</td><td></td><td></td><td></td><td></td></tr>
<tr><td>2</td><td>副后角</td><td>10</td><td>酌情扣分</td><td></td><td></td><td></td><td></td></tr>
<tr><td>3</td><td>刀尖角</td><td>10</td><td>酌情扣分</td><td></td><td></td><td></td><td></td></tr>
<tr><td>4</td><td>前角</td><td>10</td><td>酌情扣分</td><td></td><td></td><td></td><td></td></tr>
<tr><td>5</td><td>刀刃平直</td><td>10</td><td>酌情扣分</td><td></td><td></td><td></td><td></td></tr>
<tr><td>6</td><td>刀面平整</td><td>10</td><td>酌情扣分</td><td></td><td></td><td></td><td></td></tr>
<tr><td>7</td><td>磨刀姿势</td><td>10</td><td>酌情扣分</td><td></td><td></td><td></td><td></td></tr>
<tr><td>8</td><td rowspan="2">主观评分 B（安全文明生产）</td><td>正确“两穿两戴”</td><td>10</td><td>穿戴整齐、紧扣、紧扎</td><td></td><td></td><td></td><td></td></tr>
<tr><td>9</td><td>执行正确的安全操作规程</td><td>10</td><td>视规范程度给分</td><td></td><td></td><td></td><td></td></tr>
<tr><td>10</td><td colspan="2">主观 B 总分</td><td colspan="2">90</td><td colspan="2">主观 B 实际得分</td><td colspan="2"></td></tr>
<tr><td>11</td><td colspan="2">总体得分率</td><td colspan="2"></td><td colspan="2">评定等级</td><td colspan="2"></td></tr>
<tr><td>评分说明</td><td colspan="8">1. 主观评分 B 分值为 10 分、9 分、7 分、5 分、3 分、0 分
2. 总体得分率：(B 实际得分/B 总分)×100%
3. 评定等级：根据总体得分率评定，具体为≥92%=1，≥81%=2，≥67%=3，≥50%=4，≥30%=5，<30%=6</td></tr>
</table>

拓展活动

一、选择题

1. 内螺纹车刀的副后角应选(　　)。

A. 6°～8°　　B. 1°～2°　　C. 12°　　D. 5°

2. M16 螺纹的牙型高度是(　　)mm。

A. 1.732　　B. 1.083　　C. 14.701　　D. 13.835

3. 低速车削普通螺纹时，一般都选用(　　)车刀。

A. 高速钢　　B. 硬质合金　　C. 工具钢　　D. 金刚石

4. 高速车削普通螺纹且用硬质合金车刀时，只能采用(　　)。

A. 直进法　　B. 左右切削法　　C. 斜进法　　D. 切直槽法

5. 常用预防乱牙的方法是(　　)。

A. 直进法　　B. 左右切削法　　C. 斜进法　　D. 开倒顺车法

二、简答题

1. 内螺纹车刀按刀具材料分哪几类?

2. 刃磨内三角螺纹刀时应注意哪些问题?

任务二　内三角形螺纹的加工

任务目标

加工如图 7-2-1 所示的零件，达到图样所规定的要求。

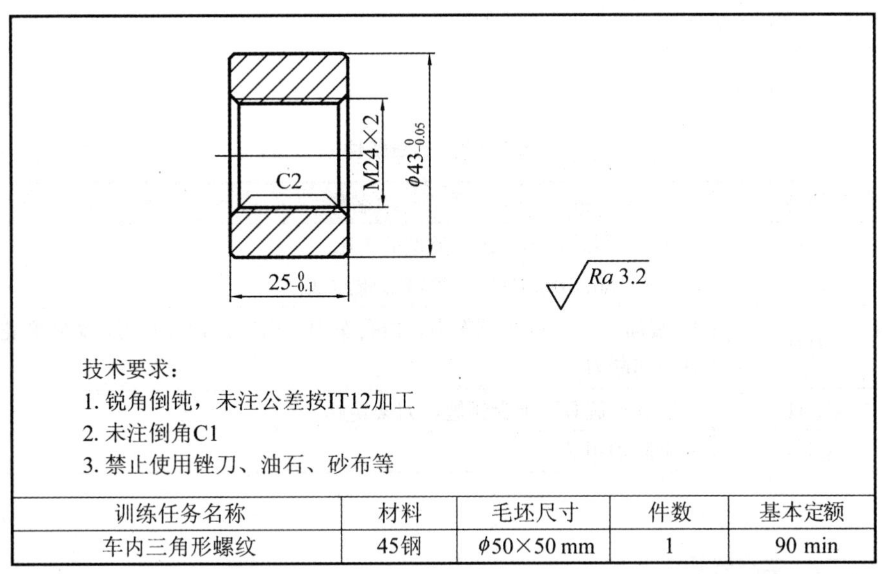

训练任务名称	材料	毛坯尺寸	件数	基本定额
车内三角形螺纹	45钢	ϕ50×50 mm	1	90 min

图 **7-2-1**　车内三角形螺纹

学习活动

普通内三角螺纹的车削与外三角螺纹的车削在操作上区别比较大，但在加工前都需要进行各尺寸的计算、机床各手柄的调整等工作。

普通内三角螺纹的相关计算

普通内三角螺纹尺寸的计算见表 7-2-1。

表 7-2-1 普通内三角螺纹的尺寸计算

序号	名称	代号	计算公式	备注
1	中径	D_2	$D_2=d_2=d-0.6495P$	d 为公称直径，P 为螺距
2	小径	D_1	$D_1=d_1=d-1.0825P$	
3	大径	D	$D=d$	

根据表 7-2-1 可计算出图 7-2-1 内螺纹的相关尺寸。

已知：$d=24$ mm，$P=1.5$ mm。

$D_1=d_1=d-1.0825P=24-1.0825\times1.5=22.376$ mm，

$D=d=24$ mm。

实践活动

一、 实践条件

实践条件见表 7-2-2。

表 7-2-2 实践条件

类别	名称
设备	CA6140 型卧式车床或同类型的车床
量具	0～150 mm 游标卡尺、M24×2 螺纹塞规
刀具	45°端面车刀，90°外圆车刀，内孔车刀，内三角螺纹车刀，ϕ20 麻花钻，切断刀
工具	一字螺钉旋具，卡盘钥匙，刀架钥匙
其他	安全防护用品

二、 实践步骤

车削内三角螺纹的实践步骤见表 7-2-3。

表 7-2-3 车削内三角螺纹的实践步骤

序号	步骤	操作	图示
1	实践准备	安全教育，分析图样，制定工艺	—
2	装夹工件，车右端面	用三爪卡盘夹住毛坯，外圆伸出长 35 mm，找正夹紧，粗、精车右端面	

续表

序号	步骤	操作	图示
3	钻孔	用ϕ20 麻花钻手动进给钻孔，深度 30 mm 左右	
4	车外圆	粗、精车外圆ϕ43 至尺寸，长度30 mm 左右	
5	切断	将工件切断，总长留 0.5 mm 精加工余量	
6	装夹工件，车端面、内孔	夹住外圆ϕ43，工件伸出 7 mm 左右，粗、精车左端面保总长 25 mm 至尺寸，粗、精车螺纹内孔ϕ22 至尺寸，倒角	
7	车螺纹	粗、精车螺纹，参考：n=90 r/min、a_p=0.2 mm～0.5 mm、f 为螺距；精车n=40 r/min、a_p=0.05 mm、f 为螺距	
8	整理并清洁	加工完毕后，正确放置零件，整理工、量具，清洁机床工作台	—

扫一扫：观看车削内三角螺纹的学习视频。

三、 注意事项

(1)车削内螺纹与车削外螺纹有很大区别，进刀和退刀的方向正好相反，而且内螺纹退刀时还受到孔径的影响，所以不能退太多，否则会撞到工件，所以车削前一定要熟悉进刀、退刀的方向，避免发生撞刀事故。

(2)车内螺纹前的孔径可以比螺纹小径大一些，一般大 0.15 mm 就可以了，这样与外螺纹配合时比较好配。

(3)内螺纹刀安装时要对准工件回转中心，要保证刀具工作角度正确。

(4)安装刀具时要用样板对刀，保证牙型角的正确。

(5)车削时要经常用螺纹塞规测量，避免螺纹报废。

(6)要保证冷却液充分浇注，有利于排屑。

专业对话

1. 谈一谈车削内螺纹时的注意事项。

2. 结合自己实训情况，分析从哪几个方面减少内螺纹车刀车削时的“让刀”现象。

任务评价

考核标准见表 7-2-4。

表 7-2-4 考核标准

序号	检测内容	检测项目	分值	检测量具	自测结果	得分	教师检测结果	得分
1	客观评分 A（主要尺寸）	M24×2	10					
2		$\phi 43_{-0.05}^{0}$	10					
3		$25_{-0.1}^{0}$	10					
4		C2	20					
5	客观评分 A（几何公差与表面质量）	*Ra* 3.2	10					
6	主观评分 B（设备及工、量、刃具的维修使用）	工、量、刃具的合理使用与保养	10					
7		车床的正确操作	10					
8		车床的正确润滑	10					
9		车床的正确保养	10					
10	主观评分 B（安全文明生产）	执行正确的安全操作规程	10					
11		正确“两穿两戴”	10					

续表

序号	检测内容	检测项目	分值	检测量具	自测结果	得分	教师检测结果	得分
12	客观 A 总分		50	客观 A 实际得分				
13	主观 B 总分		60	主观 B 实际得分				
14	总体得分率 AB			评定等级				
评分说明	1. 评分由客观评分 A 和主观评分 B 两部分组成，其中客观评分 A 占 85%，主观评分 B 占 15% 2. 客观评分 A 分值为 10 分、0 分，主观评分 B 分值为 10 分、9 分、7 分、5 分、3 分、0 分 3. 总体得分率 AB：(A 实际得分×85%＋B 实际得分×15%)/(A 总分×85%＋B 总分×15%)×100% 4. 评定等级：根据总体得分率 AB 评定，具体为 AB≥92%＝1，AB≥81%＝2，AB≥67%＝3，AB≥50%＝4，AB≥30%＝5，AB<30%＝6							

拓展活动

加工如图 7-2-2 所示的零件，达到图样所规定的要求。

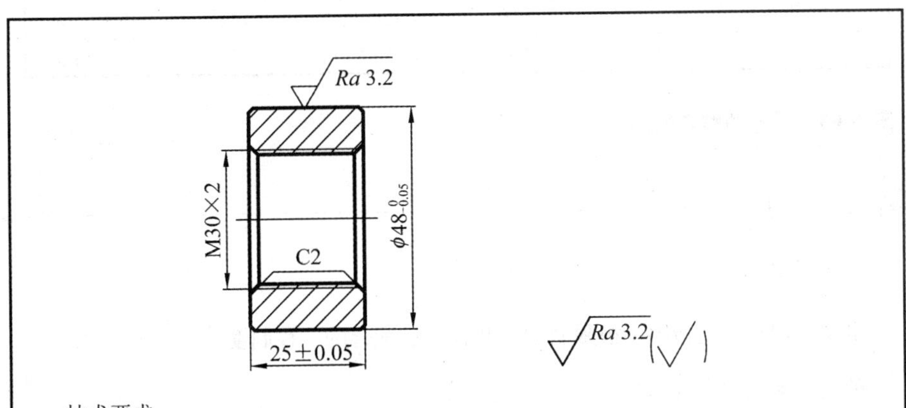

训练任务名称	材料	毛坯尺寸	件数	基本定额
车内三角形螺纹	45钢	ϕ50×50 mm	1	90 min

图 7-2-2　车内三角形螺纹

任务三　千斤顶螺套的加工

任务目标

本次项目任务的训练内容主要是在前几次任务的基础上，将前几次训练的内容进行综合，按照如图 7-3-1 所示，完成综合件螺套加工。

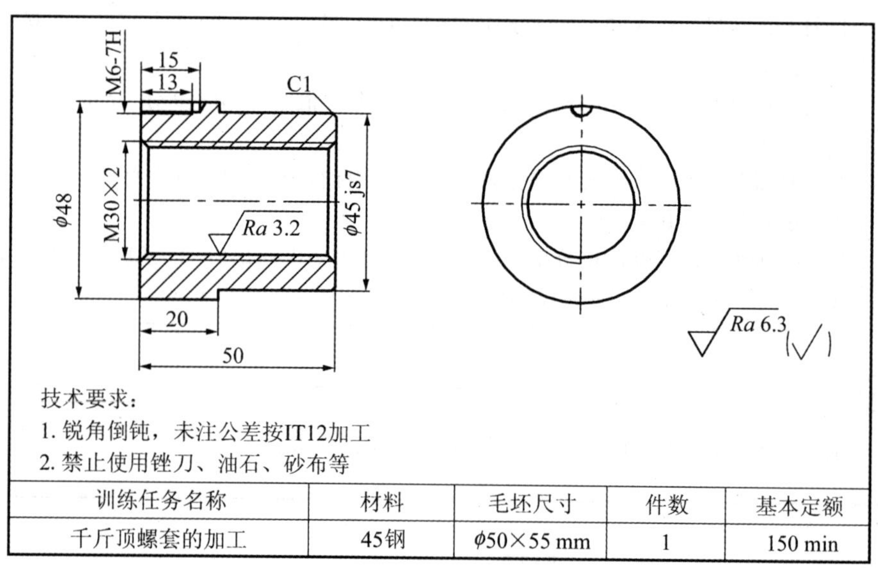

训练任务名称	材料	毛坯尺寸	件数	基本定额
千斤顶螺套的加工	45钢	ϕ50×55 mm	1	150 min

图 **7-3-1**　千斤顶螺套的加工

学习活动

一、 配合制

定义：配合制是指同一极限制的孔和轴组成配合的一种制度。

种类：基孔制和基轴制。

1. 基孔制配合

定义：基本偏差为一定的孔的公差带与不同基本偏差的轴的公差带形成各种配合的一种制度称为基孔制。

基准孔——基孔制配合中选作基准的孔称为基准孔，基本偏差为下偏差，其数值为零，代号为“H”，上偏差为正值，即其公差带在零线上侧，且上偏差用两条虚线段画出，以表示其公差带的变动范围。由图 7-3-2 可得如下内容。

(1)当轴的基本偏差为上偏差且小于等于 0 时，为间隙配合。

(2)当轴的基本偏差为下偏差且大于 0 时，孔与轴的公差带相交叠，为过渡配合；孔与轴的公差带错开时，为过盈配合。

(3)轴的另一极限偏用一条虚线画出。

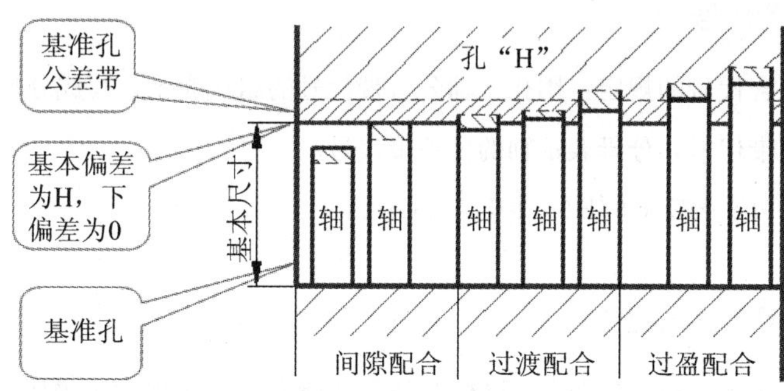

图 **7-3-2**　基孔制配合

2. 基轴制配合

定义：基本偏差为一定的轴的公差带，与不同基本偏差的孔的公差带形成各种配合的一种制度，称为基轴制。

基准轴——基轴制配合中选作基准的轴称为基准轴。基本偏差为上偏差，其数值为零，下偏差为负值，即基准轴的公差带在零线的下侧，且下偏差用两条虚线段画出。由图 7-3-3 可得如下内容。

(1)当轴的基本偏差为下偏差时，为间隙配合。

(2)当孔的基本偏差为上偏差且小于 0 时，孔与轴的公差带交叠，为过渡配合；孔与轴的公差错开时，为过盈配合。

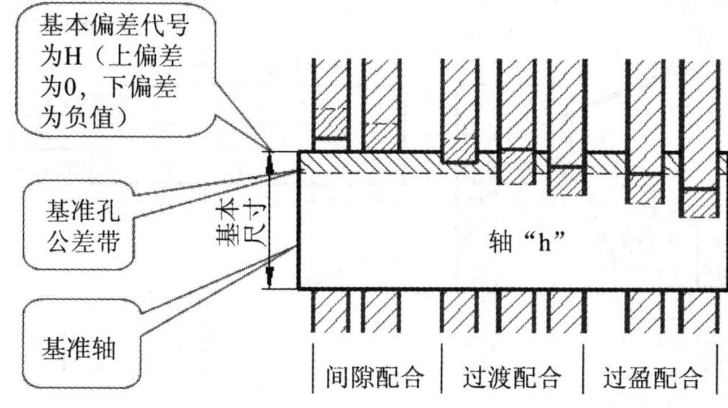

图 **7-3-3**　基轴制配合

3. 混合配合

国标规定，如有特殊需要允许将任一孔轴的公差带组成配合，如 G8/n7，F7/m6 等。

二、 配合代号

国标对配合代号的规定：用孔、轴公差带代号的组成表示，写成分数形式，分子表示孔的公差带代号，分母表示轴的公差带代号。

例如：ϕ50F8/h6，G6/H6，10H7/n6 等。

三、 常用和优先配合

在小于等于 500 mm 范围内，国标对基孔制规定了 59 种常用的配合和 13 种优先的配合(图 7-3-4)；对基轴制规定了 47 种常用的配合和 13 种优先的配合(图 7-3-5)。

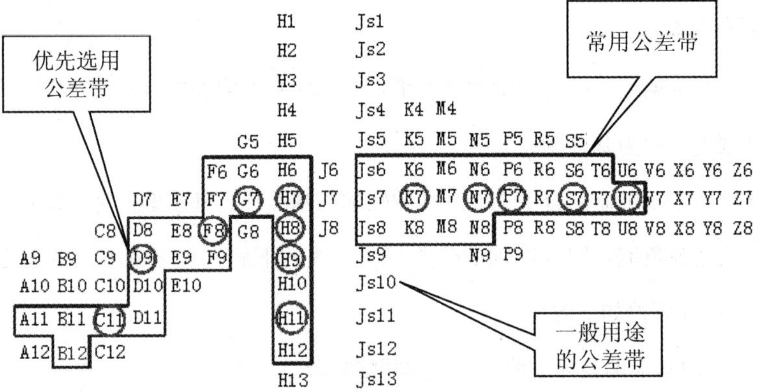

图 7-3-4 优先与常用的孔公差带

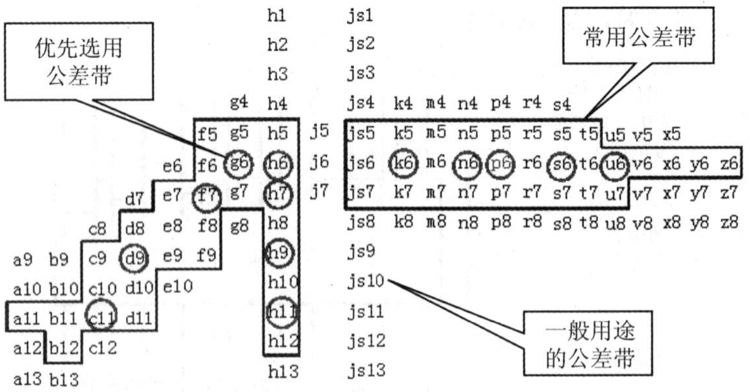

图 7-3-5 优先与常用的轴公差带

1. 基孔制

基孔制就是基准孔 H 与所有轴组成配合的一种制度；基轴制就是基准轴 h 与所有孔组成配合的一种制度。

(1)在配合代号中，凡分子为 H 的，配合的基准制为基孔制。

(2)在配合代号中，凡分母为 h 的，配合的基准制为基轴制。

2. 配合性质的区分

基孔制配合性质的区分如下。

(1)H 与 a～h 组成的配合皆是间隙配合。

(2)H 与 j、js、k、m 的配合皆是过渡配合。

(3)H 与 r～zc 的配合皆是过盈配合。

3. h 与 n、p 的配合性质需据具体情况确定

基轴制配合性质的区分：

(1)h 与 A～H 组成的配合皆是间隙配合。

(2)h 与 J、JS、K、M 的配合皆是过渡配合。

(3)h 与 P～ZC 的配合皆是过盈配合。

(4)h 与 N 的配合性质需据具体情况确定。

四、 一般公差——线性尺寸的未注公差

1. 线性尺寸的一般公差概念

在图样上不单独注出公差，而是在图样上，技术文件或技术标准中作出总的说明。

GB/804—79 规定未注公差的公差等级为 IT12 至 IT18，基本偏差一般孔用 H；轴用 h；长度用＋IT/2(即 JS 或 js)。

2. 线性尺寸的一般公差标准

(1)适用范围。线性尺寸的一般公差标准既适用于金属切削加工的尺寸，也适用于一般冲压加工的尺寸，非金属材料和其他工艺方法加工的尺寸也可参照采用。GB/T 1804-1992 规定的极限偏差适用于非配合尺寸。

(2)公差等级与数值。四个等级：f(精密级)，m(中等级)，c(粗糙级)，v(最粗级)。

实践活动

一、实践条件

实践条件见表 7-3-1。

表 7-3-1　实践条件

类别	名称
设备	CA6140 型卧式车床或同类型的车床
量具	0～150 mm 游标卡尺，0～25 mm、25 mm～50 mm 外径千分尺，M30×2 螺纹塞规
刀具	90°外圆车刀，切槽刀，45°端面车刀，内螺纹车刀，内孔车刀，中心钻，钻夹头，ϕ25 麻花钻
工具	卡盘钥匙，刀架钥匙
其他	安全防护用品

二、实践步骤

螺套的实践步骤见表 7-3-2。

表 7-3-2　螺套的实践步骤

序号	步骤	操作	图示
1	实践准备	安全教育，分析图样，制定工艺	—
2	装夹工件	夹住毛坯外圆，工件伸出 30 mm 左右，找正、夹紧	ϕ50 30
3	平端面	粗、精车右端面	

续表

序号	步骤	操作	图示
4	钻孔	用ϕ25 麻花钻手动钻通孔	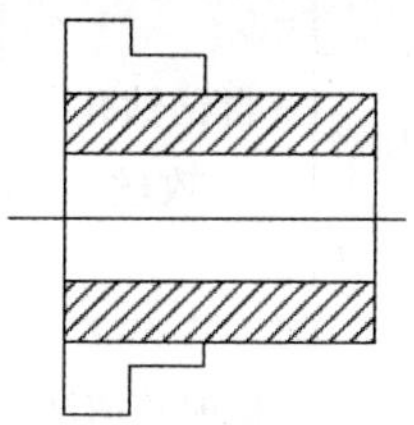
5	车外圆	粗、精车外圆ϕ48 至尺寸，长度 27 mm 左右，倒角	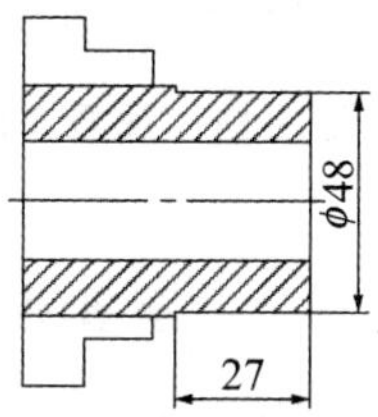 ϕ48 27
6	掉头装夹，车端面	掉头，用铜皮或ϕ48.5 开口套夹住外圆ϕ48，精确找正，夹紧，粗、精车端面，保证总长 50 至尺寸	50
7	精车外圆	粗、精车外圆ϕ45 至尺寸，长度 30 mm，间接保证长度 20 mm 的精度，倒角	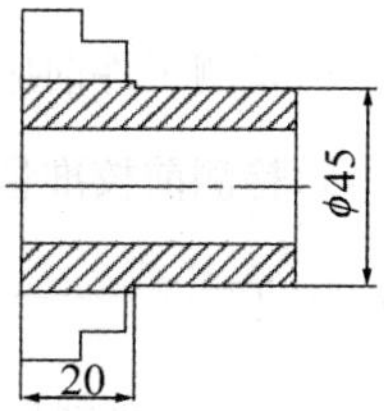 ϕ45 20
8	精车内孔、倒角	粗、精车螺纹底孔ϕ28 至尺寸，倒角、去毛刺	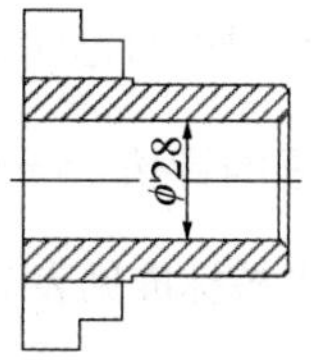 ϕ28
9	车螺纹	粗、精车螺纹 M30×2 至尺寸	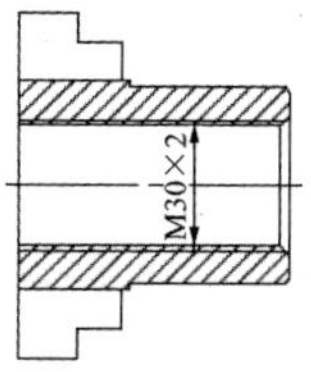 M30×2

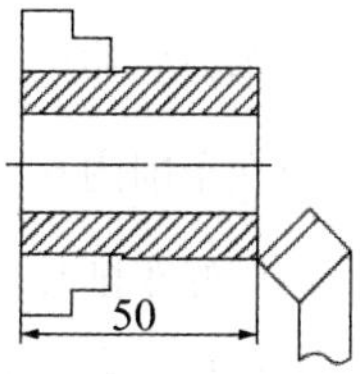

续表

序号	步骤	操作	图示
10	台钻钻孔、攻丝	在钻床上用$\phi5$麻花钻钻孔，手动攻丝M6至尺寸	
11	整理并清洁	加工完毕后，正确放置零件，整理工量具，清洁机床工作台	—

扫一扫：观看车削螺套的学习视频。

三、 注意事项

(1)车刀安装时，要对准工件的回转中心，保证刀具正确的工作角度。

(2)车刀的伸出长度要适当，过长会引起振动，过短则会使刀架与工件发生碰撞。

(3)在车削内孔时，切削层深不能太大，否则会引起振动。

(4)做好车削加工时的冷却，保护刀具。

(5)如果车削时有振动要及时调整切削用量或刃磨刀具，消除振动现象。

(6)检测工件前应将工件清理干净。

(7)检测前校准量具，保证量具测量可靠。

专业对话

1. 谈一谈车削加工过程中影响内孔表面质量的因素有哪些。

2. 结合自己实训情况，分析内螺纹超差的原因有哪些。

任务评价

考核标准见表 7-3-3。

表 7-3-3　考核标准

<table>
<tr><th>序号</th><th>检测内容</th><th>检测项目</th><th>分值</th><th>检测量具</th><th>自测结果</th><th>得分</th><th>教师检测结果</th><th>得分</th></tr>
<tr><td>1</td><td rowspan="9">客观评分 A（主要尺寸）</td><td>M30×2</td><td>10</td><td></td><td></td><td></td><td></td><td></td></tr>
<tr><td>2</td><td>$\phi 45js7$</td><td>10</td><td></td><td></td><td></td><td></td><td></td></tr>
<tr><td>3</td><td>$\phi 48_{-0.05}^{0}$</td><td>10</td><td></td><td></td><td></td><td></td><td></td></tr>
<tr><td>4</td><td>$20_{-0.05}^{0}$</td><td>10</td><td></td><td></td><td></td><td></td><td></td></tr>
<tr><td>5</td><td>$50_{-0.1}^{0}$</td><td>10</td><td></td><td></td><td></td><td></td><td></td></tr>
<tr><td>6</td><td>C1</td><td>10</td><td></td><td></td><td></td><td></td><td></td></tr>
<tr><td>7</td><td>15</td><td>10</td><td></td><td></td><td></td><td></td><td></td></tr>
<tr><td>8</td><td>13</td><td>10</td><td></td><td></td><td></td><td></td><td></td></tr>
<tr><td>9</td><td>M6－7H</td><td>10</td><td></td><td></td><td></td><td></td><td></td></tr>
<tr><td>10</td><td>客观评分 A（几何公差与表面质量）</td><td>Ra 3.2</td><td>10</td><td></td><td></td><td></td><td></td><td></td></tr>
<tr><td>11</td><td rowspan="4">主观评分 B（设备及工、量、刃具的维修使用）</td><td>工、量、刃具的合理使用与保养</td><td>10</td><td></td><td></td><td></td><td></td><td></td></tr>
<tr><td>12</td><td>车床的正确操作</td><td>10</td><td></td><td></td><td></td><td></td><td></td></tr>
<tr><td>13</td><td>车床的正确润滑</td><td>10</td><td></td><td></td><td></td><td></td><td></td></tr>
<tr><td>14</td><td>车床的正确保养</td><td>10</td><td></td><td></td><td></td><td></td><td></td></tr>
<tr><td>15</td><td rowspan="2">主观评分 B（安全文明生产）</td><td>执行正确的安全操作规程</td><td>10</td><td></td><td></td><td></td><td></td><td></td></tr>
<tr><td>16</td><td>正确“两穿两戴”</td><td>10</td><td></td><td></td><td></td><td></td><td></td></tr>
<tr><td>17</td><td colspan="2">客观 A 总分</td><td colspan="2">100</td><td colspan="2">客观 A 实际得分</td><td colspan="2"></td></tr>
<tr><td>18</td><td colspan="2">主观 B 总分</td><td colspan="2">60</td><td colspan="2">主观 B 实际得分</td><td colspan="2"></td></tr>
<tr><td>19</td><td colspan="2">总体得分率 AB</td><td colspan="2"></td><td colspan="2">评定等级</td><td colspan="2"></td></tr>
<tr><td>评分说明</td><td colspan="8">1. 评分由客观评分 A 和主观评分 B 两部分组成，其中客观评分 A 占 85%，主观评分 B 占 15%
2. 客观评分 A 分值为 10 分、0 分，主观评分 B 分值为 10 分、9 分、7 分、5 分、3 分、0 分
3. 总体得分率 AB：(A 实际得分×85%＋B 实际得分×15%)/(A 总分×85%＋B 总分×15%)×100%
4. 评定等级：根据总体得分率 AB 评定，具体为 AB≥92%＝1，AB≥81%＝2，AB≥67%＝3，AB≥50%＝4，AB≥30%＝5，AB<30%＝6</td></tr>
</table>

拓展活动

加工如图 7-3-6 所示的零件，达到图样所规定的要求。

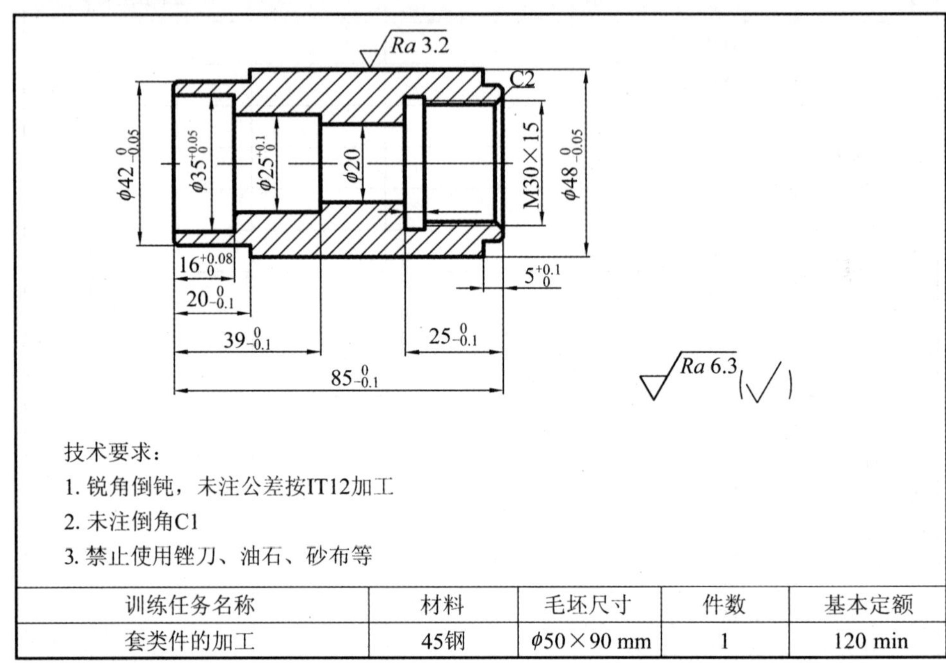

训练任务名称	材料	毛坯尺寸	件数	基本定额
套类件的加工	45钢	φ50×90 mm	1	120 min

图 7-3-6　套类件的加工

项目八

装配

项目导航

本项目主要介绍千斤顶的装配、标准件的选取和零部件表面的修饰等内容。

学习要点

1. 掌握零件装配的基本原则。
2. 掌握装配常用的配合性质。
3. 熟悉零件装配的方法。
4. 能正确安排千斤顶装配的基本顺序。
5. 会对零件进行简单的修配。

任务一　修配的技巧——抛光

任务目标

本项目主要介绍在装配中因各方面的误差使得装配困难或无法装配时，对工件进行修配抛光的方法。抛光如图 8-1-1(a)所示，达到图 8-1-1(b)所规定的尺寸要求。

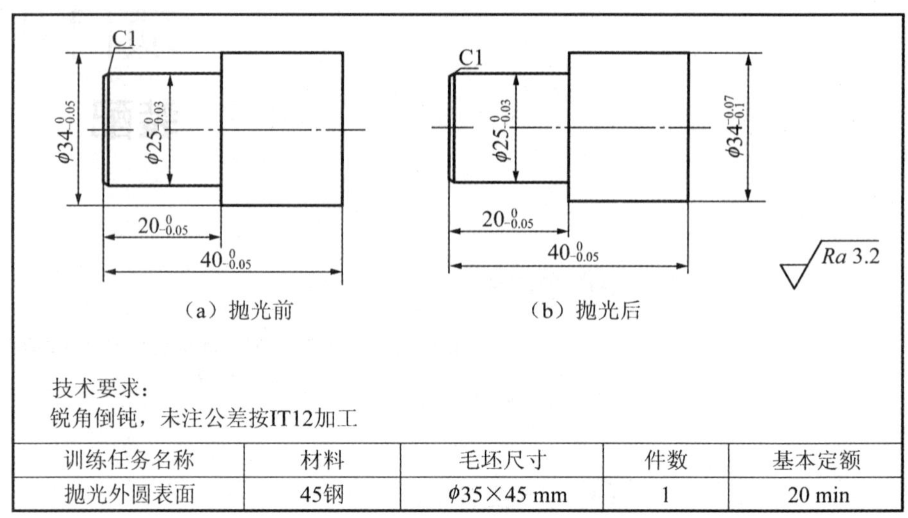

训练任务名称	材料	毛坯尺寸	件数	基本定额
抛光外圆表面	45钢	ϕ35×45 mm	1	20 min

图 **8-1-1** 抛光外圆表面

学习活动

车床抛光，多用于加工余量较小(一般在 0.01 mm 以内，精抛余量为 0.005 mm～0.01 mm)的工件，车床抛光可分为尺寸抛光和光亮抛光两种，可分别达到尺寸公差等级 IT4～IT5，表面粗糙度 *Ra* 0.8～*Ra* 0.012，工件加工时抛光通常采用锉刀修光和砂布抛光两种方法。

一、 锉刀修光

对明显的刀痕，通常选用钳工锉或整形锉中的细锉和特细锉在车床上修光。操作时，应左手握锉刀，右手握锉刀前端(图 8-1-2)，以免卡盘钩衣伤人。

图 **8-1-2** 锉刀修光

在车床上锉削时，要轻缓均匀，尽量利用锉刀的有效长度，同时，锉刀纵向运动时，注意使锉刀平面始终与加工表面各处相切，否则会将工件锉成多边形等不规则形状。另外，车床的转速要选择适当。转速过高，锉刀容易磨钝；转速过低，容易使工件产生形状误差。精细修锉时，除选用特细锉外，还可以在锉面上涂一层粉笔末，并用铜丝刷清理齿缝，以防锉屑嵌入齿缝中划伤工件表面。

二、 砂布抛光

图 **8-1-3** 砂布抛光

经过车削和锉刀修光后，还达不到要求时，可用砂布抛光。抛光时，可选细粒度为 0 号或 1 号砂布。砂布越细，抛光后的表面粗糙度值越小。用手捏住纱布两端抛光(图 8-1-3)。采用此法时，注意两手压力不可过猛。防止砂布由于用力过大、摩擦过度而被拉断。

用砂布进行抛光时，转速应比车削时的转速高一些，并且使砂布在工件被抛光的表面上缓慢地左右移动。若在砂布和抛光表面上适当加入一些机油，可以提高表面抛光的效果。

实践活动

一、 实践条件

实践条件见表 8-1-1。

表 **8-1-1** 实践条件

类别	名称
设备	CA6140 型卧式车床或同类型的车床
量具	0～150 mm 游标卡尺，0～25 mm、25 mm～50 mm 外径千分尺
刀具	90°外圆车刀，45°端面车刀
工具	锉刀，砂布，卡盘钥匙，刀架钥匙
其他	安全防护用品

二、 实践步骤

抛光的实践步骤见表 8-1-2。

表 **8-1-2** 抛光的实践步骤

序号	步骤	操作	图示
1	实践准备	安全教育，分析图样，制定工艺	—

续表

序号	步骤	操作	图示
2	加工零件图 8-1-1(a)	粗、精车零件，达到图 8-1-1(a)所示要求	
3	锉刀粗、精修	用细锉、特细锉分别抛光 参考：粗修 n=300 r/min，精修 n=600 r/min	
4	砂布抛	用砂布抛光 参考：n=1000 r/min	
5	整理并清洁	加工完毕后，正确放置零件，整理工、量具，清洁机床工作台	—

扫一扫：观看抛光加工的学习视频。

三、 注意事项

(1)要正确选择抛光工具，先粗后精。

(2)抛光时要注意操作姿势，操作姿势如果不正确很容易造成安全事故。

(3)使用锉刀修光时，要注意配合半径规检验，保证零件轮廓正确。

专业对话

1. 说一说常见的抛光等级及各自的应用场合。

2. 说一说目前常用的抛光方法有哪些。

任务评价

考核标准见表 8-1-3。

表 **8-1-3** 考核标准

<table>
<tr><th>序号</th><th>检测内容</th><th>检测项目</th><th>分值</th><th>评分标准</th><th>自测结果</th><th>得分</th><th>教师检测结果</th><th>得分</th></tr>
<tr><td>1</td><td rowspan="6">客观评分 A（主要尺寸）</td><td>$\phi25_{-0.03}^{0}$</td><td>10</td><td></td><td></td><td></td><td></td><td></td></tr>
<tr><td>2</td><td>$20_{-0.05}^{0}$</td><td>10</td><td></td><td></td><td></td><td></td><td></td></tr>
<tr><td>3</td><td>$40_{-0.05}^{0}$</td><td>10</td><td></td><td></td><td></td><td></td><td></td></tr>
<tr><td>4</td><td>$\phi34_{-0.05}^{0}$</td><td>10</td><td></td><td></td><td></td><td></td><td></td></tr>
<tr><td>5</td><td>$\phi34_{-0.1}^{-0.07}$</td><td>10</td><td></td><td></td><td></td><td></td><td></td></tr>
<tr><td>6</td><td>C1</td><td>10</td><td></td><td></td><td></td><td></td><td></td></tr>
<tr><td>7</td><td rowspan="5">主观评分 B（工作内容）</td><td>锉刀粗修</td><td>10</td><td>酌情扣分</td><td></td><td></td><td></td><td></td></tr>
<tr><td>8</td><td>锉刀精修</td><td>10</td><td>酌情扣分</td><td></td><td></td><td></td><td></td></tr>
<tr><td>9</td><td>砂布抛</td><td>10</td><td>酌情扣分</td><td></td><td></td><td></td><td></td></tr>
<tr><td>10</td><td>轮廓精度</td><td>10</td><td>酌情扣分</td><td></td><td></td><td></td><td></td></tr>
<tr><td>11</td><td>表面质量</td><td>10</td><td>酌情扣分</td><td></td><td></td><td></td><td></td></tr>
<tr><td>12</td><td rowspan="2">主观评分 B（安全文明生产）</td><td>正确“两穿两戴”</td><td>10</td><td>穿戴整齐、紧扣、紧扎</td><td></td><td></td><td></td><td></td></tr>
<tr><td>13</td><td>执行正确的安全操作规程</td><td>10</td><td>视规范程度给分</td><td></td><td></td><td></td><td></td></tr>
<tr><td>14</td><td colspan="2">主观 A 总分</td><td colspan="2">60</td><td colspan="2">主观 B 实际得分</td><td colspan="2"></td></tr>
<tr><td>15</td><td colspan="2">客观 B 总分</td><td colspan="2">70</td><td colspan="2"></td><td colspan="2"></td></tr>
<tr><td>16</td><td colspan="2">总体得分率</td><td colspan="2"></td><td colspan="2">评定等级</td><td colspan="2"></td></tr>
<tr><td>评分说明</td><td colspan="8">1. 评分由客观评分 A 和主观评分 B 两部分组成，其中客观评分 A 占 85%，主观评分 B 占 15%
2. 客观评分 A 分值为 10 分、0 分，主观评分 B 分值为 10 分、9 分、7 分、5 分、3 分、0 分
3. 总体得分率 AB：(A 实际得分×85%＋B 实际得分×15%)/(A 总分×85%＋B 总分×15%)×100%
4. 评定等级：根据总体得分率 AB 评定，具体为 AB≥92%＝1，AB≥81%＝2，AB≥67%＝3，AB≥50%＝4，AB≥30%＝5，AB<30%＝6</td></tr>
</table>

拓展活动

一、选择题

1. 高光镜面要求的模具加工时常用的抛光耗材及工具有（　　）。

A. 油石，砂纸　　　　B. 羊毛毡棒，抛光刷

C. 研磨膏，化妆棉　　　　　　D. 铁棒，铜粒

2. 抛光加工时需要注意的事项有(　　)。

A. 模具的封胶位，脱模方向　　　　　　B. 檫穿位，避空位

C. 骨位倒扣，利口位　　　　　　D. 表面粗糙度要求，几何形状

E. 全选

二、判断题

(　　)1. C级要求的工件，根据不同的底纹效果，选择不同粗细的砂纸或油石加工。C0 加工到 800#砂纸，C1 加工到 600#砂纸，C2 加工到 400#砂纸，C3 加工到 320#砂纸或油石。

(　　)2. B级要求的工件，根据不同的底纹效果选择不同粗细粒度的耗材进行加工。B0 加工到 1200#以上砂纸；B1 加工到 800#～1000#砂纸；B2 加工到 600#～800#砂纸；B3 加工到 320#～400#砂纸。

(　　)3. A级要求的工件，在B级效果的基础上开始抛光。A0 加工到 0.5#～1#钻石膏；A1 加工到 1#～3#钻石膏；A2 加工到 1.5#～3#钻石膏；A3 加工到 10#～15#钻石膏。

(　　)4. 抛光加工时，一定要清除所有的粗纹、火花纹等机械加工出来的纹路，不需要理会工件的尺寸要求，工件到抛光工序后没有公差要求。

三、简答题

1. 请描述抛光的主要工作内容。

2. 请描述抛光的主要工作作用。

任务二 修配的技巧——滚花

任务目标

在修配过程中，部分零件表面修饰需要采用滚花加工的方法。加工如图 8-2-1 所示的零件，达到图样所规定的要求。

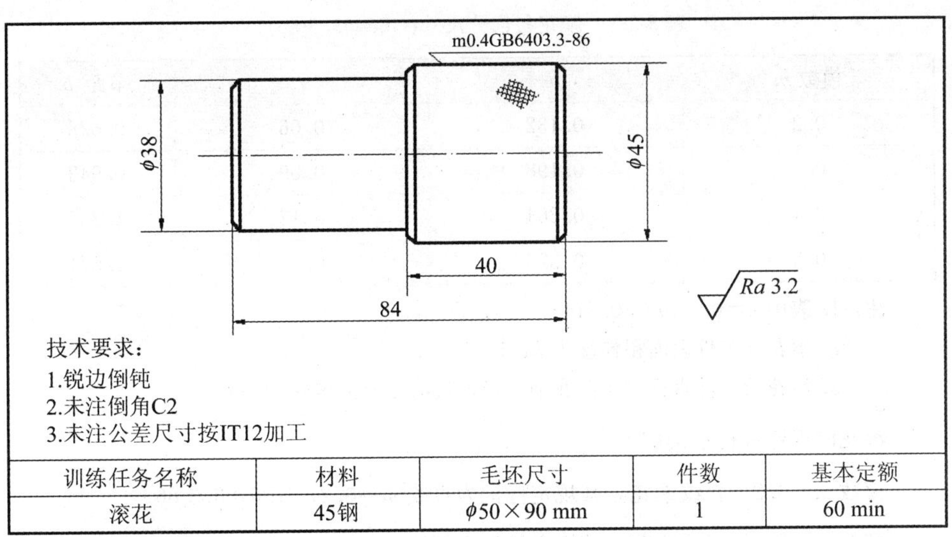

训练任务名称	材料	毛坯尺寸	件数	基本定额
滚花	45钢	ϕ50×90 mm	1	60 min

图 **8-2-1** 滚花

学习活动

有些工具和零件的手捏部分，为增加其摩擦力、便于使用或使之外表美观，通常对其表面在车床上滚压出不同的花纹，称之为滚花。

一、 滚花的种类

滚花的花纹有直纹和网纹两种。花纹有粗细之分，用模数 m 表示。其形状如图 8-2-2 所示，各部分尺寸见表 8-2-1。

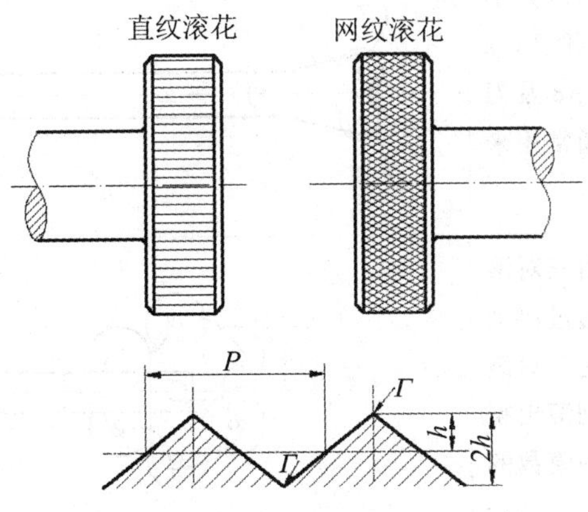

图 **8-2-2** 滚花的种类

表 8-2-1　滚花各部分尺寸(GB6403.3-86)

模数 m	h	r	节距 p
0.2	0.132	0.06	0.628
0.3	0.198	0.09	0.942
0.4	0.264	0.12	1.257
0.5	0.326	0.16	1.571

注：1. 表中 $h=0.785m-0.414r$。

2. 滚花前工件表面粗糙度为 Ra 12.5。

3. 滚花后工件直径大于滚花前直径，其值 $\Delta\approx(0.8\sim1.6)m$。

滚花的规定标记示例如下。

模数 $m=0.2$，直纹滚花，其规定标记为直纹 $m=0.2$，GB6403.3-86。

模数 $m=0.3$，网纹滚花，其规定标记为网纹 $m=0.3$，GB6403.3-86。

二、 滚花刀的种类

滚花刀有单轮、双轮和六轮三种，见表 8-2-2。

表 8-2-2　滚花刀的种类和用途

种类	用途	图示
单轮	单轮滚花刀由直纹滚轮 1 和刀柄 2 组成，通常用来滚直纹	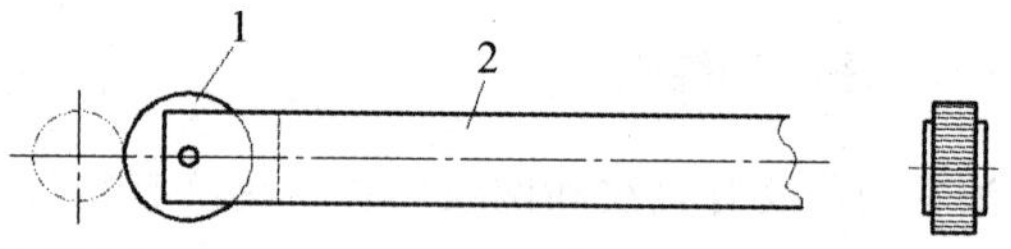 1　2
双轮	双轮滚花刀由两只不同旋向的滚轮 1、2 和浮动联接头 3 及刀柄 4 组成，通常用来滚网纹	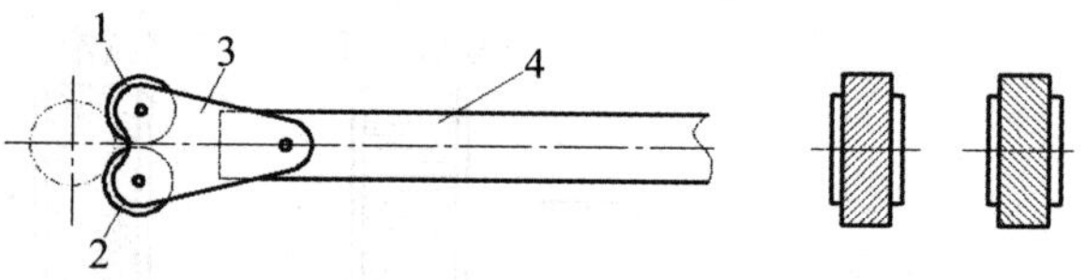 1　3　4　2
六轮	六轮滚花刀由三对滚轮组成，并通过浮动联接头支持这三对滚轮，可以分别滚出粗细不同的三种模数的网纹	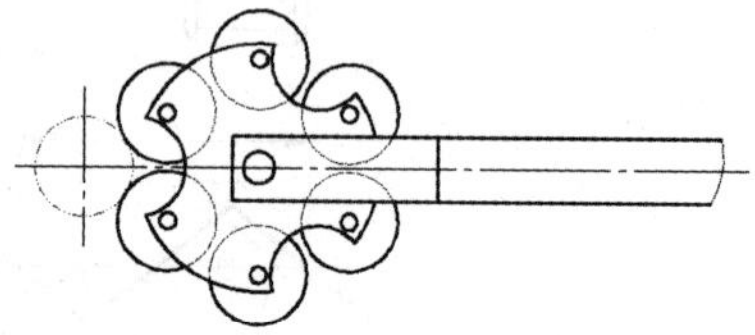

三、 滚花方法

由于滚花过程是用滚轮来滚压被加工表面的金属层，使其产生一定的塑性变形而形成花纹的，所以，滚花时产生的径向压力很大。

滚花前，应根据工件材料的性质和滚花节距 p 的大小，将工件滚花表面车削(0.8～1.6)m 毫米(m 为模数)。

滚花刀装夹在车床的刀架上，必须使滚花刀的装刀中心与工件回转中心等高(表 8-2-3)。

表 8-2-3 滚花刀的安装方法

安装方法	用途	图示
平行安装	滚压有色金属或滚花表面要求较高的工件时，滚花刀的滚轮表面与工件表面平行安装	
倾斜安装	滚压碳素钢或滚花表面要求一般的工件，滚花刀的滚轮表面相对于工件表面向左倾斜3°～5°安装，这样便于切入且不易产生乱纹	3°～5°

实践活动

一、 实践条件

实践条件见表 8-2-4。

表 8-2-4 实践条件

类别	名称
设备	CA6140 型卧式车床或同类型的车床
量具	0～150 mm 游标卡尺
刀具	90°外圆车刀，45°端面车刀，双轮滚花刀
工具	卡盘钥匙，刀架钥匙
其他	安全防护用品

二、 实践步骤

滚花的实践步骤见表 8-2-5。

表 8-2-5　滚花的实践步骤

序号	步骤	操作	图示
1	实践准备	安全教育，分析图样，制定工艺	—
2	装夹工件	夹持棒料一端，伸出长 50～60 mm。粗、精车外圆 ϕ38×44 mm 及端面，倒角	
3	车端面、ϕ45 外圆、倒角	掉头夹持 ϕ38 外圆，车滚花外圆至 $\phi45^{-0.32}_{-0.64}$ mm，长 40 mm	
4	滚花	根据图样选择网纹滚花刀，滚花达图样要求 参考：n=50 r/min，f=(0.3～0.6)mm/r	
5	整理并清洁	加工完毕后，正确放置零件，整理工、量具，清洁机床工作台	—

扫一扫：观看滚花加工的学习视频。

三、 注意事项

(1)开始滚压时，必须使用较大的压力进刀，使工件刻出较深的花纹，否则易产生乱纹。

(2)为了减小开始滚压的径向压力，可以使滚轮表面 $\frac{1}{2}$～$\frac{1}{3}$ 的宽度与工件接触(图 8-2-3)，这样滚花刀就容易压入工件表面。在停车检查花纹符合要求后，即可纵向机动进刀。如此反复滚压 1～3 次，直至花纹突出为止。

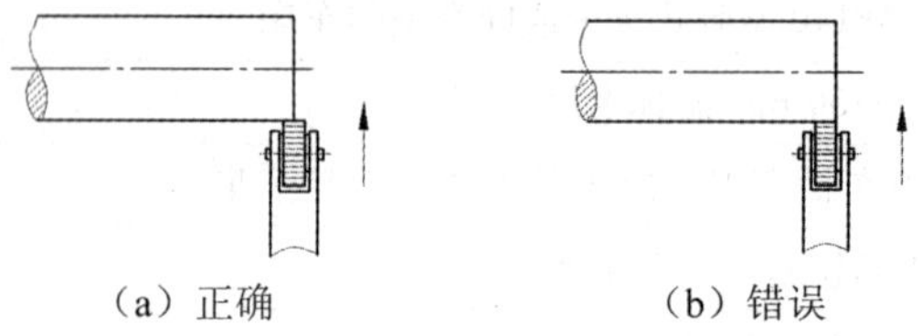

(a) 正确　　(b) 错误

图 **8-2-3**　滚花刀起刀分析

(3)滚花时，切削速度应低一些，一般为(5～10)m/min。纵向进给量大一些，一般为(0.3～0.6)m/r。

(4)滚压时，还须浇注切削油用于润滑滚轮，并经常清除滚压产生的切屑。

(5)滚花时，滚花刀和工件均受很大的径向压力，因此，滚花刀和工件必须装夹牢固。

(6)滚花时，不能用手或棉纱去接触滚压表面，以防绞手伤人。清除切屑时，应避免毛刷接触工件与滚轮的咬合处，以防毛刷卷入伤人。

(7)车削带有滚花表面的工件时，通常在粗车后随即进行滚花，然后校正工件再精车其他部位。

(8)车削带有滚花表面的薄壁套类工件时，应先滚花，再钻孔和车孔，以减少工件的变形。

(9)滚直花纹时，滚花刀的齿纹必须与工件轴线平行，否则滚压出的花纹不平直。

(10)滚花时，若发现乱纹应立即退刀并检查原因，及时纠正。其具体方法见表 8-2-6。

表 8-2-6　滚花时产生乱纹的原因及纠正方法

产生乱纹原因	纠正方法
工件外圆周长不能被滚花刀节距 p 整除	把外圆略车小一些，使其能被节距 p 整除
滚轮与工件接触时，横进给压力太小	一开始就加大横进给量，使其压力增大
工件转速过高，滚轮与工件表面产生打滑	降低工件转速
滚轮转动不灵活或滚轮与小轴配合间隙太大	检查原因或调换小轴
滚轮齿部磨损或滚轮齿间有切屑嵌入	清楚切屑或更换滚轮

专业对话

1. 通过查表总结滚花轮的各种规格。

2. 结合自身实训情况，叙述滚花的加工操作。

任务评价

考核标准见表 8-2-7。

表 8-2-7 考核标准

<table>
<tr><th>序号</th><th>检测内容</th><th>检测项目</th><th>分值</th><th>检测量具</th><th>自测结果</th><th>得分</th><th>教师检测结果</th><th>得分</th></tr>
<tr><td>1</td><td rowspan="6">客观评分 A（主要尺寸）</td><td>$\phi 38$</td><td>10</td><td></td><td></td><td></td><td></td><td></td></tr>
<tr><td>2</td><td>$\phi 45$</td><td>10</td><td></td><td></td><td></td><td></td><td></td></tr>
<tr><td>3</td><td>－84</td><td>10</td><td></td><td></td><td></td><td></td><td></td></tr>
<tr><td>4</td><td>40</td><td>10</td><td></td><td></td><td></td><td></td><td></td></tr>
<tr><td>5</td><td>网纹</td><td>10</td><td></td><td></td><td></td><td></td><td></td></tr>
<tr><td>6</td><td>2×45°</td><td>10</td><td></td><td></td><td></td><td></td><td></td></tr>
<tr><td>7</td><td rowspan="4">主观评分 B（设备及工、量、刃具的维修使用）</td><td>工、量、刃具的合理使用与保养</td><td>10</td><td></td><td></td><td></td><td></td><td></td></tr>
<tr><td>8</td><td>车床的正确操作</td><td>10</td><td></td><td></td><td></td><td></td><td></td></tr>
<tr><td>9</td><td>车床的正确润滑</td><td>10</td><td></td><td></td><td></td><td></td><td></td></tr>
<tr><td>10</td><td>车床的正确保养</td><td>10</td><td></td><td></td><td></td><td></td><td></td></tr>
<tr><td>11</td><td rowspan="2">主观评分 B（安全文明生产）</td><td>执行正确的安全操作规程</td><td>10</td><td></td><td></td><td></td><td></td><td></td></tr>
<tr><td>12</td><td>正确“两穿两戴”</td><td>10</td><td></td><td></td><td></td><td></td><td></td></tr>
<tr><td>13</td><td colspan="2">客观 A 总分</td><td colspan="2">60</td><td colspan="2">客观 A 实际得分</td><td colspan="2"></td></tr>
<tr><td>14</td><td colspan="2">主观 B 总分</td><td colspan="2">60</td><td colspan="2">主观 B 实际得分</td><td colspan="2"></td></tr>
<tr><td>15</td><td colspan="2">总体得分率 AB</td><td colspan="2"></td><td colspan="2">评定等级</td><td colspan="2"></td></tr>
<tr><td>评分说明</td><td colspan="8">1. 评分由客观评分 A 和主观评分 B 两部分组成，其中客观评分 A 占 85%，主观评分 B 占 15%
2. 客观评分 A 分值为 10 分、0 分，主观评分 B 分值为 10 分、9 分、7 分、5 分、3 分、0 分
3. 总体得分率 AB：（A 实际得分×85%＋B 实际得分×15%）/（A 总分×85%＋B 总分×15%）×100%
4. 评定等级：根据总体得分率 AB 评定，具体为 AB≥92%＝1，AB≥81%＝2，AB≥67%＝3，AB≥50%＝4，AB≥30%＝5，AB<30%＝6</td></tr>
</table>

拓展活动

一、选择题

1. 下列哪个不属于常用滚花刀的种类？（　　）

A. 单轮滚花刀　　B. 双轮滚花刀　　C. 六轮滚花刀　　D. 八轮滚花刀

2. 哪种滚花刀可以用来加工滚直纹？(　　)

A. 双轮滚花刀　　　　B. 单轮滚花刀

C. 斜纹滚花刀　　　　D. 网纹滚花刀

3. 滚花时产生乱纹的原因有哪些？(　　)

A. 工件外径周长不能被滚花刀节距除尽

B. 滚花开始时，压力太小，或滚花刀跟工件表面接触太大

C. 工件转速过高，滚花刀跟工件表面产生滑动

D. 滚花前没有清理滚花刀里的细屑，或滚花刀齿部磨损

二、简答题

1. 滚花花纹的模数及相对应的节距的关系怎样？

2. 滚花过程中应注意哪些内容？

任务三 千斤顶的装配

任务目标

本次项目任务的训练内容主要是在前几次任务的基础上，按照图 8-3-1 所示，完成整个千斤顶的装配。

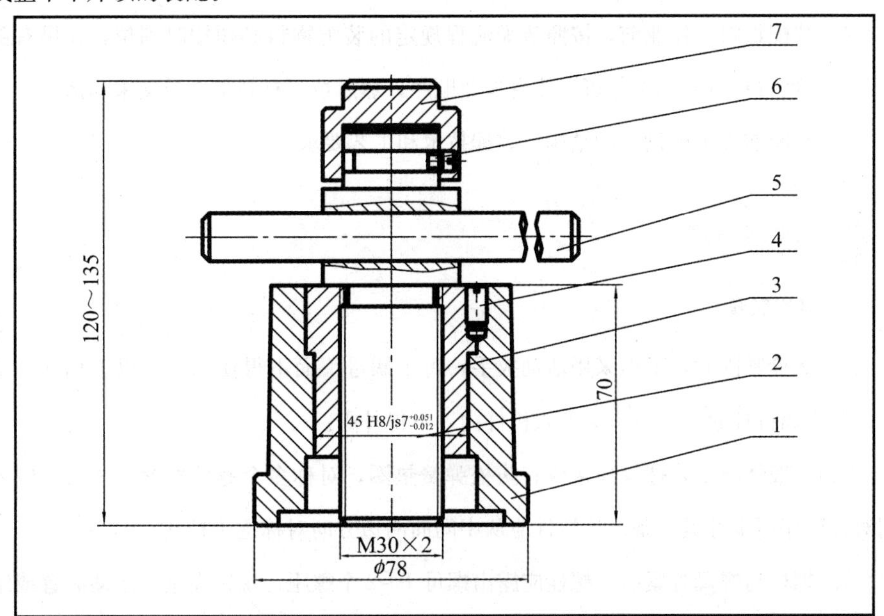

序号	代号	名称	数量	材料
1		底座	1	45#钢
2		螺旋杆	1	45#钢
3		螺套	1	45#钢
4	GB/T73-1987	螺钉 M6×12	1	Q235
5		绞杠	1	45#钢
6	GB/T75-1987	螺钉 M6×8	1	Q235
7		顶垫		45#钢

训练任务名称	基本定额
千斤顶的装配	60 min

图 8-3-1　千斤顶的装配

学习活动

一、 机械零件装配技术规范

作业前的准备

(1)作业资料。包括总装配图、部件装配图、零件图等，直至项目结束，必须保证图样的完整性、整洁性，以及过程信息记录的完整性。

(2)作业场所。零件摆放、部件装配必须在规定作业场所内进行，整机摆放与装配的场地必须规划清晰，直至整个项目结束，所有作业场所必须保持整齐、规范、有序。

(3)装配物料。作业前，按照装配流程规定的装配物料必须按时到位，如果有部分非决定性材料没有到位，可以改变作业顺序，然后填写材料催工单交采购部。

(4)装配前应了解设备的结构、装配技术和工艺要求。

二、 联接方式

1. 螺栓联接

(1)螺栓紧固时，不得采用活动扳手，每个螺母下面不得使用 1 个以上相同的垫圈，沉头螺钉拧紧后，钉头应埋入机件内，不得外露。

(2)一般情况下，螺纹连接应有防松弹簧垫圈，对称多个螺栓拧紧方法时，应采用对称顺序逐步拧紧，条形连接件应从中间向两边方向对称逐步拧紧。

(3)螺栓与螺母拧紧后，螺栓应露出螺母 1～2 个螺距；螺钉在紧固运动装置或维护时无须拆卸部件的场合，装配前螺纹上应加涂螺纹胶。

(4)有规定拧紧力矩要求的紧固件，应采用力矩扳手，按规定拧紧力矩紧固；未规定拧紧力矩的螺栓，其拧紧力矩可参考有关机械手册中的规定。

2. 销联接

(1)定位销的端面一般应略高出零件表面，带螺尾的锥销装入相关零件后，其大端应沉入孔内。

(2)开口销装入相关零件后，其尾部应分开 60°～90°。

3. 键联接

(1)平键与固定键的键槽两侧面应均匀接触，其配合面间不能有间隙。

(2)间隙配合的键(或花键)装配后，相对运动的零件沿着轴向移动时，不能有松紧不均现象。

(3)钩头键、锲键装配后其接触面积应不小于工作面积的 70％，且不接触部分不能集中于一处；外露部分的长度应为斜面长度的 10％～15％。

4. 铆接

(1)铆接的材料和规格尺寸必须符合设计要求，铆钉孔的加工应符合有关标准规定。

(2)铆接时不得破坏被铆接零件的表面，也不得使被铆接零件的表面变形。

(3)除有特殊要求外，一般铆接后不能出现松动现象，铆钉的头部必须与被铆接零件紧密接触，并应光滑圆整。

5. 胀套联接

胀套装配：在胀套涂上润滑油脂，将胀套放入装配的毂孔中，套入安装轴后调整好装配位置，然后拧紧螺栓。拧紧的次序以开缝为界，左右交叉对称依次先后拧紧，确保达到额定力矩值。

6. 紧定联接

锥端紧定螺丝的锥端和坑眼应均为 90°，紧定螺丝应对准坑眼拧紧。

三、 装配检查工作

每完成一个部件的装配，都要按以下的项目检查，如发现装配问题应及时分析处理。

（1）装配工作的完整性，核对装配图样，检查有无漏装的零件。

（2）各零件安装位置的准确性，核对装配图样或如上规范所述要求进行检查。

（3）各联接部分的可靠性，各紧固螺栓是否达到装配要求的扭力，特殊的紧固件是否达到防止松脱要求。

（4）活动件运动的灵活性，如输送辊、带轮、导轨等手动旋转或移动时，是否有卡滞或别滞现象，是否有偏心或弯曲现象等。

四、 总装完毕后要总体检查

（1）检查内容以完整性、准确性、可靠性、灵活性作为衡量标准。

（2）总装完毕应清理机器各部分的铁屑、杂物、灰尘等，确保各传动部分没有障碍物存在。

（3）试机时，认真做好启动过程的监视工作，机器启动后，应立即观察主要工作参数和运动件是否正常运动。

（4）主要工作参数包括运动的速度、运动的平稳性、各传动轴旋转情况、温度、振动和噪声等。

实践活动

一、 实践条件

实践条件见表 8-3-1。

表 8-3-1　实践条件

类别	名称
设备	CA6140 型卧式车床或同类型的车床
量具	0～200 mm 高度尺，75～100 mm/50 mm～75 mm 内径千分尺，3.2 μm 粗糙度样板，0～400 mm 钢直尺，0～200 mm 带表游标卡尺，塞尺
刀具	锉刀，什锦锉，修边刀
工具	一字螺钉旋具，铜棒
其他	安全防护用品，科学计算器，煤油，润滑脂

二、 实践步骤

千斤顶装配的实践步骤见表 8-3-2。

表 8-3-2　千斤顶装配的实践步骤

序号	步骤	操作	图示
1	实践准备	安全教育，分析图样，制定工艺	—
2	底座与螺套的装配	采用基孔制过渡配合的方式将底座 1 与螺套 3 进行装配	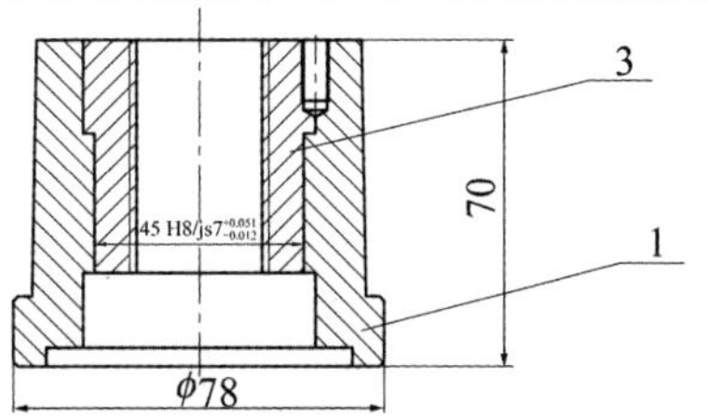
3	螺套与螺钉的装配	通过螺纹联接将螺套 3 与螺钉 4 进行装配	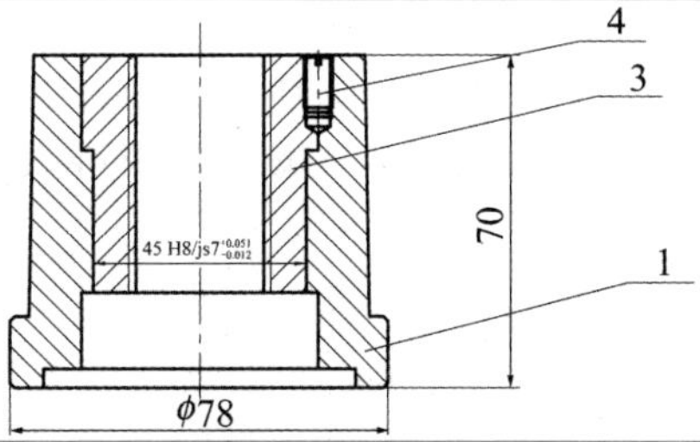
4	螺套与螺杆的装配	通过螺纹联接将螺套 3 与螺杆 2 进行装配	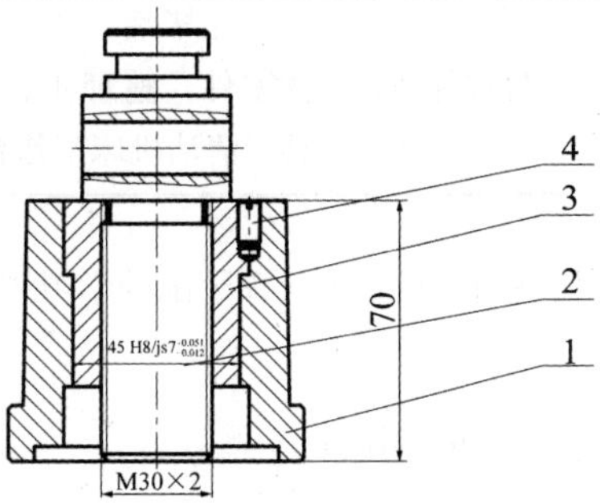
5	顶垫与螺杆的装配	通过间隙配合将顶垫 7 与螺杆 2 进行装配	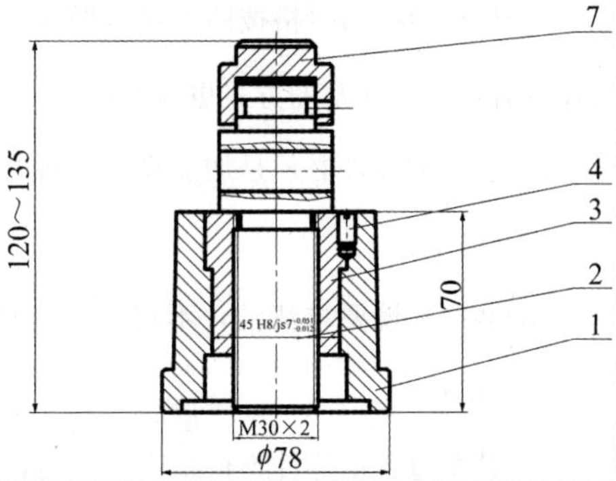

续表

序号	步骤	操作	图示
6	螺钉与顶垫的装配	通过螺纹联接将螺钉6与顶垫7进行装配	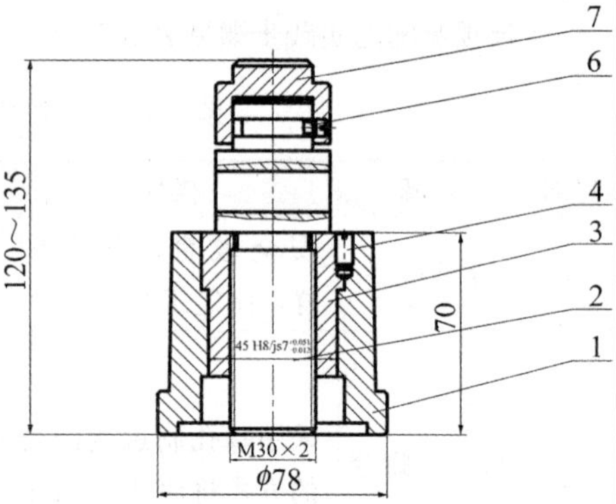
7	绞杠与螺杆的装配	通过间隙配合将绞杠5与螺杆2进行装配	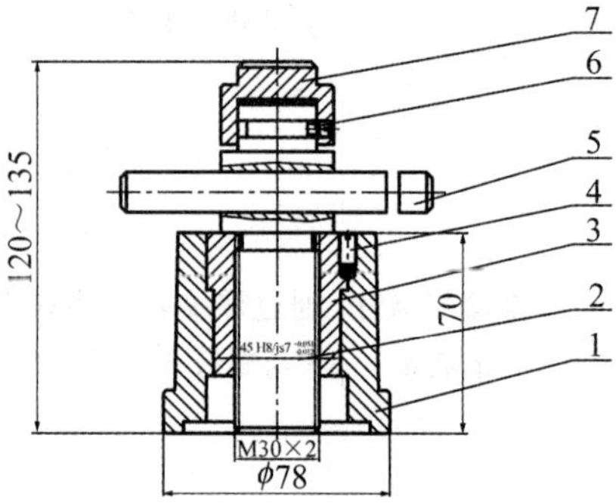
8	整理并清洁	加工完毕后，正确放置零件，整理工、量具，清洁机床工作台	—

扫一扫：观看千斤顶装配的学习视频。

三、 注意事项

(1)机械装配应严格按照本项目提供的装配图样及工艺要求进行，严禁私自修改作业内容或以非正常的方式更改零件。

(2)装配的零件必须是加工验收合格的零件，装配过程中若发现漏检的不合格零件，应及时上报。

(3)装配环境要求清洁，不得有粉尘或其他污染物，零件应存放在干燥、无尘、有防护垫的场所。

(4)装配过程中零件不得磕碰、切伤，不得损伤零件表面，或使零件出现明显弯、扭、变形，零件的配合表面不得有损伤。

(5)相对运动的零件，装配时接触面间应加润滑油(脂)。

(6)相配零件的配合尺寸要准确。

(7)装配时，零件、工具应有专门的摆放设施，原则上零件、工具不允许摆放在机器上或直接放在地上，如果需要的话，应在摆放处铺设防护垫或地毯。

(8)装配时，原则上不允许踩踏机械，如果需要踩踏作业，必须在机械上铺设防护垫或地毯，重要部件及非金属强度较低部位严禁踩踏。

专业对话

1. 装配工作的重要性有哪些?

2. 产品有哪些装配工艺过程？其主要内容是什么?

任务评价

考核标准见表 8-3-3。

表 8-3-3　考核标准

序号	检测内容	检测项目	分值	检测量具	自测结果	得分	教师检测结果	得分
1	客观评分 A（主要尺寸）	120～135	10					
2		ϕ45H8/js7	10					
3		—70	10					
4	主观评分 B	零部件完整性	10					
5		零部件相互运动	10					
6		零部件组装效果	10					
7	主观评分 B（安全文明生产）	执行正确的安全操作规程	10					
8		正确“两穿两戴”	10					
9	客观 A 总分		30	客观 A 实际得分				
10	主观 B 总分		50	主观 B 实际得分				
11	总体得分率 AB			评定等级				

续表

<table>
<tr><th>序号</th><th>检测内容</th><th>检测项目</th><th>分值</th><th>检测量具</th><th>自测结果</th><th>得分</th><th>教师检测结果</th><th>得分</th></tr>
<tr><td>评分说明</td><td colspan="8">1. 评分由客观评分 A 和主观评分 B 两部分组成，其中客观评分 A 占 85%，主观评分 B 占 15%
2. 客观评分 A 分值为 10 分、0 分，主观评分 B 分值为 10 分、9 分、7 分、5 分、3 分、0 分
3. 总体得分率 AB：(A 实际得分×85%＋B 实际得分×15%)/(A 总分×85%＋B 总分×15%)×100%
4. 评定等级：根据总体得分率 AB 评定，具体为 AB≥92%＝1，AB≥81%＝2，AB≥67%＝3，AB≥50%＝4，AB≥30%＝5，AB<30%＝6</td></tr>
</table>

拓展活动

一、选择题

1. 配合是(　　)相同的轴与孔的结合。

A. 基本尺寸　　B. 实际尺寸　　C. 作用尺寸　　D. 实效尺寸

2. 配合代号写成分数形式，分子为(　　)。

A. 孔公差带代号　　B. 轴公差带代号　　C. 孔轴公差带代号

3. 在配合公差带图中，配合公差带完全在零线以上为(　　)配合。

A. 间隙　　B. 过渡　　C. 过盈

4. 选用公差带时，应按(　　)公差带的顺序选取。

A. 常用、优先、一般　　B. 优先、常用、一般

C. 一般、常用、优先

二、简答题

1. 装配时零件联接的种类有哪些？

2. 过盈联接的方法有哪些？各适用于什么场合？

附 录

附录 1 机械加工工艺卡、工序卡

1. 机械加工工艺卡

<table>
<tr><td rowspan="2">单位名称</td><td rowspan="2"></td><td colspan="2">产品名称</td><td colspan="3"></td><td>图号</td><td></td></tr>
<tr><td colspan="2">零件名称</td><td colspan="2"></td><td>数量</td><td></td><td>第 页</td></tr>
<tr><td>材料种类</td><td></td><td>材料牌号</td><td></td><td colspan="2">毛坯尺寸</td><td colspan="2"></td><td>共 页</td></tr>
<tr><td rowspan="2">工序号</td><td rowspan="2">工序内容</td><td rowspan="2">车间</td><td rowspan="2">设备</td><td colspan="3">工具</td><td rowspan="2">计划工时</td><td rowspan="2">实际工时</td></tr>
<tr><td>夹具</td><td>量具</td><td>刃具</td></tr>
<tr><td>1</td><td></td><td></td><td></td><td></td><td></td><td></td><td></td><td></td></tr>
<tr><td>2</td><td></td><td></td><td></td><td></td><td></td><td></td><td></td><td></td></tr>
<tr><td>3</td><td></td><td></td><td></td><td></td><td></td><td></td><td></td><td></td></tr>
<tr><td>4</td><td></td><td></td><td></td><td></td><td></td><td></td><td></td><td></td></tr>
<tr><td>5</td><td></td><td></td><td></td><td></td><td></td><td></td><td></td><td></td></tr>
<tr><td>6</td><td></td><td></td><td></td><td></td><td></td><td></td><td></td><td></td></tr>
<tr><td>7</td><td></td><td></td><td></td><td></td><td></td><td></td><td></td><td></td></tr>
<tr><td>8</td><td></td><td></td><td></td><td></td><td></td><td></td><td></td><td></td></tr>
<tr><td>9</td><td></td><td></td><td></td><td></td><td></td><td></td><td></td><td></td></tr>
<tr><td>10</td><td></td><td></td><td></td><td></td><td></td><td></td><td></td><td></td></tr>
<tr><td>更改日</td><td></td><td>拟定</td><td colspan="2">校正</td><td colspan="2">审核</td><td colspan="2">批准</td></tr>
<tr><td>更改者</td><td></td><td></td><td colspan="2"></td><td colspan="2"></td><td colspan="2"></td></tr>
<tr><td>日期</td><td></td><td></td><td colspan="2"></td><td colspan="2"></td><td colspan="2"></td></tr>
</table>

2. 机械加工工序卡

				产品型号		零件图号			
				产品名称		零件名称		共　页	第　页
						车间	工序号	工序名称	材料牌号
						毛坯种类	毛坯外形尺寸	可制件数	每台件数
						设备名称	设备型号	设备编号	同时加工件数
						夹具编号	夹具名称	切削液	
						工位器具编号	工位器具名称	工序工时(分)	
								准终	单件
工步号	工步内容	工艺装备	主轴转速	切削速度	进给量	切削深度	进给次数	工步工时	
			r/min	m/min	mm/r	mm		机动	辅助
1									
2									
3									
4									
					设计（日期）	校对（日期）	审核（日期）	标准化（日期）	会签（日期）

附录 2 车工技能抽测模拟题

准备通知单

1. 材料

序号	材料名称	规格	数量	备注
1	45 钢	ϕ50×95 mm	1 根/人	

2. 设备

序号	名称	规格	数量	备注
1	车床配三爪卡盘	CA6140A 或相应车床	1 台/人	
2	卡盘扳手	相应车床	1 副/车床	
3	刀架扳手	相应车床	1 副/车床	

3. 工、量、刃具清单(自备莫氏变径套、钻夹头、活顶尖、活络扳手、铜棒等)

序号	名称	规格	数量	备注
1	普通游标卡尺	0～150 mm(0.02)	1 把	
2	外径千分尺	0～25 mm、25 mm～50 mm(0.01)	各 1 把	
3	螺纹环规	M40×2－6g	1 套	
4	万能角度尺	0～320°(2′)	1 把	
5	螺纹对刀样板	60°	1 块	
6	外圆车刀	45°、90°	自定	
7	60°外三角螺纹车刀	M40×2－6g	自定	
8	切槽刀	4×20	自定	
9	中心钻及钻夹头	A3	1 支	
10	盲孔车刀	ϕ16×40 mm	自定	
11	麻花钻	ϕ20	1 支	
12	铜皮	厚度：0.2 mm～0.4 mm	若干	
13	标准垫片	1 mm～3 mm	若干	
14	科学计算器	自定	自定	

车工技能抽测模拟题一

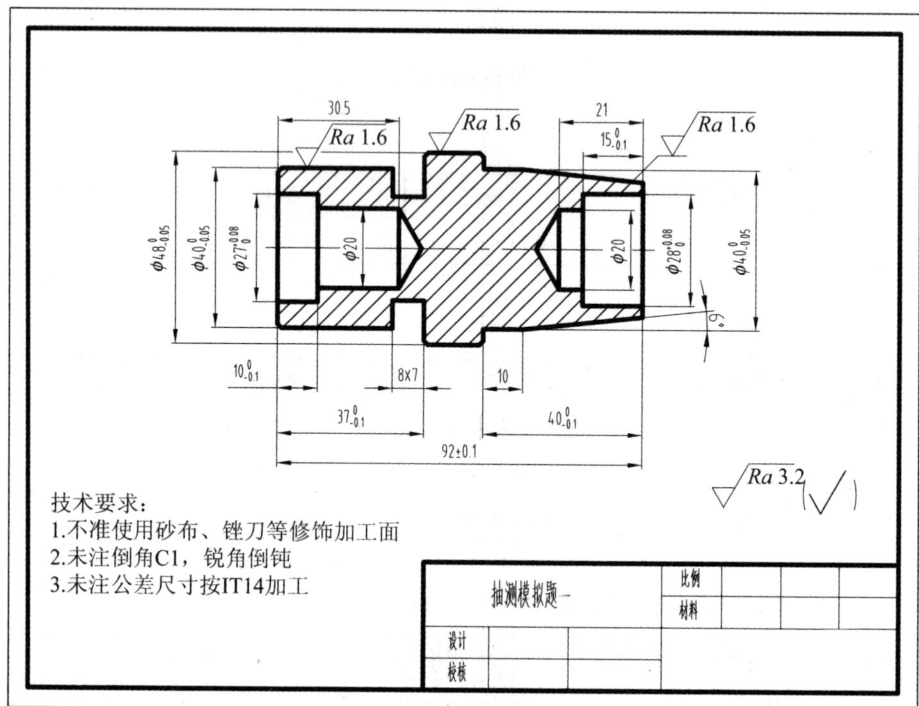

车工技能抽测模拟题一评分表

序号	检测内容	检测项目	配分	评分标准	检测结果	得分
1	准备内容	切削用量合理选择	2			
2		刀具刃磨质量	2			
3	操作内容	设备操作、维护保养正确	2			
4		操作要领	2			
5		刀具选择、安装正确规范	2			
6		工件找正、安装正确规范	2			
7	工作态度及安全	“7S”行为规范、纪律表现	8			
8	工件质量	锥度	9	超差不得分		
9		$\phi48_{-0.05}^{0}$	7	超差不得分		
10		$\phi40_{-0.05}^{0}$	7	超差不得分		
11		$\phi27_{0}^{+0.08}$	7	超差不得分		
12		$\phi40_{-0.05}^{0}$	7	超差不得分		
13		$\phi28_{0}^{+0.08}$	7	超差不得分		

续表

序号	检测内容	检测项目	配分	评分标准	检测结果	得分
14	工件质量	$15_{-0.1}^{0}$	4	超差不得分		
15		$40_{-0.1}^{0}$	4	超差不得分		
16		$37_{-0.1}^{0}$	4	超差不得分		
17		92 ± 0.1	4	超差不得分		
18		$10_{-0.1}^{0}$	4	超差不得分		
19		8×7	4	超差不得分		
20		30.5	2	超差不得分		
21		10	2	超差不得分		
22		*Ra* 1.6(3 处)	6	降级不得分		
23		锐角倒钝	2			
综合得分			100			

车工技能抽测模拟题二

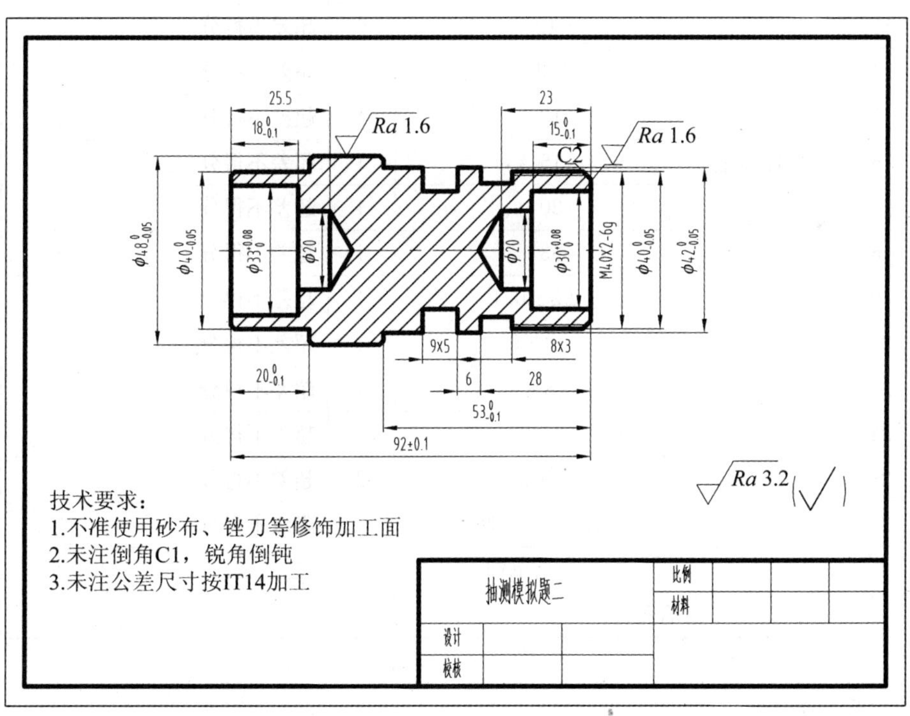

车工技能检测模拟题二评分表

序号	检测内容	检测项目	配分	评分标准	检测结果	得分
1	准备内容	切削用量合理选择	2			
2		刀具刃磨质量	2			
3	操作内容	设备操作、维护保养正确	2			
4		操作要领	2			
5		刀具选择、安装正确规范	2			
6		工件找正、安装正确规范	2			
7	工作态度及安全	"7S行为规范、纪律表现"	6			
8	工件质量	M40X2－6g	6	通规通、止规止		
9		$\phi48_{-0.05}^{0}$	6	超差不得分		
10		$\phi40_{-0.05}^{0}$	6	超差不得分		
11		$\phi33_{0}^{+0.08}$	6	超差不得分		
12		$\phi30_{0}^{+0.08}$	6	超差不得分		
13		$\phi40_{-0.05}^{0}$	6	超差不得分		
14		$\phi42_{-0.05}^{0}$	6	超差不得分		
15		$18_{-0.1}^{0}$	4	超差不得分		
16		$15_{-0.1}^{0}$	4	超差不得分		
17		$20_{-0.1}^{0}$	4	超差不得分		
18		$53_{-0.1}^{0}$	4	超差不得分		
19		92 ± 0.1	4	超差不得分		
20		9×5	4	超差不得分		
21		8×3	4	超差不得分		
22		6	2	超差不得分		
23		C2	2	超差不得分		
24		Ra 1.6(3处)	6	降级不得分		
25		锐角倒钝	2			
综合得分			100			

车工技能抽测模拟题三

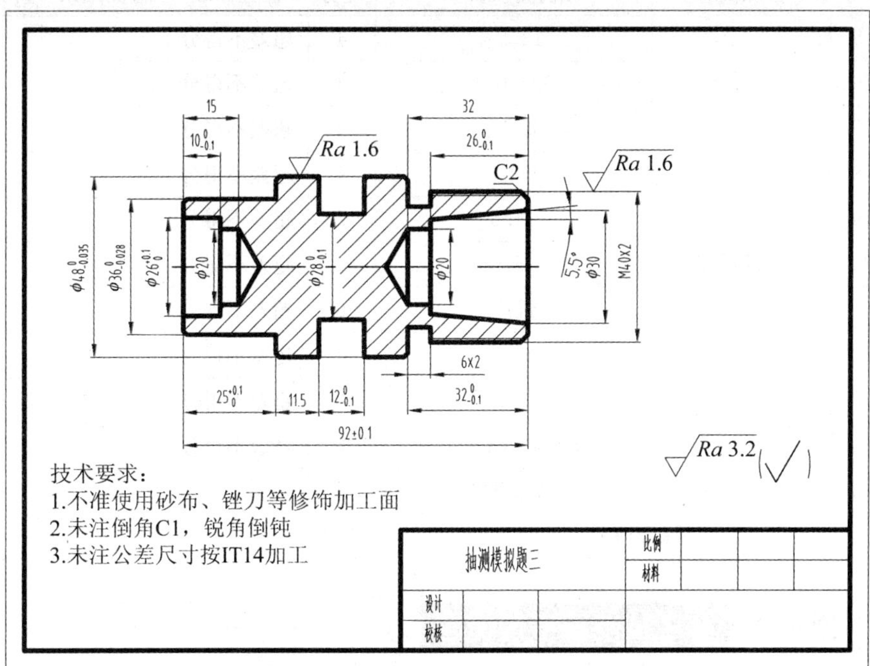

车工技能抽测模拟题三评分表

序号	检测内容	检测项目	配分	评分标准	检测结果	得分
1	准备内容	切削用量合理选择	2			
2		刀具刃磨质量	2			
3	操作内容	设备操作、维护保养正确	2			
4		操作要领	2			
5		刀具选择、安装正确规范	2			
6		工件找正、安装正确规范	2			
7	工作态度及安全	7S 行为规范、纪律表现	6			
8	工件质量	M40X2－6g	8	通规通、止规止		
9		$\phi48_{-0.05}^{0}$	6	超差不得分		
10		$\phi36_{-0.028}^{0}$	6	超差不得分		
11		$\phi26_{0}^{+0.1}$	6	超差不得分		
12		$\phi28_{-0.1}^{0}$	6	超差不得分		
13		$10_{-0.1}^{0}$	4	超差不得分		
14		$26_{-0.1}^{0}$	4	超差不得分		

续表

序号	检测内容	检测项目	配分	评分标准	检测结果	得分
15	工件质量	$12_{-0.1}^{0}$	4	超差不得分		
16		92±0.1	4	超差不得分		
17		$32_{-0.1}^{0}$	4	超差不得分		
18		$25_{0}^{+0.1}$	4	超差不得分		
19		11.5	2	超差不得分		
20		32	4	超差不得分		
21		锥度	6	超差不得分		
22		6×2	4	超差不得分		
23		C2	2	超差不得分		
24		*Ra* 1.6(3 处)	6	降级不得分		
25		锐角倒钝	2			
综合得分			100			

附录 3 车工技能高考模拟题

车工技能高考模拟题一

准备通知单

1. 材料

序号	材料名称	规格	数量	备注
1	45 钢	ϕ50×156 mm	1 根/人	

2. 设备

序号	名称	规格	数量	备注
1	车床配三爪卡盘	CA6140A 或相应车床	1 台/人	
2	卡盘扳手	相应车床	1 副/车床	
3	刀架扳手	相应车床	1 副/车床	

3. 工、量、刃具清单(自备莫氏变径套、钻夹头、活顶尖、活络扳手、铜棒等)

序号	名称	规格	数量	备注
1	普通游标卡尺	0～200 mm(0.02)	1 把	

续表

序号	名称	规格	数量	备注
2	外径千分尺	0～25 mm、25 mm～50 mm(0.01)	各 1 把	
3	螺纹环规	M24×1.5	1 套	
4	万能角度尺	0～320°(2′)	1 把	
5	螺纹对刀样板	60°	1 块	
6	外圆车刀	45°、90°	自定	
7	60°外三角螺纹车刀	M24×1.5	自定	
8	切槽刀	4×20	自定	
9	中心钻及钻夹头	A3	1 支	
10	盲孔车刀	ϕ14×40	自定	
11	麻花钻	ϕ16	1 支	
12	铜皮	厚度：0.2 mm～0.4 mm	若干	
13	标准垫片	1 mm～3 mm	若干	
14	科学计算器	自定	自定	

车工技能高考模拟题一

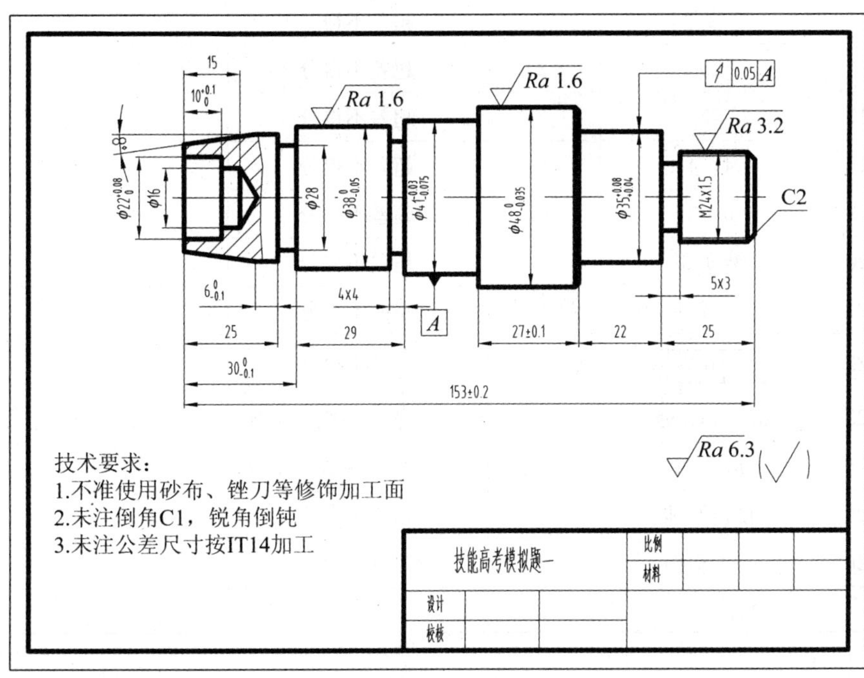

车工技能高考模拟题一评分表

序号	检测项目	配分	评分标准	检测结果	得分
1	M24×1.5	6	通规通、止规止		
2	$\phi 48_{-0.035}^{0}$	5	每超差 0.01 扣 1 分		
3	$\phi 41_{-0.075}^{-0.03}$	5	每超差 0.01 扣 1 分		
4	$\phi 35_{+0.04}^{+0.08}$	5	每超差 0.01 扣 1 分		
5	$\phi 38_{-0.05}^{0}$	5	每超差 0.01 扣 1 分		
6	$\phi 22_{0}^{+0.08}$	5	每超差 0.01 扣 1 分		
7	$\phi 28$	3	超差不得分		
8	$\phi 16$	3	超差不得分		
9	153±0.2	5	每超差 0.01 扣 2 分		
10	$6_{-0.1}^{0}$	5	每超差 0.01 扣 2 分		
11	$30_{-0.1}^{0}$	5	每超差 0.01 扣 2 分		
12	$10_{0}^{+0.1}$	5	每超差 0.01 扣 2 分		
13	27±0.1	5	每超差 0.01 扣 2 分		
14	15	3	超差不得分		
15	25(2 处)	6	超差不得分		
16	29	3	超差不得分		
17	22	3	超差不得分		
18	4×4	6	超差不得分		
19	5×3	6	超差不得分		
20	锥度 8°	6	超差不得分		
21	C2	3	超差不得分		
22	↗ | 0.05 | A	6	超差不得分		
23	*Ra* 1.6(2 处)	6	*Ra* 值增大一级扣 1 分		
24	*Ra* 3.2	3	*Ra* 值增大一级扣 1 分		
25	锐角倒钝	3	超差不得分		
26	有无损伤	4	有损伤不得分		
合计		120			

车工技能高考模拟题二

准备通知单

1. 材料

序号	材料名称	规格	数量	备注
1	45 钢	ϕ50×158 mm	1 根/人	

2. 设备

序号	名称	规格	数量	备注
1	车床配三爪卡盘	CA6140A 或相应车床	1 台/人	
2	卡盘扳手	相应车床	1 副/车床	
3	刀架扳手	相应车床	1 副/车床	

3. 工、量、刃具清单(自备莫氏变径套、钻夹头、活顶尖、活络扳手、铜棒等)

序号	名称	规格	数量	备注
1	普通游标卡尺	0～200 mm(0.02)	1 把	
2	外径千分尺	0～25 mm、25 mm～50 mm(0.01)	各 1 把	
3	螺纹环规	M24×1.5	1 套	
4	万能角度尺	0～320°(2′)	1 把	
5	螺纹对刀样板	60°	1 块	
6	外圆车刀	45°、90°	自定	
7	60°外三角螺纹车刀	M24×1.5	自定	
8	切槽刀	4×20	自定	
9	中心钻及钻夹头	A3	1 支	
10	铜皮	厚度：0.2 mm～0.4 mm	若干	
11	标准垫片	1 mm～3 mm	若干	
12	科学计算器	自定	自定	

车工技能高考模拟题二

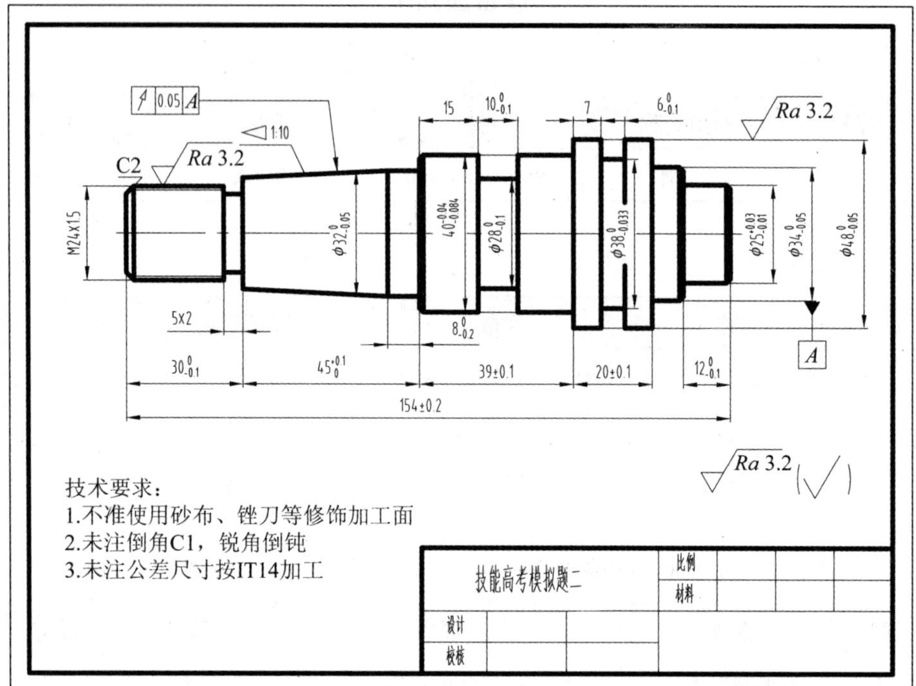

车工技能高考模拟题二评分表

序号	检测项目	配分	评分标准	检测结果	得分
1	M24×1.5	6	超差不得分		
2	$\phi48_{-0.05}^{0}$	5	每超差 0.01 扣 1 分		
3	$\phi40_{-0.084}^{-0.04}$	5	每超差 0.01 扣 1 分		
4	$\phi25_{-0.01}^{+0.03}$	5	每超差 0.01 扣 1 分		
5	$\phi34_{-0.05}^{0}$	5	每超差 0.01 扣 1 分		
6	$\phi38_{-0.033}^{0}$	5	每超差 0.01 扣 1 分		
7	$\phi28_{-0.1}^{0}$	5	每超差 0.01 扣 2 分		
8	$\phi40_{-0.084}^{-0.04}$	5	每超差 0.01 扣 1 分		
9	$\phi32_{-0.05}^{0}$	5	每超差 0.01 扣 1 分		
10	$12_{-0.1}^{0}$	5	每超差 0.01 扣 2 分		
11	$30_{-0.1}^{0}$	5	每超差 0.01 扣 2 分		
12	$45_{0}^{+0.1}$	5	每超差 0.01 扣 2 分		

续表

序号	检测项目	配分	评分标准	检测结果	得分
13	39±0.1	5	每超差 0.01 扣 2 分		
14	20±0.1	5	每超差 0.01 扣 2 分		
15	$8_{-0.2}^{0}$	5	每超差 0.01 扣 2 分		
16	$10_{-0.1}^{0}$	5	每超差 0.01 扣 2 分		
17	$6_{-0.1}^{0}$	5	每超差 0.01 扣 2 分		
18	7	1	超差不得分		
19	154±0.2	5	超差不得分		
20	15	1	超差不得分		
21	5×2	3	超差不得分		
22	锥度 1∶10	5	超差不得分		
23	C2	1	超差不得分		
24	↗ 0.05 A	5	超差不得分		
25	*Ra* 3.2(2 处)	6	*Ra* 值增大一级扣 1 分		
26	锐角倒钝	3	超差不得分		
27	有无损伤	4	有损伤不得分		
合计		120			

车工技能高考模拟题三

准备通知单

1. 材料

序号	材料名称	规格	数量	备注
1	45 钢	ϕ50×152 mm	1 根/人	

2. 设备

序号	名称	规格	数量	备注
1	车床配三爪卡盘	CA6140A 或相应车床	1 台/人	
2	卡盘扳手	相应车床	1 副/车床	
3	刀架扳手	相应车床	1 副/车床	

3. 工、量、刃具清单(自备莫氏变径套、钻夹头、活顶尖、活络扳手、铜棒等)

序号	名称	规格	数量	备注
1	普通游标卡尺	0～200 mm(0.02)	1把	
2	外径千分尺	0～25 mm、25 mm～50 mm(0.01)	各1把	
3	螺纹环规	M36×1.5	1套	
4	万能角度尺	0～320°(2′)	1把	
5	螺纹对刀样板	60°	1块	
6	外圆车刀	45°、90°	自定	
7	60°外三角螺纹车刀	M36×1.5	自定	
8	切槽刀	4×20	自定	
9	中心钻及钻夹头	A3	1支	
10	盲孔车刀	ϕ14×40	自定	
11	麻花钻	ϕ16	1支	
12	铜皮	厚度：0.2 mm～0.4 mm	若干	
13	标准垫片	1 mm～3 mm	若干	
14	科学计算器	自定	自定	

车工技能高考模拟题三

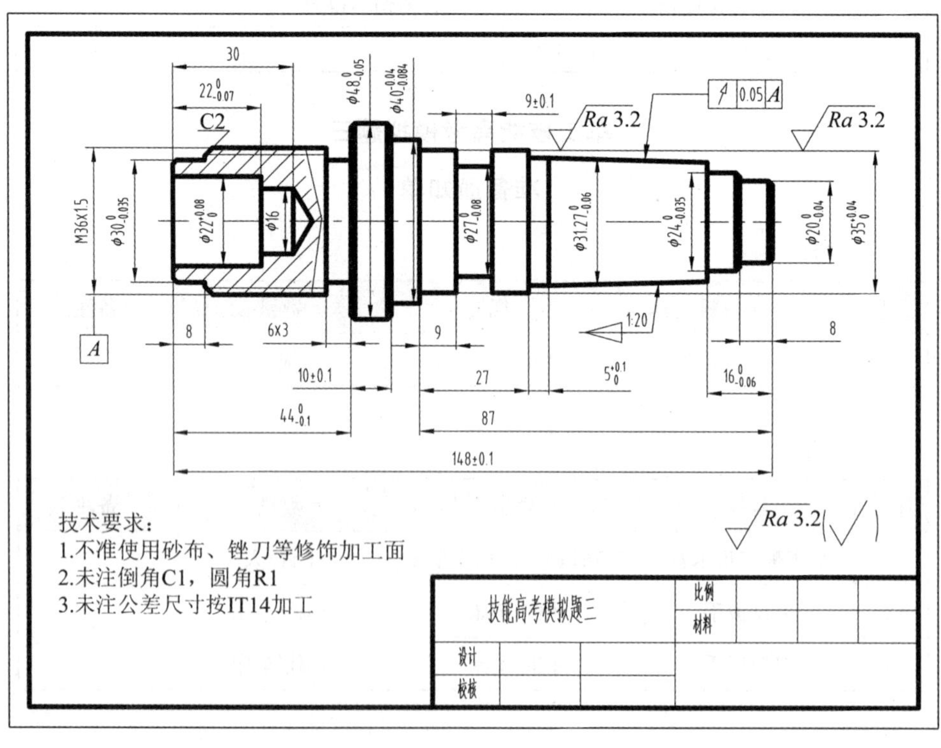

车工技能高考模拟题三评分表

序号	检测项目	配分	评分标准	检测结果	得分
1	M36×1.5	6	超差不得分		
2	$\phi48_{-0.05}^{0}$	5	每超差 0.01 扣 1 分		
3	$\phi40_{-0.084}^{-0.04}$	5	每超差 0.01 扣 1 分		
4	$\phi30_{-0.035}^{0}$	5	每超差 0.01 扣 1 分		
5	$\phi22_{0}^{+0.08}$	5	每超差 0.01 扣 2 分		
6	$\phi27_{-0.08}^{0}$	5	每超差 0.01 扣 2 分		
7	$\phi31.27_{-0.06}^{0}$	5	每超差 0.01 扣 1 分		
8	$\phi24_{-0.035}^{0}$	5	每超差 0.01 扣 1 分		
9	$\phi20_{-0.004}^{0}$	5	每超差 0.01 扣 1 分		
10	$\phi35_{0}^{+0.04}$	5	每超差 0.01 扣 1 分		
11	$44_{-0.1}^{0}$	5	每超差 0.01 扣 2 分		
12	$5_{0}^{+0.1}$	5	每超差 0.01 扣 2 分		
13	148±0.1	5	每超差 0.01 扣 2 分		
14	9±0.1	5	每超差 0.01 扣 2 分		
15	$22_{-0.07}^{0}$	5	每超差 0.01 扣 1 分		
16	10±0.1	5	每超差 0.01 扣 2 分		
17	$16_{-0.06}^{0}$	5	每超差 0.01 扣 1 分		
18	27	1	超差不得分		
19	9	1	超差不得分		
20	87	1	超差不得分		
21	8	1	超差不得分		
22	154±0.2	5	每超差 0.01 扣 2 分		
23	30	1	超差不得分		
24	6×3	2	超差不得分		
25	8	1	超差不得分		
26	锥度	5	超差不得分		
27	C2	1	超差不得分		
28	↗ | 0.05 | A	5	超差不得分		
29	*Ra* 3.2(2 处)	5	*Ra* 值增大一级扣 1 分		
30	锐角倒钝	2	超差不得分		
31	有无损伤	3	有损伤不得分		
合计		120			

附录 4 车工中级技能考核模拟题

车工中级工模拟题一

准备通知单

1. 材料

序号	材料名称	规格	数量	备注
1	45 钢	ϕ50×110 mm	1 根/人	

2. 设备

序号	名称	规格	数量	备注
1	车床配三爪卡盘	CA6140A 或相应车床	1 台/人	
2	卡盘扳手	相应车床	1 副/车床	
3	刀架扳手	相应车床	1 副/车床	

3. 工、量、刃具清单(自备莫氏变径套、钻夹头、活顶尖、活络扳手、铜棒等)

序号	名称	规格	数量	备注
1	普通游标卡尺	0～200 mm(0.02)	1 把	
2	外径千分尺	0～25 mm、25 mm～50 mm(0.01)	各 1 把	
3	三针	自定	1 套	
4	公法线千分尺	25 mm～50 mm(0.01)	1 把	
5	对刀样板	30°	1 块	
6	外圆车刀	45°、90°	自定	
7	30°梯形螺纹车刀	自定	自定	
8	切槽刀	3×20	自定	
9	中心钻及钻夹头	A3	1 支	
10	盲孔车刀	ϕ14×40	自定	
11	麻花钻	ϕ12	1 支	
12	铜皮	厚度：0.2 mm～0.4 mm	若干	
13	标准垫片	1 mm～3 mm	若干	
14	科学计算器	自定	自定	
15	端面槽刀	自定	自定	

车工中级工模拟题一

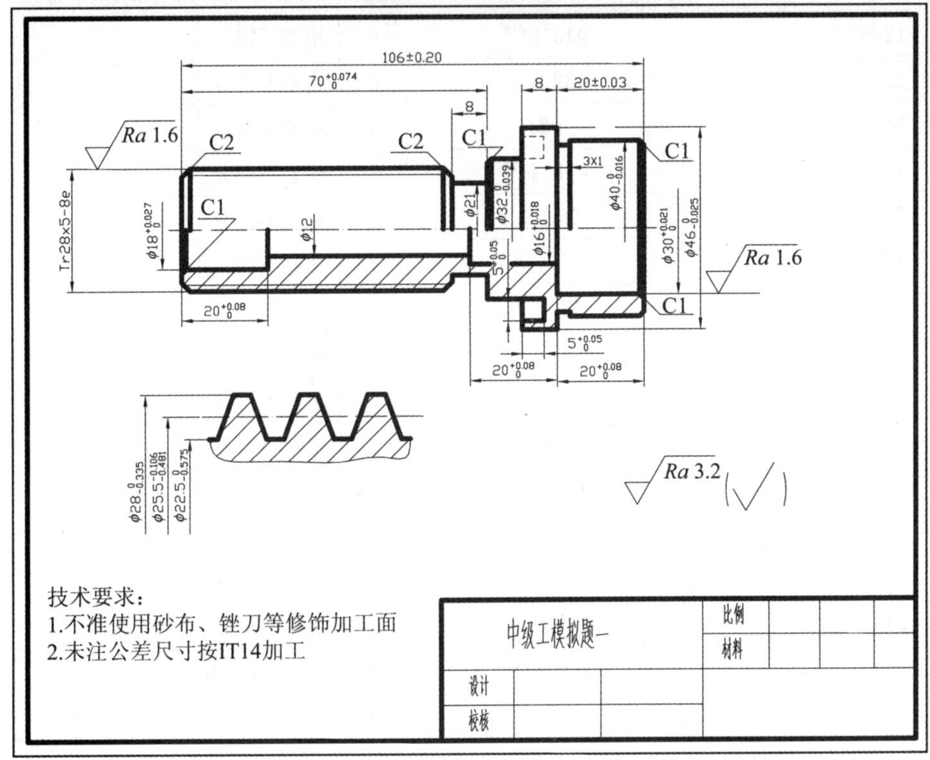

车工中级工模拟题一评分表

序号	检测内容	检测项目	配分	评分标准	检测结果	得分
1	准备内容	切削用量合理选择	2			
2		刀具刃磨质量	2			
3	操作内容	设备操作、维护保养正确	2			
4		操作要领	2			
5		刀具选择、安装正确规范	2			
6		工件找正、安装正确规范	2			
7	工作态度及安全	"7S"行为规范、纪律表现	8			
8	准备内容	Tr28×5−8e	10	超差不得分		
9		$\phi46_{-0.025}^{0}$	6	超差不得分		
10		$\phi30_{0}^{+0.021}$	6	超差不得分		
11		$\phi40_{-0.016}^{0}$	6	超差不得分		

续表

序号	检测内容	检测项目	配分	评分标准	检测结果	得分
12	准备内容	$\phi16^{+0.018}_{0}$	6	超差不得分		
13		$\phi32^{0}_{-0.019}$	6	超差不得分		
14		$\phi21$	4	超差不得分		
15		$\phi18^{+0.027}_{0}$	4	超差不得分		
16		106±0.2	4	超差不得分		
17		$70^{+0.074}_{0}$	4	超差不得分		
18		$20^{+0.08}_{0}$	4	超差不得分		
19		$5^{+0.05}_{0}$	4	超差不得分		
20		20±0.03	2	超差不得分		
21		8	1	超差不得分		
22		C1、C2	1、1	降级不得分		
23		*Ra* 1.6(2处)	4	*Ra* 值增大一级扣1分		
24		锐角倒钝	3	超差不得分		
25		有无损伤	4	有损伤不得分		
综合得分			100			

车工中级工模拟题二

准备通知单

1. 材料

序号	材料名称	规格	数量	备注
1	45钢	$\phi50\times75$ mm	1根/人	

2. 设备

序号	名称	规格	数量	备注
1	车床配三爪卡盘	CA6140A 或相应车床	1台/人	
2	卡盘扳手	相应车床	1副/车床	
3	刀架扳手	相应车床	1副/车床	

3. 工、量、刃具清单(自备莫氏变径套、钻夹头、活顶尖、活络扳手、铜棒等)

序号	名称	规格	数量	备注
1	普通游标卡尺	0～200 mm(0.02)	1把	
2	外径千分尺	0～25 mm、25 mm～50 mm(0.01)	各1把	
3	螺纹环规	M30×2－6h	1套	
4	百分表	1 mm～10 mm(0.01)	1把	
5	对刀样板	60°	1块	
6	外圆车刀	45°、90°	自定	
7	60°螺纹车刀	自定	自定	
8	切槽刀	3×20	自定	
9	中心钻及钻夹头	A3	1支	
10	盲孔车刀	ϕ14×40	自定	
11	麻花钻	ϕ18	1支	
12	铜皮	厚度：0.2 mm～0.4 mm	若干	
13	标准垫片	1 mm～3 mm	若干	
14	科学计算器	自定	自定	
15	端面槽刀	自定	自定	
16	偏心垫片	3 mm	自定	

车工中级工模拟题二

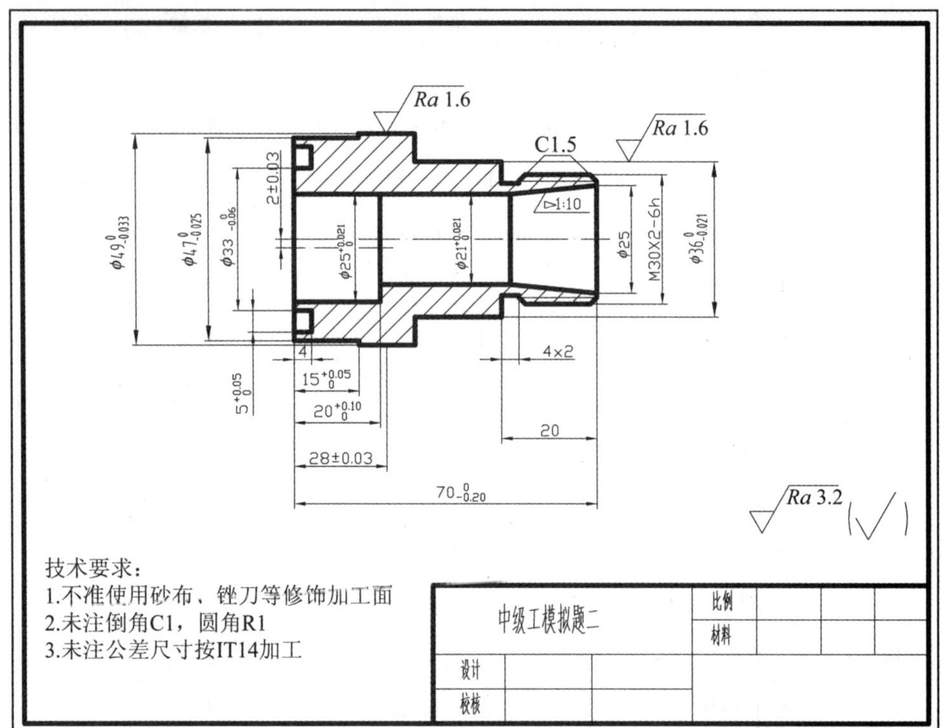

车工中级工模拟题二评分表

序号	检测内容	检测项目	配分	评分标准	检测结果	得分
1	准备内容	切削用量合理选择	2			
2		刀具刃磨质量	2			
3	操作内容	设备操作、维护保养正确	2			
4		操作要领	2			
5		刀具选择、安装正确规范	2			
6		工件找正、安装正确规范	2			
7	工作态度及安全	“7S”行为规范、纪律表现	6			
8	工件质量	M30×2—6h	8	通规通、止规止		
9		$\phi49_{-0.033}^{0}$	5	超差不得分		
10		$\phi47_{-0.025}^{0}$	5	超差不得分		
11		$\phi33_{-0.06}^{0}$	5	超差不得分		
12		$\phi25_{0}^{+0.021}$	5	超差不得分		

续表

序号	检测内容	检测项目	配分	评分标准	检测结果	得分
13	工件质量	$\phi21^{+0.021}_{0}$	5	超差不得分		
14		$\phi36^{0}_{-0.021}$	5	超差不得分		
15		$15^{+0.05}_{0}$	4	超差不得分		
16		$5^{+0.05}_{0}$	4	超差不得分		
17		2±0.03	5	超差不得分		
18		$20^{+0.10}_{0}$	3	超差不得分		
19		$5^{+0.05}_{0}$	4	超差不得分		
20		28±0.03	4	超差不得分		
21		锥度 1∶10	5	超差不得分		
22		C1.5	1	超差不得分		
23		$70^{0}_{-0.2}$	3	超差不得分		
24		4×2	2	超差不得分		
25		4	1	超差不得分		
26		*Ra* 1.6(2 处)	4	*Ra* 值增大一级扣 1 分		
27		锐角倒钝	2	超差不得分		
28		有无损伤	2	有损伤不得分		
综合得分			100			

车工中级工模拟题三

准备通知单

1. 材料

序号	材料名称	规格	数量	备注
1	45 钢	ϕ50×152 mm	1 根/人	

2. 设备

序号	名称	规格	数量	备注
1	车床配三爪卡盘	CA6140A 或相应车床	1 台/人	
2	卡盘扳手	相应车床	1 副/车床	
3	刀架扳手	相应车床	1 副/车床	

3. 工、量、刃具清单(自备莫氏变径套、钻夹头、活顶尖、活络扳手、铜棒等)

序号	名称	规格	数量	备注
1	普通游标卡尺	0～200 mm(0.02)	1 把	
2	外径千分尺	0～25 mm、25 mm～50 mm(0.01)	各 1 把	
3	螺纹环规	M36×1.5	1 套	
4	万能角度尺	0～320°(2′)	1 把	
5	螺纹对刀样板	60°	1 块	
6	外圆车刀	45°、90°	自定	
7	60°外三角螺纹车刀	M36×1.5	自定	
8	切槽刀	4×20	自定	
9	中心钻及钻夹头	A3	1 支	
10	盲孔车刀	ϕ14×40	自定	
11	麻花钻	ϕ16	1 支	
12	铜皮	厚度：0.2 mm～0.4 mm	若干	
13	标准垫片	1 mm～3 mm	若干	
14	科学计算器	自定	自定	

车工中级工模拟题三

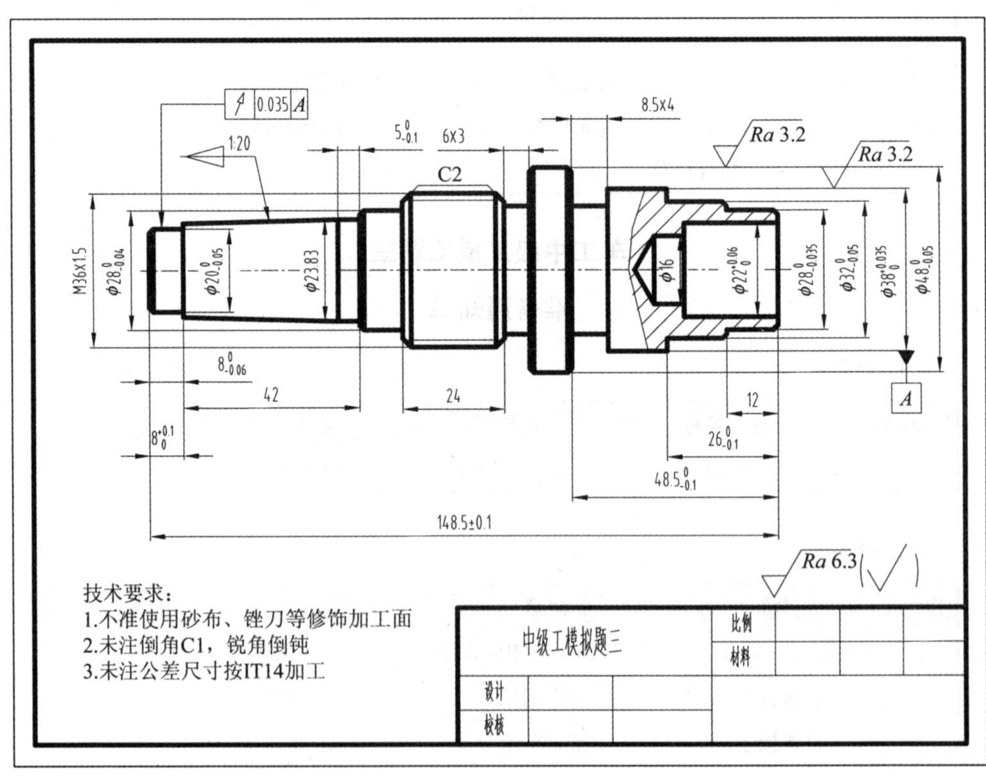

车工中级工模拟题三评分表

序号	检测内容	检测项目	配分	评分标准	检测结果	得分
1	准备内容	切削用量合理选择	2			
2		刀具刃磨质量	2			
3	操作内容	设备操作、维护保养正确	2			
4		操作要领	2			
5		刀具选择、安装正确规范	2			
6		工件找正、安装正确规范	2			
7	工作态度及安全	“7S”行为规范、纪律表现	6			
8	工件质量	M36×1.5	7	通规通、止规止		
9		$\phi48_{-0.05}^{0}$	5	超差不得分		
10		$\phi38_{0}^{+0.035}$	5	超差不得分		
11		$\phi32_{-0.05}^{0}$	5	超差不得分		
12		$\phi22_{0}^{+0.06}$	5	超差不得分		
13		$\phi28_{-0.035}^{0}$	5	超差不得分		
14		$\phi16$	1	超差不得分		
15		$\phi23.83$	1	超差不得分		
16		$\phi20_{-0.05}^{0}$	5	超差不得分		
17		$\phi28_{-0.04}^{0}$	5	超差不得分		
18		$5_{-0.1}^{0}$	2	超差不得分		
19		$8_{0}^{+0.1}$	2	超差不得分		
20		148.5±0.1	2	超差不得分		
21		$8_{-0.06}^{0}$	2	超差不得分		
22		$48.5_{-0.1}^{0}$	2	超差不得分		
23		$26_{-0.1}^{0}$	2	超差不得分		
24		42	1	超差不得分		
25		24	1	超差不得分		
26		12	1	超差不得分		
27		6×3	2	超差不得分		
28		8.5×4	2	超差不得分		

续表

序号	检测内容	检测项目	配分	评分标准	检测结果	得分
29	工件质量	锥度	4	超差不得分		
30		C2	1	超差不得分		
31		↗ 0.05 A	5	超差不得分		
32		*Ra* 1.6(2 处)	4	*Ra* 值增大一级扣 1 分		
33		锐角倒钝	2	超差不得分		
34		有无损伤	3	有损伤不得分		
综合得分			100			

附录 5 车工技能竞赛模拟题

车工技能竞赛模拟题

准备通知单(赛场)

1. 材料准备

序号	材料名称	规格	数量	备注
1	45 钢	ϕ70×160 mm、ϕ55×135 mm ϕ40×155 mm	各 1 根/人	赛场准备

2. 设备准备

序号	名称	规格	数量	备注
1	车床	CA6140A	1 台/人	
2	三爪自定心卡盘	ϕ250	1 把/每台车床	
3	卡盘扳手	相应车床	1 把/每台车床	
4	刀架扳手	相应车床	1 把/每台车床	
5	扳手套筒加力杆	相应车床	1 把/每台车床	
6	专用钩子	相应车床	1 把/每台车床	清理铁屑
7	切削液	相应车床	自定	备足
8	砂轮机	自定	10 台	备有氧化铝、碳化硅砂轮片
9	工具台	相应车床	1 个/每台车床	摆放工、量、刃具

车工技能竞赛模拟题

准备通知单(选手)

序号	项目	名称	规格	数量	备注
1	量具	钢直尺	0～200 mm	1	
2		普通游标卡尺	0～200 mm(0.02)	1	
3		深度游标卡尺	0～200 mm(0.02)	1	
4		外径千分尺	0～25 mm、25 mm～50 mm、50 mm～75 mm(0.01)	各1	
5		深度千分尺	0～25 mm、25 mm～50 mm (0.01)	各1	
6		壁厚千分尺	0～25 mm(0.01)	1	
7		内径百分表	18 mm～35 mm、35 mm～50 mm、50 mm～100 mm(0.01)	各1	
8		三针	ϕ3.106、ϕ2.072	各1	
9		杠杆百分表及表架	0～0.8(0.01)mm	1	
10		钟式百分表及表架	0～10(0.01)mm	1	
11		螺纹规	M27×1.5－6g、M48×1.5－6g	各1套	
12		万能角度尺	0～320°(2′)	1	
13		公法线千分尺	0～25 mm、25 mm～50 mm(0.01)	各1	
14		齿厚卡尺	1 mm～18 mm(0.02)	1	
15		塞尺	0.01 mm～1 mm	1	
16		对刀板	60°、30°	1	
17	刀具	外圆车刀	45°、90°	自定	
18		通孔车刀	ϕ20	自定	刀头探入长度：40 mm
			ϕ25	自定	刀头探入长度：55 mm
			ϕ28	自定	刀头探入长度：65 mm
19		盲孔车刀	ϕ20	自定	刀头探入长度：50 mm
			ϕ30	自定	刀头探入长度：50 mm
20		普通外三角形螺纹车刀	自定	自定	
21		普通内三角螺纹车刀	ϕ25以内，有效长40 mm	自定	

续表

序号	项目	名称	规格	数量	备注
22	刀具	切槽刀	刀头宽≤4 mm	自定	
23		外梯形螺纹车刀	P=4、6	自定	
24		内梯形螺纹车刀	ϕ26 以内有效长度 50 mm		
25		切断刀	刀宽 3～4，有效长度 35 mm	自定	
26		端面槽刀	可切范围ϕ30～ϕ60， 有效长度 8 mm	自定	
27		滚花刀(网纹)	P=1.0	自定	
28		滚花刀(直纹)	P=1.0	自定	
29		内沟槽刀	ϕ30 以内，有效长度 25 mm	自定	
30		麻花钻	ϕ18、ϕ22、ϕ26、ϕ30	自定	
31		中心钻	B 型(ϕ2.5)	自定	
32	其他	科学计算器		1	
33		莫氏变径套	2～3、3～4、4～5	自定	
34		钻夹头	相应机床	1	
35		活络顶尖	相应机床	1	
36		内六角扳手	相应机床	1 套	
37		活络扳手	相应机床	1	
38		梅花起子、一字起子	相应机床	1	
39		死扳手	相应机床	1	
40		铜皮	相应机床	若干	
41		铜棒	相应机床	1	
42		标准垫刀片	相应机床	若干	
43		开口夹套	自定	若干	
44		偏心垫片或偏心套	e=(1 mm、2 mm、4 mm)	1	
45		鸡心夹头	自定	1	
46		前顶尖	自定	1	

车工技能竞赛模拟题图样

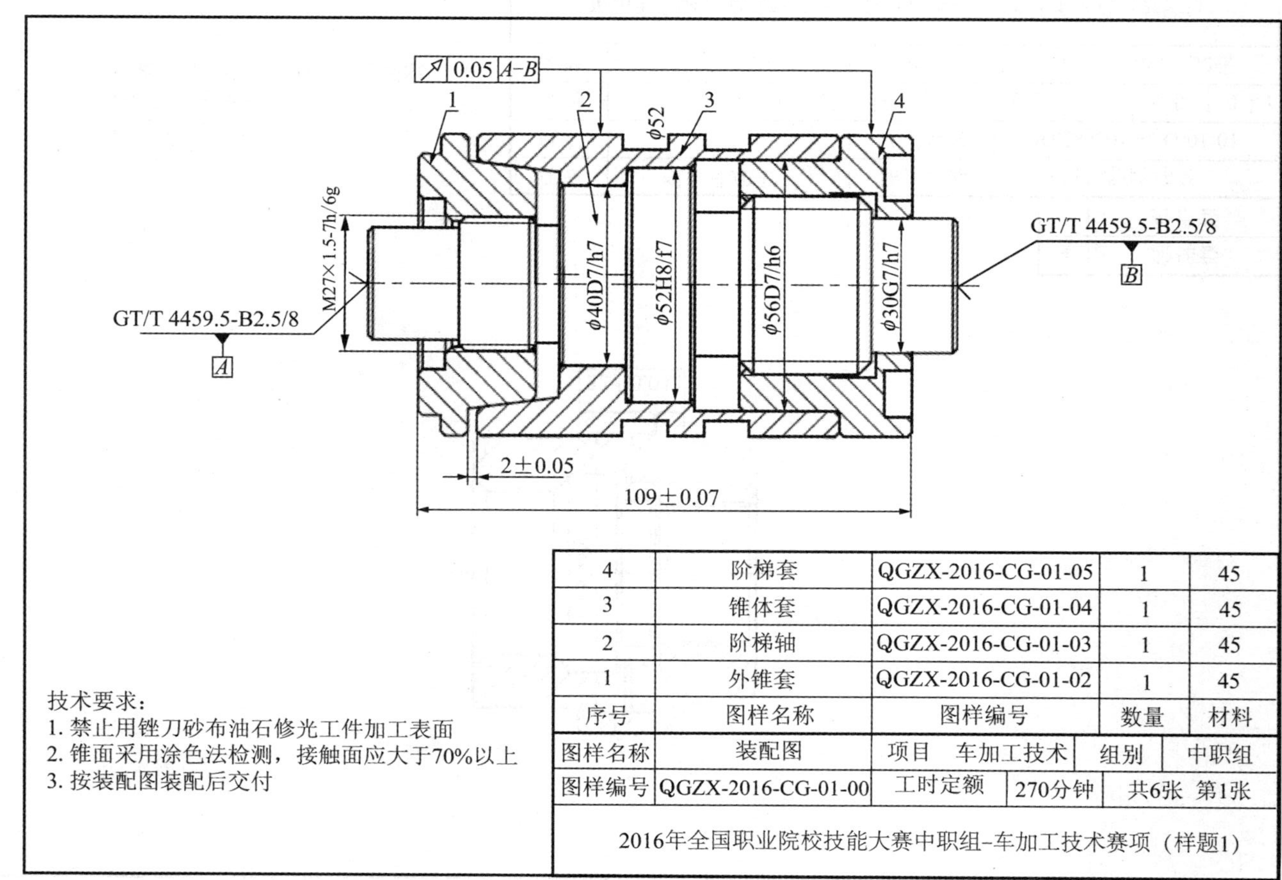

技术要求：
1. 禁止用锉刀砂布油石修光工件加工表面
2. 锥面采用涂色法检测，接触面应大于70%以上
3. 按装配图装配后交付

序号	图样名称	图样编号	数量	材料
4	阶梯套	QGZX-2016-CG-01-05	1	45
3	锥体套	QGZX-2016-CG-01-04	1	45
2	阶梯轴	QGZX-2016-CG-01-03	1	45
1	外锥套	QGZX-2016-CG-01-02	1	45
图样名称	装配图	项目　车加工技术	组别	中职组
图样编号	QGZX-2016-CG-01-00	工时定额　270分钟	共6张	第1张
2016年全国职业院校技能大赛中职组–车加工技术赛项（样题1）				

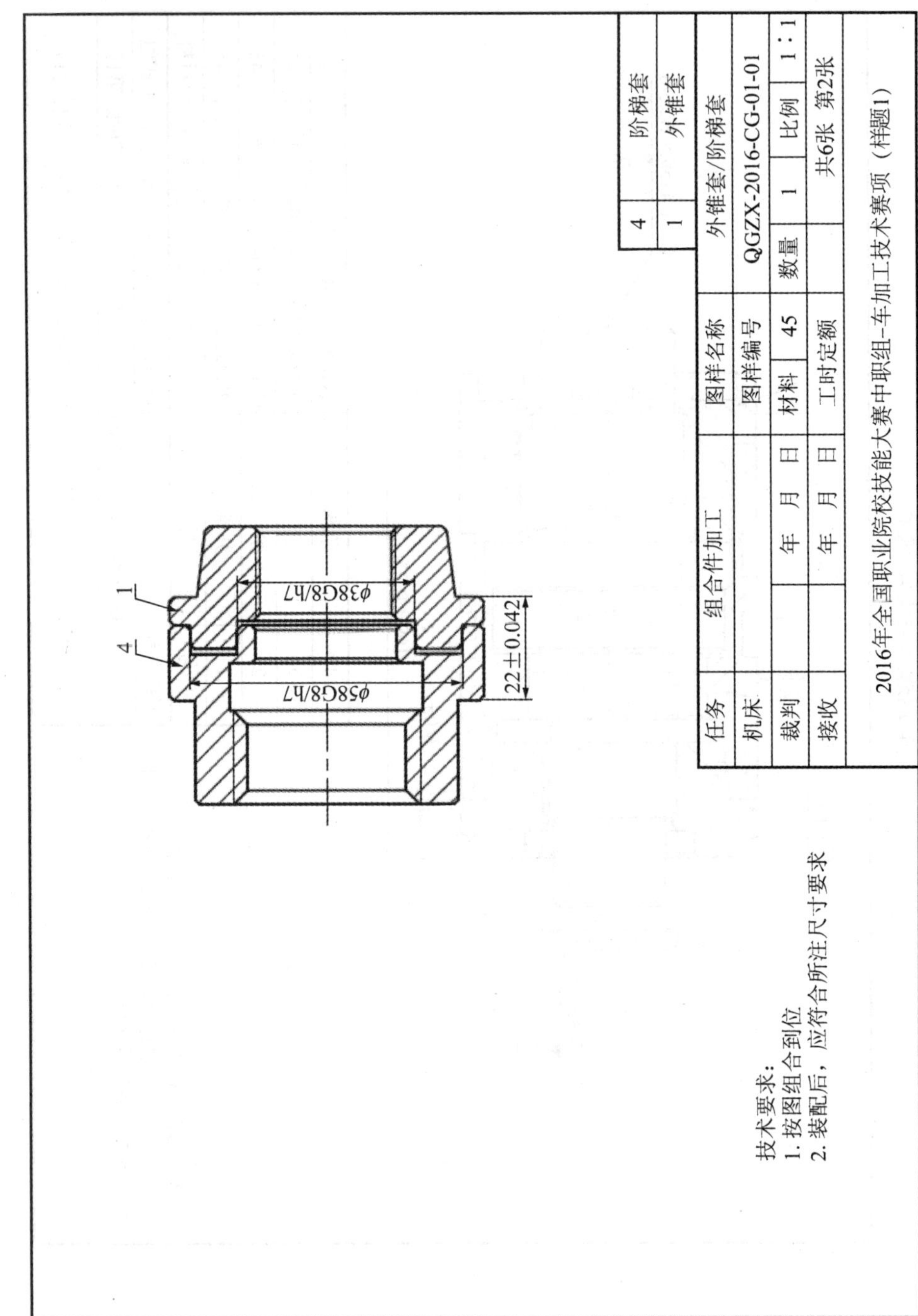

1
4
φ38G8/h7
φ58G8/h7
22±0.042
技术要求：
1. 按图组合到位
2. 装配后，应符合所注尺寸要求
4 阶梯套
1 外锥套
任务 组合件加工 图样名称 外锥套/阶梯套
机床 图样编号 QGZX-2016-CG-01-01
裁判 年 月 日 材料 45 数量 1 比例 1:1
接收 年 月 日 工时定额 共6张 第2张
2016年全国职业院校技能大赛中职组-车加工技术赛项（样题1）

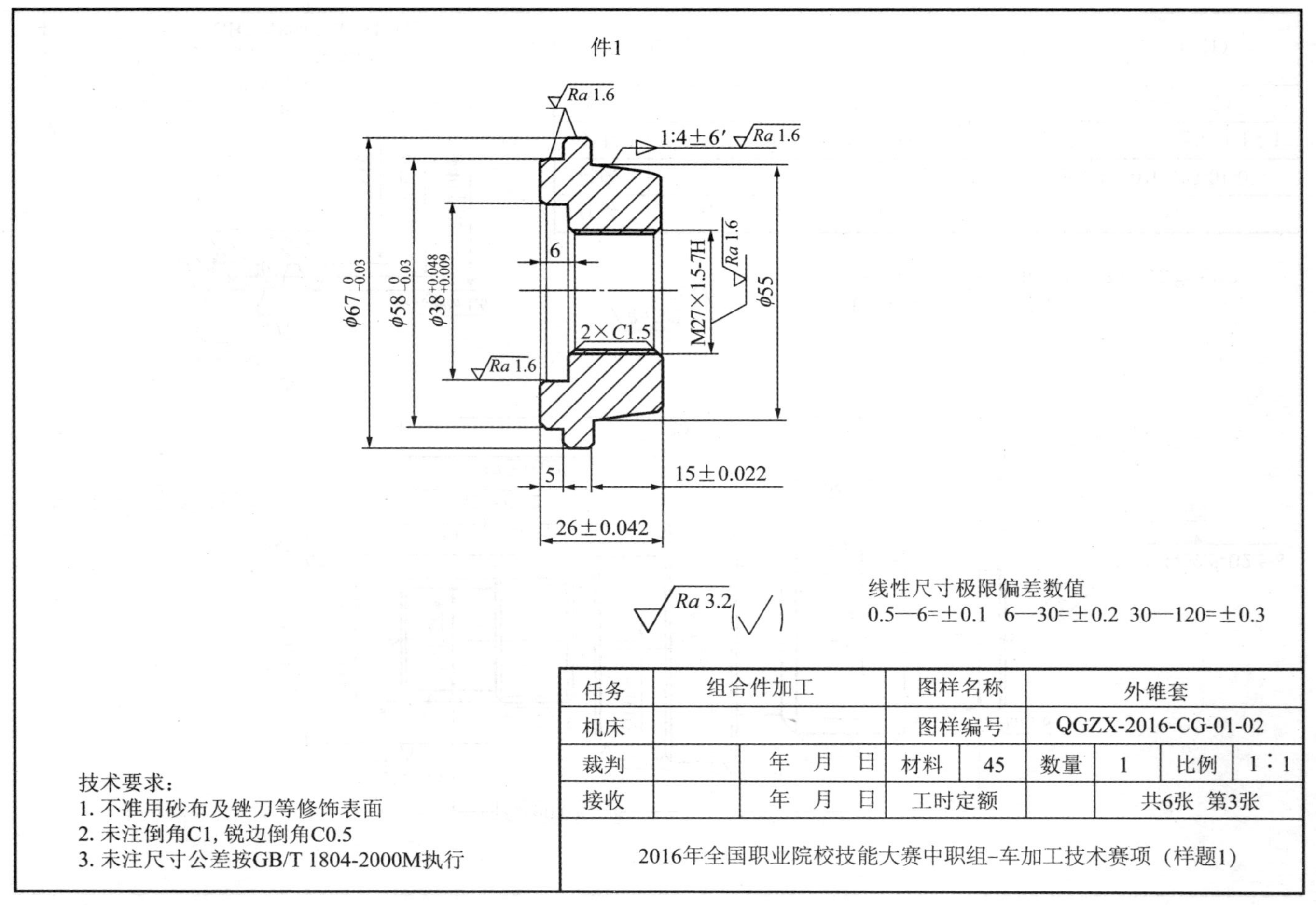
件1
Ra 1.6
1:4±6′
Ra 1.6
φ67 0 -0.03
φ58 0 -0.03
φ38+0.048 +0.009
6
Ra 1.6
M27×1.5-7H
Ra 1.6
φ55
2×C1.5
5
15±0.022
26±0.042
Ra 3.2
线性尺寸极限偏差数值
0.5—6=±0.1 6—30=±0.2 30—120=±0.3
技术要求：
1. 不准用砂布及锉刀等修饰表面
2. 未注倒角C1，锐边倒角C0.5
3. 未注尺寸公差按GB/T 1804-2000M执行
任务
组合件加工
图样名称
外锥套
机床
图样编号
QGZX-2016-CG-01-02
裁判
年 月 日
材料
45
数量
1
比例
1∶1
接收
年 月 日
工时定额
共6张 第3张
2016年全国职业院校技能大赛中职组–车加工技术赛项（样题1）

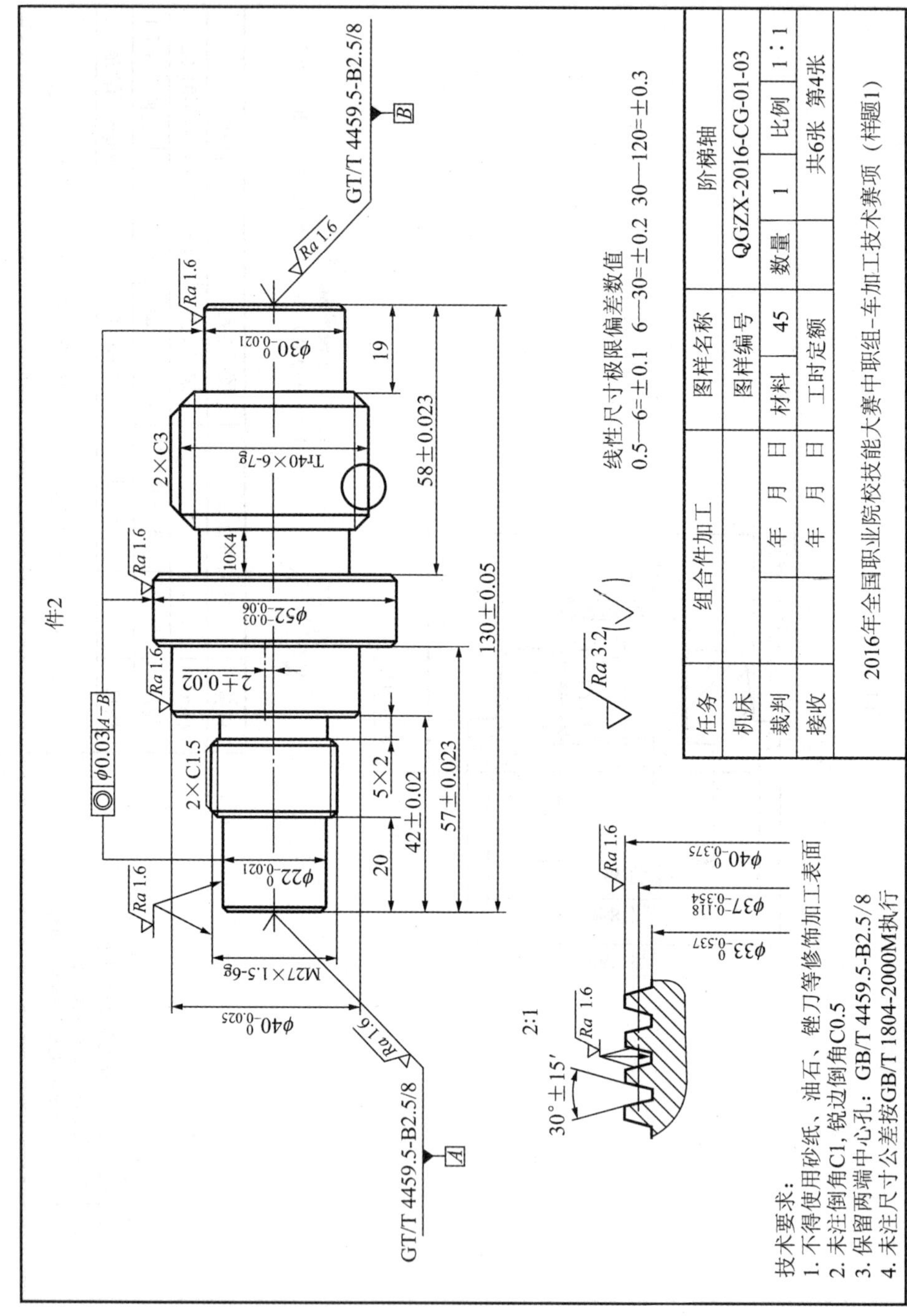

件2
GT/T 4459.5-B2.5/8
GT/T 4459.5-B2.5/8
Ra 1.6
Ra 3.2
φ0.03 A−B
φ30$^{0}_{-0.021}$
Tr40×6-7g
2×C3
10×4
φ52$^{-0.03}_{-0.06}$
2±0.02
2×C1.5
φ22$^{0}_{-0.021}$
M27×1.5-6g
φ40$^{0}_{-0.025}$
19
58±0.023
130±0.05
5×2
20
42±0.02
57±0.023
2:1
30°±15′
φ40$^{0}_{-0.375}$
φ37$^{-0.118}_{-0.354}$
φ33$^{0}_{-0.537}$
线性尺寸极限偏差数值
0.5—6=±0.1 6—30=±0.2 30—120=±0.3
技术要求：
1. 不得使用砂纸、油石、锉刀等修饰加工表面
2. 未注倒角C1，锐边倒角C0.5
3. 保留两端中心孔：GB/T 4459.5-B2.5/8
4. 未注尺寸公差按GB/T 1804-2000M执行
任务
组合件加工
图样名称
阶梯轴
机床
图样编号
QGZX-2016-CG-01-03
裁判
年 月 日
材料
45
数量
1
比例
1∶1
接收
年 月 日
工时定额
共6张 第4张
2016年全国职业院校技能大赛中职组-车加工技术赛项（样题1）

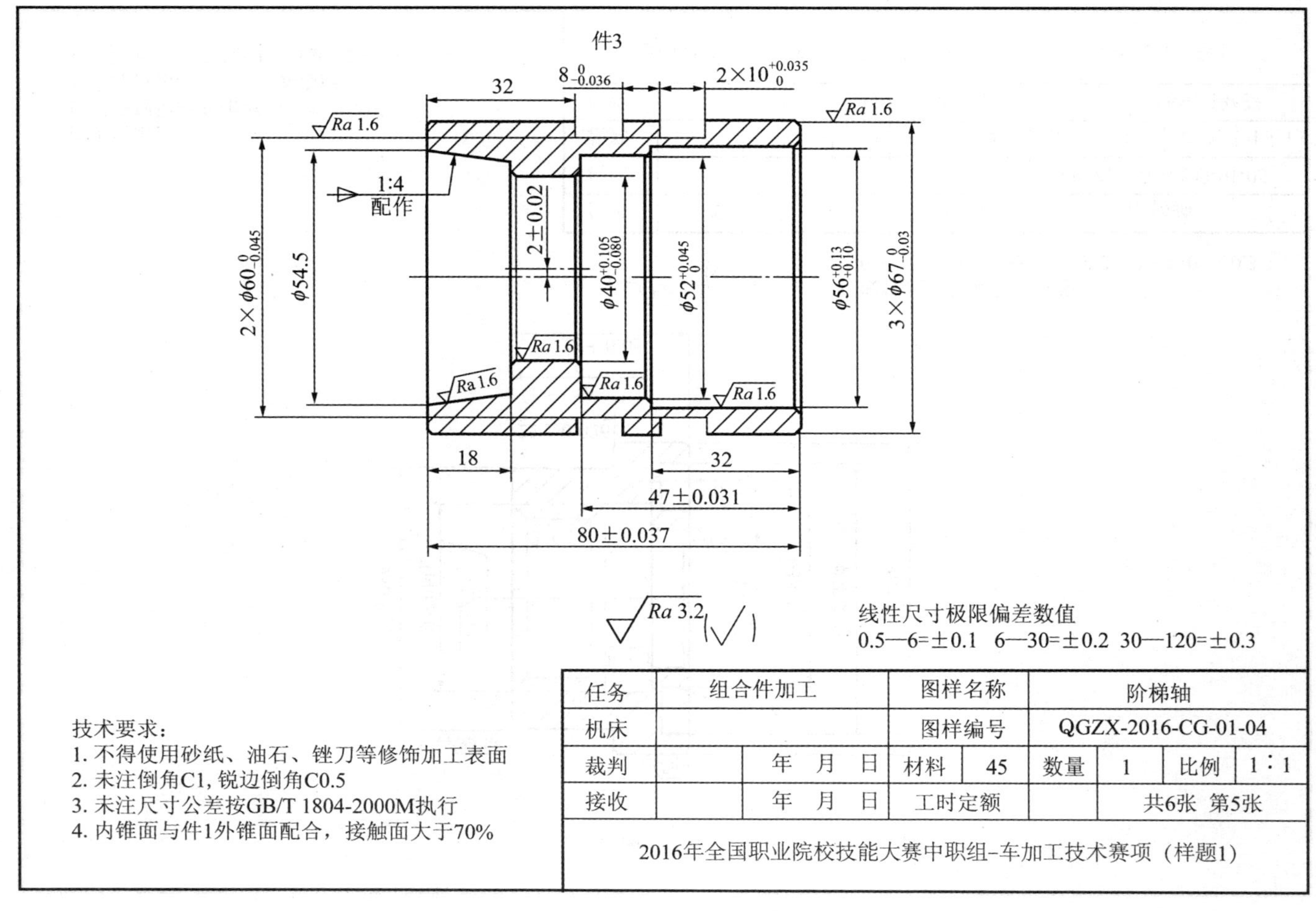
件3
32
8$^{0}_{-0.036}$
2×10$^{+0.035}_{0}$
Ra 1.6
1:4
配作
2×φ60$^{0}_{-0.045}$
φ54.5
2±0.02
φ40$^{+0.105}_{-0.080}$
φ52$^{+0.045}_{0}$
φ56$^{+0.13}_{+0.10}$
3×φ67$^{0}_{-0.03}$
18
32
47±0.031
80±0.037
Ra 3.2 (√)
线性尺寸极限偏差数值
0.5—6=±0.1 6—30=±0.2 30—120=±0.3
技术要求：
1. 不得使用砂纸、油石、锉刀等修饰加工表面
2. 未注倒角C1, 锐边倒角C0.5
3. 未注尺寸公差按GB/T 1804-2000M执行
4. 内锥面与件1外锥面配合，接触面大于70%
任务 组合件加工 图样名称 阶梯轴
机床 图样编号 QGZX-2016-CG-01-04
裁判 年 月 日 材料 45 数量 1 比例 1∶1
接收 年 月 日 工时定额 共6张 第5张
2016年全国职业院校技能大赛中职组–车加工技术赛项（样题1）

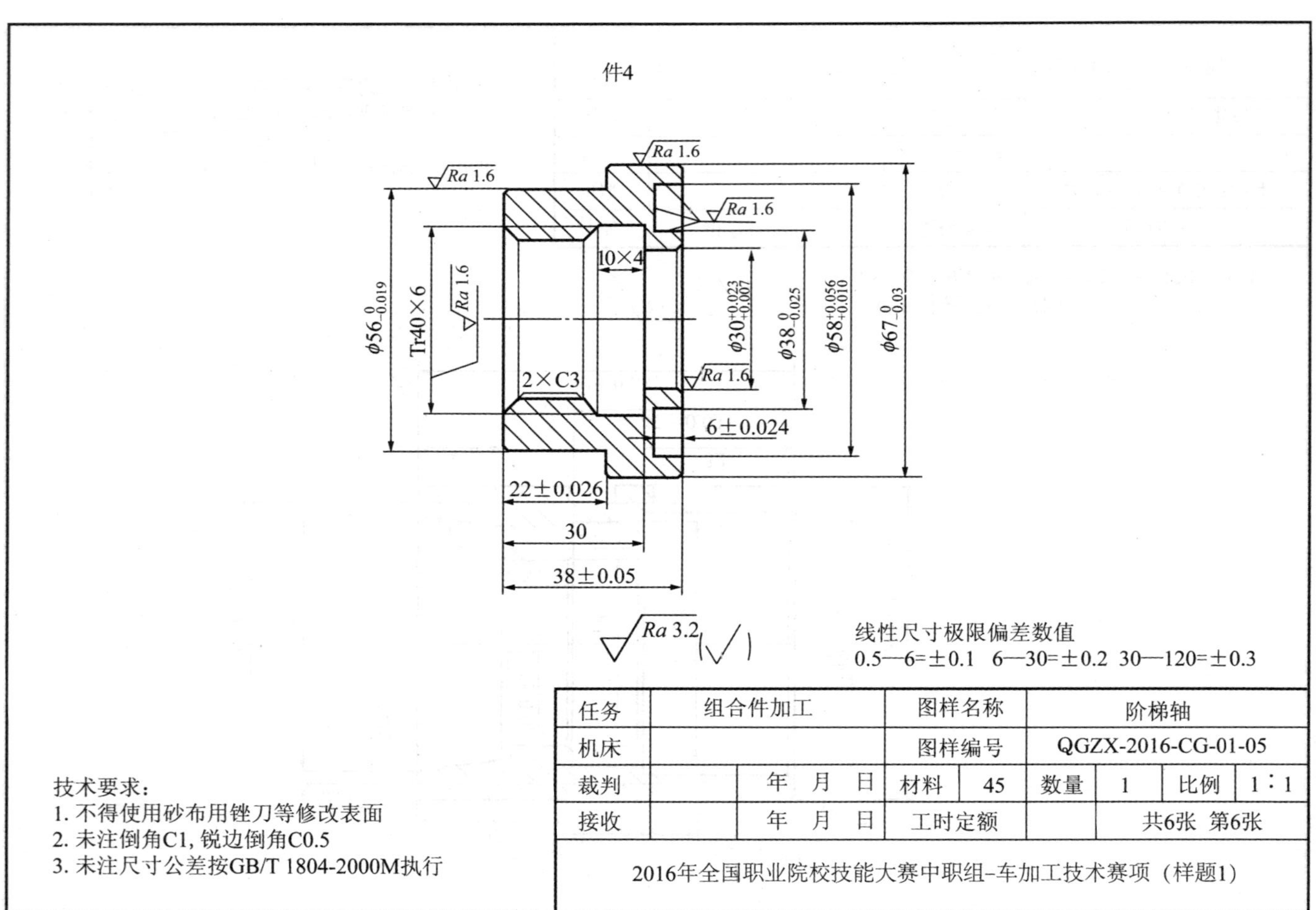
件4
Ra 1.6
Ra 1.6
Ra 1.6
Ra 1.6
Ra 1.6
10×4
2×C3
Tr40×6
$\phi 56_{-0.019}^{0}$
$\phi 30_{+0.007}^{+0.023}$
$\phi 38_{-0.025}^{0}$
$\phi 58_{+0.010}^{+0.056}$
$\phi 67_{-0.03}^{0}$
6±0.024
22±0.026
30
38±0.05
Ra 3.2 (√)
线性尺寸极限偏差数值
0.5—6=±0.1 6—30=±0.2 30—120=±0.3
技术要求:
1. 不得使用砂布用锉刀等修改表面
2. 未注倒角C1, 锐边倒角C0.5
3. 未注尺寸公差按GB/T 1804-2000M执行
任务 组合件加工 图样名称 阶梯轴
机床 图样编号 QGZX-2016-CG-01-05
裁判 年 月 日 材料 45 数量 1 比例 1∶1
接收 年 月 日 工时定额 共6张 第6张
2016年全国职业院校技能大赛中职组–车加工技术赛项（样题1）

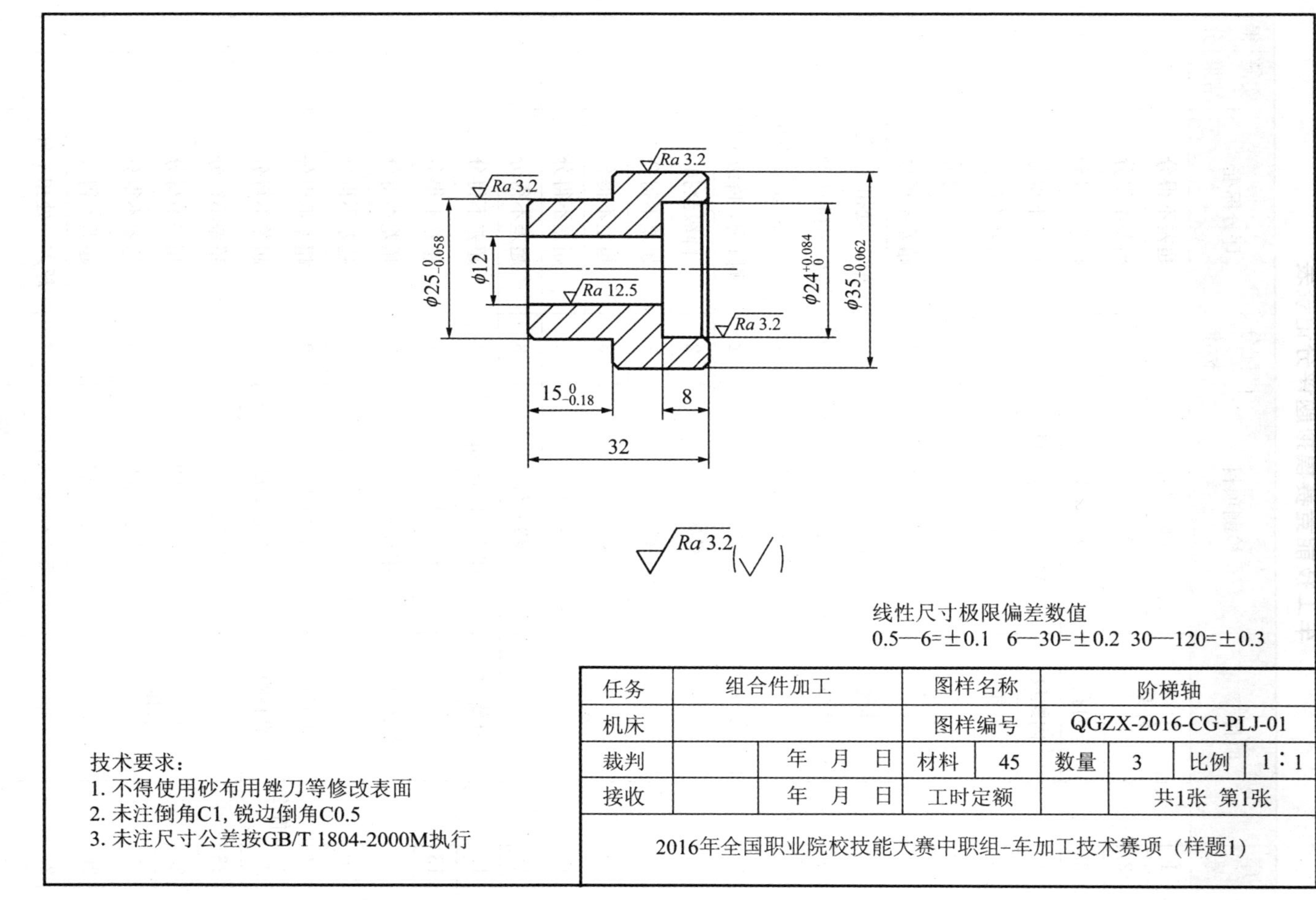

任务	组合件加工		图样名称		阶梯轴			
机床			图样编号		QGZX-2016-CG-PLJ-01			
裁判		年 月 日	材料	45	数量	3	比例	1∶1
接收		年 月 日	工时定额			共1张 第1张		
2016年全国职业院校技能大赛中职组-车加工技术赛项（样题1）								

车工技能竞赛模拟题评分记录表

序号	项目		检测项目	配分标准	评分标准	实测结果	得分
1	件 1	外圆	$\phi67_{-0.03}^{\ 0}$	3	超差不得分		
2			$\phi58_{-0.03}^{\ 0}$	3	超差不得分		
3		内孔	$\phi38_{+0.009}^{+0.034}$	3	超差不得分		
4		内螺纹	M27×1.5－7H	4	超差不得分		
5		外锥	1∶4±6′	4	超差不得分		
6		长度	26±0.042	3	超差不得分		
7			15±0.022	3	超差不得分		
8		其他	φ55、φ6、φ5	1.5	超差一处扣 0.5 分		
9		倒角	C1.5(2 处)、C1(5 处)	1.75	超差一处扣 0.25 分		
10		粗糙度 *Ra* 1.6	内外圆(3 处)	3	一处 1 分，降级全扣		
11			内螺纹(2 侧)	2	一侧 1 分，降级全扣		
12			外锥 1∶4	2	降级全扣		
13	件 2	外圆	$\phi52_{-0.06}^{-0.03}$	3	超差不得分		
14			$\phi22_{-0.021}^{\ 0}$	3	超差不得分		
15			$\phi40_{-0.025}^{\ 0}$	3	超差不得分		
16			$\phi30_{-0.021}^{\ 0}$	3	超差不得分		
17		外螺纹	M27×1.5－6g	4	超差不得分		
18		梯形螺纹	大径$\phi40_{-0.375}^{\ 0}$	1	超差不得分		
19			中径$\phi37_{-0.453}^{-0.118}$	8	超差不得分		
20			小径$\phi33_{-0.537}^{\ 0}$	1	超差不得分		
21		牙型角	30°±15′	2	超差不得分		
22		偏心距	2±0.02	5	超差不得分		
23		长度	130±0.05	3	超差不得分		
24			42±0.02	3	超差不得分		
25			57±0.023	3	超差不得分		
26			58±0.023	3	超差不得分		
27		槽	5×2、10×4	2	超差一处扣 1 分		
28		倒角	C3(2 处)、C1.5(2 处)、C1(5 处)	2.25	超差一处扣 0.25 分		
29		其他	20、19	1	超差一处扣 0.5 分		

续表

序号	项目		检测项目	配分标准	评分标准	实测结果	得分
30	件 2	粗糙度 Ra 1.6	外圆(4 处)	4	一处 1 分，降级全扣		
31			外螺纹 M27(2 侧)	2	一侧 1 分，降级全扣		
32			梯形螺纹大、小径	2	一处 1 分，降级全扣		
33			梯形螺纹中径(2 侧)	4	一侧 2 分，降级全扣		
34		形位公差	◎ | ∅ 0.03 | $A-B$	6	超差一处扣 2 分		
35	件 3	外圆	$\phi67_{-0.03}^{0}$(3 处)	6	超差一处扣 2 分		
36		沟槽	$\phi60_{-0.046}^{0}$(2 处)	6	超差一处扣 3 分		
37		内孔	$\phi40_{0.080}^{+0.105}$	3	超差全扣 无偏心全扣分		
38			$\phi42_{0}^{+0.046}$	3	超差不得分		
39			$\phi56_{+0.1}^{+0.13}$	3	超差不得分		
40		内锥体	$C=1:4$	4	与件 1 接触面≥70%， 每少 10%扣 2 分		
41		偏心距	2±0.02	5	超差不得分		
42			$8_{-0.036}^{0}$	3	超差不得分		
43			$2\times10_{0}^{+0.036}$	6	超差一处扣 3 分		
44		长度	47±0.031	3	超差不得分		
45			80±0.037	3	超差不得分		
46		其他	32、18、32、$\phi54.5$	2	超差一处扣 0.5 分		
47		倒角	C1(6 处)	1.5	超差一处扣 0.25 分		
48		粗糙度 Ra 1.6	内外圆(8 处)	8	一处 1 分，降级全扣		
			内锥 1∶4	2	降级全扣		
49	件 4	外圆	$\phi60_{-0.03}^{0}$	3	超差不得分		
50			$\phi56_{-0.019}^{0}$	3	超差不得分		
51		断面槽	$\phi58_{+0.036}^{+0.056}$	3	超差不得分		
52			$\phi38_{-0.025}^{0}$	3	超差不得分		
53		内孔	$\phi30_{+0.007}^{+0.028}$	3	超差不得分		
54		内梯形螺纹	Tr40×6	6	与件 2 配合轴向 窜动小于 0.1 mm		
55			小径$\phi34_{0}^{+0.5}$	1	超差不得分		
56		长度	38±0.05	3	超差不得分		
57			22±0.026	3	超差不得分		
58			6±0.024	3	超差不得分		

续表

序号	项目		检测项目	配分标准	评分标准	实测结果	得分
59	件 4	槽	10×4	1	超差不得分		
60		长度	30	0.5	超差不得分		
61		倒角	C3(2 处)、C1(4 处)	1.5	超差一处扣 0.25 分		
62		粗糙度 *Ra* 1.6	内外圆	3	一处 1 分，降级全扣		
63			端面槽(3 处)	3	一处 1 分，降级全扣		
64			内梯形螺纹牙侧(2 处)	4	一侧 2 分，降级全扣		
65			内梯形螺纹牙顶	1	降级全扣		
66	配合		装配成形	12	一处不能装配扣 4 分		
67			110±0.07	6	超差 0.01 扣 3 分		
68			2±0.05	6	超差 0.01 扣 3 分		
69			22±0.042	6	超差 0.01 扣 3 分		
70			↗ 0.05 *A*–*B*	10	超差一处扣 5 分(无偏心扣除偏心处跳动)		
71			工件完整度(4 件)	20	一处未完成扣 2 分		

车加工技能竞赛模拟题评分表(批量件)

以单个零件为单位，所有尺寸均合格得 4 分。

件 1

检查项目	实测结果	是否合格
外圆$\phi38_{-0.062}^{0}$ *Ra* 3.2		
外圆$\phi38_{-0.062}^{0}$ *Ra* 3.2		
外圆$\phi38_{-0.062}^{0}$ *Ra* 3.2		
外圆$\phi38_{-0.062}^{0}$ *Ra* 3.2		
32、8、ϕ12、C1(4 处)		
单件得分		

件 2

检查项目	实测结果	是否合格
外圆$\phi38_{-0.062}^{0}$ *Ra* 3.2		
外圆$\phi38_{-0.062}^{0}$ *Ra* 3.2		
外圆$\phi38_{-0.062}^{0}$ *Ra* 3.2		
外圆$\phi38_{-0.062}^{0}$ *Ra* 3.2		
32、8、ϕ12、C1(4 处)		
单件得分		

件 3

检查项目	实测结果	是否合格
外圆$\phi 38_{-0.062}^{0}$ Ra 3.2		
外圆$\phi 38_{-0.062}^{0}$ Ra 3.2		
外圆$\phi 38_{-0.062}^{0}$ Ra 3.2		
外圆$\phi 38_{-0.062}^{0}$ Ra 3.2		
32、8、ϕ12、C1(4 处)		
单件得分		

主要参考文献

[1]伊水涌. 车工技能实训[M]. 北京：科学出版社，2009.

[2]王公安. 车工工艺学(第四版)[M]. 北京：中国劳动社会保障出版社，2005.

[3]刘芳时. 车削加工技能[M]. 北京：中国劳动社会保障出版社，2006.

[4]〔德〕约瑟夫·迪林格等. 机械制造工程基础[M]. 杨祖群，译. 长沙：湖南科学技术出版社，2010.

[5]蒋增福. 车工工艺与技能训练(第二版)[M]. 北京：高等教育出版社，2004.

[6]机械工业职业技能鉴定指导中心. 车工技能鉴定考核试题库[M]. 北京：机械工业出版社，2005.

[7]劳动部教材办公室. 车工生产实习：('96 新版)[M]. 北京：中国劳动出版社，1997.